权威·前沿·原创

皮书系列为

“十二五”“十三五”“十四五”时期国家重点出版物出版专项规划项目

智库成果出版与传播平台

中国大数据应用发展报告 No.6（2022）

ANNUAL REPORT ON DEVELOPMENT OF BIG DATA APPLICATIONS IN CHINA No.6
(2022)

中国管理科学学会大数据管理专委会
国务院发展研究中心产业互联网课题组
主　编 / 陈军君
副主编 / 吴红星　张晓波　端木凌

社会科学文献出版社
SOCIAL SCIENCES ACADEMIC PRESS (CHINA)

图书在版编目（CIP）数据

中国大数据应用发展报告．No.6，2022／陈军君主编；吴红星，张晓波，端木凌副主编．-- 北京：社会科学文献出版社，2022.11
（大数据应用蓝皮书）
ISBN 978-7-5228-0893-2

Ⅰ．①中… Ⅱ．①陈… ②吴… ③张… ④端… Ⅲ．①数据管理-研究报告-中国-2022 Ⅳ．①TP274

中国版本图书馆 CIP 数据核字（2022）第 190518 号

大数据应用蓝皮书
中国大数据应用发展报告 No.6（2022）

主　　编／陈军君
副 主 编／吴红星　张晓波　端木凌

出 版 人／王利民
组稿编辑／祝得彬
责任编辑／刘学谦
文稿编辑／聂　瑶
责任印制／王京美

出　　版／社会科学文献出版社·当代世界出版分社（010）59367004
　　　　　地址：北京市北三环中路甲 29 号院华龙大厦　邮编：100029
　　　　　网址：www.ssap.com.cn
发　　行／社会科学文献出版社（010）59367028
印　　装／三河市东方印刷有限公司

规　　格／开 本：787mm×1092mm　1/16
　　　　　印 张：21.25　字 数：315 千字
版　　次／2022 年 11 月第 1 版　2022 年 11 月第 1 次印刷
书　　号／ISBN 978-7-5228-0893-2
定　　价／168.00 元

读者服务电话：4008918866

大数据应用蓝皮书专家委员会

（按姓氏笔画排序）

大数据应用蓝皮书编委会

（按姓氏笔画排序）

主要编撰者简介

常　杪　清华大学环境学院环境管理与政策教研所所长，博士，副研究员，博士生导师；国家信标委大数据标准工作组生态环境行业组联合组长。长期从事生态环境大数据、环境管理与政策、环保产业和环保投融资等研究；主导和参与制定国家与地方政府环境保护规划、各级政府生态环境信息化及其大数据建设规划、生态工业园区与节能环保产业园区发展规划、环保技术产业化研究、低碳城市规划等；累计承担相关项目200余项，获得省部级科技奖励3项；发表SCI、EI、中文核心等各类期刊论文200余篇；出版著作10本；获得专利1项、软件著作权20余项。

谭　昶　中国科学技术大学计算机专业博士，系统架构师（高级），科大讯飞股份有限公司智慧城市事业群副总裁兼大数据研究院院长；负责智慧城市、计算广告和个性化推荐等方向的大数据核心技术研发及推广应用；担任中国计算机学会大数据专家委员会常委、《大数据》学术期刊编委会委员。

郑中华　中国科学技术大学管理学博士，日本早稻田大学访问学者，现任安徽博约信息科技股份有限公司总裁，兼任中国科学技术大学舆情管理研究中心执行主任，中国科学技术大学互联网空间安全联合实验室常务副主任，山东省教育厅、科技厅特聘计算机科学与技术产业教授，中国计算机学会合肥青年计算机科技论坛CCF YOCSEF学术委员，安徽省山东商会常务理事，安徽省科学家企业家协会理事，千龙网、中国首都网新媒介素养学院特聘专家，安徽省大学生创新创业促进会副主席，中国侨联新侨创新创业联盟理事，合肥高新区首届知联会会长。

金端峰　教授级高级工程师，享受国务院特殊津贴专家；宁博数字技术有限公司董事长，航天信息股份有限公司副总工程师，兼任中国企业财务管理协会特聘副会长、常务理事；入选国家“百千万”人才、国防科技工业“511人才工程”；曾参加航天系统军品和民品开发和经营管理工作，获航天科工集团“有突出贡献专家”称号；国家发改委“信易贷风险定价模型”课题组长，深度参与国家金税工程研发、推广和服务全过程；取得职务发明专利20多项。

汪磊峰　研究生学历，安徽绩溪人。1994年大学毕业，先后在绩溪县华阳中学、团县委、县委组织部、县城管局、临溪镇工作，2012年任宣城市林业局副局长，2015年任宣城市政府督查室（目标办）主任，2017年任宣城市政府办公室副主任，2019年任宣城市政府副秘书长，2021年2月任宣城市数据资源管理局（政务服务管理局）局长，现任宣城市政府副秘书长、市数据资源管理局（政务服务管理局）局长，宣城市第五届政协委员。

摘 要

党的十八大以来，以习近平同志为核心的党中央高度重视发展数字经济，将其上升为国家战略。习近平总书记强调，数字经济正在成为重组全球要素资源、重塑全球经济结构、改变全球竞争格局的关键力量。要站在统筹中华民族伟大复兴战略全局和世界百年未有之大变局的高度，促进数字技术与实体经济深度融合，赋能传统产业转型升级，催生新产业新业态新模式，不断做强做优做大我国数字经济。

2022年政府工作报告提出促进数字经济发展，加强数字中国建设整体布局，完善数字经济治理。

大数据应用蓝皮书由中国管理科学学会大数据管理专委会、国务院发展研究中心产业互联网课题组和上海新云数据技术有限公司联合组织编撰，是国内首本研究大数据应用的蓝皮书。旨在描述当前大数据在相关行业、领域及典型场景应用的状况，分析当前大数据应用中存在的问题和制约其发展的因素，并根据当前大数据应用的实际情况，对其发展趋势做出研判。

大数据应用蓝皮书编辑部研究认为，数字经济背景下的大数据应用，呈现互依互动关系：大数据是驱动数字经济创新发展的重要抓手和核心动能；数字经济则是大数据价值的全方位体现。

我国不断推进大数据战略，围绕数字经济、数字化转型、数据要素市场、国家一体化大数据中心布局等政策不断深化和落地。“十四五”规划突出数据在数字经济中的关键作用，重视大数据相关基础设施建设，加强数据要素市场规则建设等。

大数据应用蓝皮书2022年卷以数据中心、数字政府、数字乡村和数字双碳为主题，展开大数据应用情况的调研和分析，发现数字经济背景下大数据发展面临诸多挑战，如：数据要素市场尚未形成；大数据核心技术缺失；数字经济发展不规范，数字治理受牵制；不同行业领域之间存在数字鸿沟……

应对如上挑战，大数据应用蓝皮书编辑部提出如下建议：加快培养数据要素市场；加快大数据核心关键技术的研发与应用；完善数字经济治理体系；缩小数字鸿沟，推动数字经济均衡发展；推进数字技术与实体经济深度融合，加快产业数字化转型。

关键词： 大数据　数字经济　数据要素　数字经济治理

序一
数据要素流通促进数字经济高质量发展

向锦武*

数字经济已经成为我国经济增长的重要引擎。中国信息通信研究院发布的《全球数字经济白皮书（2022年）》显示，2021年我国的数字经济规模达到7.1万亿美元，占GDP的39.8%。数据作为数字经济最重要的生产要素，数据价值的探查与挖掘、流通与实现构成了数字经济的主要活动内容，数据流通是促进数字经济高质量发展的重要条件。

数据在流动中创造价值。在制造领域，数据经数据线程（Digital Thread）流淌，围绕着产品规划、设计、制造、销售与服务，将不同的企业组织连接在一起，组成了产品生命周期视角下的原材料、零件、加工服务供应链体系。在商业流通领域，数据在不同企业大大小小的电商系统、直播系统、物流配送系统、供应链管理系统、企业销售信息系统、库存管理系统、追溯系统等组成的网络中徜徉，将千态万状的产品与服务递送到家家户户。在治理领域，数据自上而下传递，又自下而上回溯，将国家、地方、基层、民众的各层次治理机构协调起来，形成了集中与自治融洽的社会治理网络。以“数据、算法、算力”构成的人工智能要素，沿边缘计算设备、物联网

---

* 向锦武，中国工程院院士，中国管理科学学会会长，北京航空航天大学教授、博士生导师，北京航空航天大学学术委员会副主任，“航空科学与技术”国家实验室（筹）首席科学家；飞行器设计专家，获国家科技进步一等奖2项、二等奖1项，授权发明专利70余项，发表学术论文200余篇。

网络、计算中心传输到分布广泛的智能设备，赋予了泛在社会更为广阔的机器智能与感知能力，在国防、制造、交通、医疗、农业、民生等诸多领域发挥作用。

数字经济是数据要素流通应用的重要场景。随着数字经济深入发展，包括数字孪生、数字双碳、供应链金融等已经成为各部门、企业组织数字化转型的重要途径，对数据流通提出了需求。数字孪生中，物理和数字世界的双向映射依赖于数据的流动，数字孪生的互操作性、可扩展性、实时性、保真性、闭环性的典型特征是对数据的功能、内容、质量、时空约束提出的要求，数字孪生的规划、实施、应用及运营要从管理、业务、技术层次保证数据流程一致。数字双碳中，政府、评测核查机构、企业、金融机构、信息服务机构、碳交易中心之间的协作服务关系决定了数据流转路径和数据内容，数据的实时、一致、真实是双碳经济的各项金融、工业技改和管理活动的开展基础，包括第三方数据汇集、认证、分发服务成为双碳经济活动的重要环节。供应链金融推动“物流”“资金流”“信息流”“商流”的四流合一，金融产品的有效利用能够完善供应链的运转和管理，其资金量庞大①、业务涉及范围广阔，是金融领域的重要方向，但由于核心企业的信用与风险难以评估，各银行系统对供应链金融业务认定“纠结不一”，贸易链业务边界难以界定，导致供应链金融业务的合规性与风险控制难以保障，尽管银行企业广泛采用传统大数据手段予以解决，但效果甚微，包括区块链、联邦学习等数据流通技术的有效使用已成为供应链金融新一轮数字化改革的关键。

数据处理技术赋予数据要素流通更有力的技术手段。大数据技术最初作为计算机科技的产物，逐渐向科学、商业领域延伸，形成了更为丰富深刻的数据处理技术生态体系。伴随着数字经济的发展，新的数据处理技术与应用不断涌现。十年间，大数据技术框架从经典架构向流处理、Lambda \ Kappa 架构转进，进而向更适应数据流通的数据编织（Data Fabric）和 IOTA 架构

---

① 据《中国供应链金融行业发展白皮书》统计：供应链金融 2022 年有望达到 19.19 万亿规模。

演进，数据编织让企业获得跨域的大规模数据集成、协调与分发能力，IOTA 则通过数据的有秩序流动，赋予了边缘计算系统的机器智能和机器协同能力。大数据技术的进步，使人类获得了大数据内容收集与管理、企业组织数据价值获取与治理、组织间数据价值流通与附加、设备间的人工智能交互与协作等诸多能力。随着 5G 网络、云计算基础设施、边缘计算的规模建设，计算资源呈现密度提高、分布广散趋势，泛在网络（Ubiquitous Network）、泛在计算（Ubiquitous Computing）成为数字处理技术领域重要发展方向，无所不在的数据与算力支持变成可能，"数据流量"和"连接"成为可交易的商品。数字身份标识、机密计算、多方安全计算、联邦学习等数据流通技术的兴起，赋予了数据流通主体的确切身份，实现了数据流通过程中的资产和隐私保护，为数据交易过程提供公正公平安全的技术保证。围绕着数据流通中的采集、治理与安全，大数据相关技术已经为数字经济高质量发展提供了完备的工具和技术手段。

现行条件下，数据流通仍存在两重制约。首先，数据孤岛问题仍长期存在，并成为数字经济价值最终落实的阻碍。从制造业看，我国工业体系存在结构复杂、信息基础薄弱、核心工业软件依赖进口、企业内部子系统缺乏统一数据标准、企业管理对数据整合意愿不强等问题，生产组织之间通过数据协作协同提高绩效的努力需要冲破层层障碍。我国近些年来通过加强工业数据标准建设、加大工业互联网等基础投入、推动企业数字化转型等方式，对数字经济的促进起到显著成效，未来则更需要从工业软件配合、制造企业业务协作等方面进一步规划和引导。其次，数据流通持续稳健发展依赖于数据秩序的良好规范。目前，数据权属界定存在争议、数据活动碎片化、数据来源难以验证等问题影响着数据权益公平合法分配，是数据流通面临的主要问题。而在此基础上，包括算法偏见、数据歧视、数据垄断等问题则是数据流通应用需要面对的更深层次问题。近年来，我国陆续加快各项政策、法律法规、行业标准的制定，《中华人民共和国数据安全法》的出台和实施标志着我国与数据相关的法律网格建设显露雏形，数据伦理、算法伦理的相应研究工作也陆续展开，中国管理科学学会的相关专家积极投身其中，并取得了阶

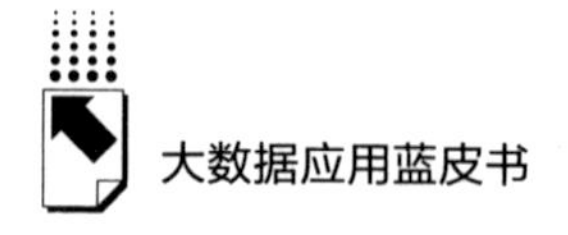

段性成果。

管理是数据流通价值的决定性因素。“数据驱动价值　管理决定成败”是《中国大数据应用发展报告》（中国大数据应用发展蓝皮书）的指导思想，“驱动”说明了数据价值具备流动性，“成败”则强调了数据价值提炼过程中管理起到了决定性作用。数字经济以数据资源为关键要素；以全要素数字化转型为重要推动力；以促进公平与效率更加统一为重要目标。上述目标的达成，需要用管理引领并发掘蕴含价值的数据资源，进而提出技术需求；需要用管理引导政府、企业组织和最终用户之间的生产协作和业务协作，并最终实现数据价值；需要从治理角度，利用数据手段，保证社会资源、生产资料更有效率地公平分配。围绕上述思想，历年“蓝皮书”收集了大量的论文和实践案例，从不同角度层次阐述了数据价值化过程中的思想、方法和手段，为中国数字经济发展提供了思想借鉴和有益参考。在此，希望社会各界从事于中国数字经济发展的各位同志，能够积极参与，对《中国大数据应用发展报告》的编撰工作提供指导、支持和帮助，希望《中国大数据应用发展报告》的专家、编委，能够再接再厉、积极努力，为“数字中国”的繁荣发展做出积极贡献。

序二
重视和加强数字经济发展研究

李淑敏*

数字化是人类社会生产方式、生活方式的一场革命。为此，必须重视和加强数字经济发展研究，准确把握和运用数字经济发展规律，为我国在新科技革命和产业变革中抢占数字经济战略制高点，引领数字经济潮流，提供强大智慧能量。

一　贯彻落实党中央战略部署、推动各地数字经济健康发展亟须对数字经济发展提供智力支撑

习近平总书记强调，“数字经济事关国家发展大局”，“发展数字经济意义重大，是把握新一轮科技革命和产业变革新机遇的战略选择”，要“充分发挥海量数据和丰富应用场景优势，促进数字技术与实体经济深度融合，赋能传统产业转型升级，催生新产业新业态新模式，不断做强做优做大我国数字经济”。2020 年 10 月，党的十九届五中全会文件明确提出，“发展数字经济，推进数字经济产业化和产业数字化”，“打造具有国际竞争力的数字产业集群”，“建立数据资源产权、交易流通、跨境传输和安全保护等基础制度和标准规范，推动数据资源开发利用”。2021 年 12 月，国务院印发《“十

* 李淑敏，中国发展战略学研究会副会长、数字经济专委会执行主任兼秘书长。

四五”数字经济发展规划》，落实党中央重大决策部署，为推动我国数字经济发展提供了行动指南。2022 年 6 月 6 日，国务院发布《关于加强数字政府建设的指导意见》，明确提出将数字技术广泛应用于政府管理服务，构建数字化、智能化的政府运行新形态，充分发挥数字政府建设对数字经济、数字社会、数字生态的引领作用，促进经济社会高质量发展，不断增强人民群众获得感、幸福感、安全感，为推进国家治理体系和治理能力现代化提供有力支撑。

当前，全国上下发展数字经济积极性高涨，各地区各部门纷纷出台数字经济、智慧城市、智慧园区等发展规划及配套政策并积极推动落地实施，不可估量的人力财力等社会资源一时间全方位无死角集中投入。但是，数字化智能化特别是其赋能高质量发展，横跨多个学科和专业领域，属于交叉学科，涉及包括互联网、人工智能、大数据、区块链、元宇宙、算力、算法以及各专业学科在内的计算机科学、信息工程、系统科学、产业变革、经济与社会、人文与环境、国际关系、综合咨询等诸多领域，是错综复杂的庞大系统工程。依靠单一学科或某一研究领域的力量无法满足现实发展需求，亟须从战略全局高度加强统筹协调和跨学科研讨，面向“政产学研用服”，整合各领域、各行业专家力量，打造综合的专业性研究学习交流平台，为党中央相关决策部署落地生根、推动我国数字经济快速健康发展，提供有力的智力支撑和保障。

二　增创国际竞争和合作新优势必须重视和加强数字经济发展研究，数字经济是当今世界经济发展大势和大国战略博弈焦点

随着新技术革命和产业变革深入发展，数字作为新生产要素的作用愈发凸显，数字经济在同实体经济深度互动中，对传统产业的数字化改造、智能化升级，对产业融合的助推力和产业创新的驱动力，对能源数字化利用、资源系统化节约、产业低碳化发展的绿色赋能，都将达到前所未有的广度和深

度，并成为推动世界经济复苏发展和加剧国际竞争的关键要素和核心资源。同时，由于数字经济攸关发展和安全两件大事，其在国际上所引起的关注和重视更前所未有。各大国纷纷制定和实施数字经济发展战略，对数字经济战略制高点的争夺已经进入白热化程度。我国在发展数字经济上坚持开放发展、合作发展、共同发展的基本立场。同时，从统筹发展和安全、统筹中华民族伟大复兴战略全局和世界百年未有之大变局的战略高度出发，必须加强对数字经济发展的研究。

三　构建新发展格局、实现高质量发展需要全面研究推动数字经济发展

数字化、网络化、智能化是新一轮科技革命最突出的特征和我国实现高质量发展的关键。积极推进数字技术与实体经济深度融合、健全数字基础设施，完善数字要素市场和数字治理体系、协同推进数字产业化和产业数字化、以数字化智能化赋能传统产业转型升级和实现绿色低碳目标、培育新产业新业态新模式，等等，都是构建新发展格局、实现高质量发展题目中的应有之意。2021 年，我国数字经济占国内生产总值的比重已经接近 40%，5G 设备安装和用户在世界上遥遥领先，数字经济规模、水平、发展态势都令人振奋。同时也要看到，同一些发达国家特别是美国相比，我国数字经济占比还有相当差距和巨大发展空间，在涉及数字经济发展的一些关键核心技术上还有被人“卡脖子”的短板。发展数字经济时不我待、只争朝夕，在数字经济发展中如何统筹资源布局，如何分清轻重缓急，如何做到扬长避短，如何保证既快速又有序、既突出重点又全面协调、既公平又高效，还有大量战略策略问题需要研究探讨。

四　与时俱进，协同发展，以数字经济引领时代发展

在我国经济实现从高速增长阶段转向高质量发展阶段的重要时期，在转

变发展方式、优化经济结构、转换增长动力的攻坚克难的关键阶段，习近平总书记适时提出发展数字经济的系列重要思想，指明了我国高质量发展和赢得全球科技和经济竞争战略的大方向。我们要全面贯彻习近平新时代中国特色社会主义思想有关数字经济系列指示精神，积极构筑数字经济领域思想高地、人才高地，更好地服务于我国数字文明建设、生态文明建设及关键核心技术攻坚落地。发展数字经济，本质上是以现代信息技术及其衍生物为动力，全面提高经济社会整体发展效率，为此必须高度重视知识创新和技术创新的协同，致力政产学研用一体化，通过增进信息产业、工程技术、政策制定、社会应用等各方之间的相互理解和协调，凝聚我国产业、科技、政策等各方面力量，助力和服务我国关键核心技术攻坚和数字文明建设实践。

大数据应用蓝皮书系列六年来一直默默努力为相关行业和领域大数据应用和发展成果做积累，相信广大读者将从《中国大数据应用发展报告 No. 6（2022）》中领略到我国数字经济发展最新成就和状况，从中受益并得到启示。

目 录

I 总报告

II 热点篇

Ⅲ 案例篇

Ⅳ 探究篇

皮书数据库阅读使用指南

总 报 告

General Report

B.1 推动·变革：数字经济背景下的大数据发展

大数据应用蓝皮书编委会课题组*

摘　要： 大数据作为数字经济的关键生产要素，催生了数字经济发展。本报告分析了大数据与数字经济的内在关联；总结了大数据领域的发展现状，包括政策的不断深化和落地，法律法规的进一步完善，产业发展及技术体系规模的不断扩大等；展示了大数据应用领域的成效，如建立数据中心、数字政府，推动数字乡村、数字"双碳"等项目；提出数字经济背景下大数据发展面临的挑战，如数据要素市场尚未形成，大数据核心技术受制于人，数字经济发展不均衡等；并总结了加快培育数据要素市场，加快大数据核心关键技术的研发与应用，以及促进数字经济均衡发展等对策建议。

关键词： 数字经济　大数据　数据中心　数字政府　数字乡村　数字"双碳"

---

* 大数据应用蓝皮书编委会课题组起草。执笔人：汪中，博士、副教授/高级工程师。

一　导言：数字经济与大数据

数字经济是继农业经济、工业经济之后的主要经济形态，是以数据资源为关键要素，以现代信息网络为主要载体，以信息通信技术融合应用、全要素数字化转型为重要推动力，促进公平与效率更加统一的新经济形态[①]。数字经济发展速度之快、辐射范围之广、影响程度之深前所未有，正在推动生产方式、生活方式和治理方式的深刻变革，成为重组全球要素资源、重塑全球经济结构、改变全球竞争格局的关键力量。

数据是新时代重要的生产要素，是国家基础性战略资源。大数据是数据的集合，以容量大、类型多、速度快、精度准、价值高为主要特征，是推动经济转型发展的新动力，是提升政府治理能力的新途径，是重塑国家竞争优势的新机遇。[②] 大数据相关技术、产品、应用和标准快速发展，逐渐形成了覆盖数据基础设施、数据分析、数据应用、数据资源、开源平台与工具等板块的大数据产业格局，历经从基础技术和基础设施、分析方法和技术、行业领域应用、大数据治理到数据生态体系的变迁。

信息技术从数字化、网络化发展到如今的智能化，大数据是信息技术发展的必然产物。大数据开启信息化技术发展的新阶段，催生数字经济发展，成为数字经济发展的关键生成要素和重要资源，并发挥数据价值的使能因素。推动大数据在社会经济各领域的广泛应用，加快传统产业数字化、智能化，催生数据驱动的新兴业态，能够为我国经济转型发展提供新动力。大数据是驱动数字经济创新发展的重要抓手和核心动能，数字经济是大数据价值的全方位体现。

---

① 张振：《加快“十四五”数字经济高质量发展——国家发展改革委负责同志就〈“十四五”数字经济发展规划〉答记者问》，《中国经贸导刊》2022 年第 3 期。

② 厉敏：《数字化改革引领，深化推进大数据产业发展——〈“十四五”大数据产业发展规划〉解读》，《信息化建设》2022 年第 5 期。

二　数字经济背景下大数据的发展现状

（一）相关政策

1. 国外政策

数字化时代，以数据为基础的转型成为各个国家的战略选择。国外大数据战略稳步推进，美国作为数据强国，率先实施“开放政府数据”行动。2021 年美国行动计划进一步强化数据的治理、管理和保护，促进数据的跨部门流通和再利用，充分发掘数据资源价值。英国发布“国家数据战略”，采取一系列行动促进数据的高效合规应用，并在 2021 年建立细化的行动方案，确保战略的有效实施。欧盟推出“欧盟数据战略”，注重加强成员国之间的数据共享，平衡数据的流通和使用。欧盟在 2021 年发布一系列重要举措，确保战略目标的顺利实现。如“欧盟数据治理法案”旨在为欧洲共同数据空间的管理提出立法框架，“通向数字十年之路”提案为欧盟数字化目标的落地提供了具体治理框架。

除了各国重视数字战略的应用，相关国际组织也十分重视数据在全球化发展中的作用。G20 数字经济部长会议以数据治理和数据流通作为重点议题；G7 贸易部长会议就跨境数据使用和数字贸易原则达成一致，有望缓解欧美在数字治理领域的冲突。

2. 国内政策

我国重视大数据战略，围绕数字经济、数字化转型、数据要素市场、国家一体化大数据中心布局等政策不断深化和落地。特别是我国提出“加快培育数据要素市场”后，大数据发展迎来了全新阶段。我国大数据战略布局主要分为三个阶段[①]。

第一阶段是酝酿阶段（2014~2015）。2014 年大数据首次被写入政府工

① 中国信息通信研究院：《大数据白皮书（2021 年）》，2021 年 12 月。

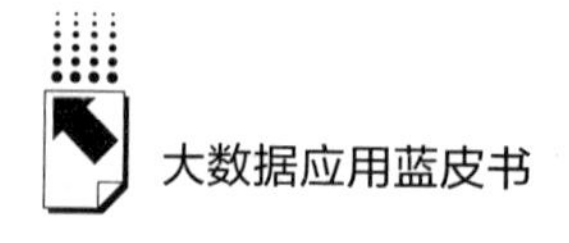

作报告；2015 年国务院印发《促进大数据发展行动规划纲要》，对大数据发展的方向和框架进行顶层设计。我国大数据整体布局开始起步。

第二阶段是落地阶段（2016~2019）。2016 年“十三五”规划正式提出实施国家大数据战略，国家发改委、工信部、中央网信办联合批复贵州、上海、京津冀、珠三角等 8 个大数据综合试验区；2017 年，党的十九大提出推动互联网、大数据、人工智能与实体经济融合；有关部委出台了 20 余份大数据政策文件，各地方出台了 300 余项相关政策，央地协同、区域联动的大数据发展推进体系逐步形成并落地实施。

第三阶段是深化阶段（2020 年至今）。随着大数据融合应用的逐步深入，大数据战略进入深化阶段。“十四五”规划突出数据在数字经济中的关键作用，加强数据要素市场体系建设，重视大数据相关基础设施建设等；2021 年 11 月，工信部印发《“十四五”大数据产业发展规划》，对大数据产业发展提出新的要求，同时指出我国迈入数字经济的关键时期，大数据产业将步入集成创新、快速发展、深度应用、结构优化的新阶段；2022 年 1 月，国务院印发《“十四五”数字经济发展规划》，以数据为关键要素，以数字技术与实体经济深度融合为主线，加强数字基础设施建设，完善数字经济治理体系，协同推进数字产业化和产业数字化，赋能传统产业转型升级，培育新产业新业态新模式，不断做强做优做大我国数字经济，为构建数字中国提供有力支撑。

（二）法律法规

随着《网络安全法》、《数据安全法》和《个人信息保护法》等基础政策法规的先后出台并实施，我国大数据安全法律体系进一步完善，标志着我国数据合规的法律架构已初步搭建完成，为大数据技术发展和应用深化提供了指导和参考。《数据安全法》明确了数据安全主管机构的监管职责，建立健全数据安全协同治理体系，提高数据安全保障能力，促进数据出境安全和自由流动，促进数据开发利用，保护个人、组织的合法权益，维护国家主权、安全和发展利益，让数据安全有法可依、有章可循，为数字经济的安全健康发展提供了有力支撑。《个人信息保护法》立足数据产业发展和个人信息保护的需求，聚焦个人信息的利用和保护，并且针对敏感个人信息和国家机关的处理强调了特别规则。

2022 年上半年，国家层面还出台了一系列网络安全、数据安全领域法规政策，如表 1 所示。典型的政策法规《要素市场化配置综合改革试点总体方案》提出在保护个人隐私和确保数据安全的前提下，分级分类、分步有序推动部分领域数据流通应用，加强数据安全保护，强化网络安全等级保护要求[①]；《网络安全审查办法》旨在保障网络安全和数据安全，维护国家安全，将网络平台运营者开展数据处理活动，影响或者可能影响国家安全等情形纳入网络安全审查范围，并明确要求掌握超过 100 万用户个人信息的网络平台运营者赴国外上市必须申报网络安全审查[②]；《关于加快推进电子证照扩大应用领域和全国互通互认的意见》提出在保护个人隐私和确保数据安全的前提下，研究探索企业、社会组织等参与提供电子证照服务的模式；《关于加快建设全国统一大市场的意见》要求加快培育数据要素市场，建立健全数据安全、权利保护、跨境传输管理、交易流通、开放共享、安全认证等基础制度和标准规范，深入开展数据资源调查，推动数据资源开发利用[③]；《关于加强数字政府建设的指导意见》指出，要加大对涉及国家秘密、工作秘密、商业秘密、个人隐私和个人信息等数据的保护力度，完善相应问责机制，依法加强重要数据出境安全管理。

表 1　2022 年上半年国家层面政策法规文件

文件名称	发布主体	发布时间
《要素市场化配置综合改革试点总体方案》	国务院办公厅	2022. 1. 6
《“十四五”数字经济发展规划》	国务院	2022. 1. 12
《关于推动平台经济规范健康持续发展的若干意见》	国家发改委、国家市场监管总局、国家网信办、工信部等	2022. 1. 18

① 《国务院办公厅关于印发要素市场化配置综合改革试点总体方案的通知》，《中华人民共和国国务院公报》2022 年第 2 期。

② 《十三部门修订发布〈网络安全审查办法〉》，《中国防伪报道》2022 年第 1 期。

③ 黄益平、沈艳：《数据要素市场化配置多点发力》，《经济》2022 年第 2 期。

续表

文件名称	发布主体	发布时间
《"十四五"市场监管现代化规划》	国务院	2022. 1. 27
《互联网信息服务深度合成管理规定(征求意见稿)》	国家网信办	2022. 1. 28
《网络安全审查办法》	国家网信办、国家发改委、工信部等	2022. 2. 15
《关于加快推进电子证照扩大应用领域和全国互通互认的意见》	国务院办公厅	2022. 2. 22
《互联网信息服务算法推荐管理规定》	国家网信办、工信部、公安部等	2022. 3. 1
《2022 年提升全民数字素养与技能工作要点》	国家网信办、教育部、工信部等	2022. 3. 2
《互联网弹窗信息推送服务管理规定(征求意见稿)》	国家网信办	2022. 3. 2
《未成年人网络保护条例(征求意见稿)》	国家网信办	2022. 3. 14
《关于加快建设全国统一大市场的意见》	中共中央、国务院	2022.4. 1
《关于加强打击治理电信网络诈骗违法犯罪工作的意见》	中共中央办公厅、国务院办公厅	2022. 4. 18
《关于推进实施国家文化数字化战略的意见》	中共中央办公厅、国务院办公厅	2022. 5. 22
《数据安全管理认证实施规则》	国家市场监督管理总局、国家网信办	2022. 6. 5
《移动互联网应用程序信息服务管理规定》	国家网信办	2022. 6. 14
《反电信网络诈骗法(草案二次审议稿)》	十三届全国人大常委会第三十五次会议	2022. 6. 21
《关于构建数据基础制度更好发挥数据要素作用的意见》	中央全面深化改革委员会第二十六次会议	2022. 6. 22
《关于加强数字政府建设的指导意见》	国务院办公厅	2022. 6. 23
《互联网用户账号信息管理规定》	国家网信办	2022. 6. 27

资料来源：作者整理编制。

国家部委针对行业数据的基础性规范和指导性文件也密集出台。如工信部发布《工业和信息化领域数据安全管理办法（试行）（征求意见稿）》，明确了各级主管机构的监管职责和引导产业发展的责任，详细规定了工业和电信数据的分类分级方法，重要数据、核心数据的判定条件和全生命周期备案管理制度；国家网信办会同国家发改委、工信部、公安部和交通运输部发布《汽车数据安全管理若干规定（试行）》，针对网联汽车的场景对个人信息、敏感个人信息、重要数据等提出了数据分类等要求；工信部印发《关于加强智能网联汽车生产企业及产品准入管理的意见》，要求加强汽车数据安全、网络安全管理；央行发布《征信业务管理办法》，清晰定义了征信业务和信用信息以保护信息主体的合法权益；中国银保监会发布《关于银行业保险业数字化转型的指导意见》，指出要加强数据安全和隐私保护，完善数据安全管理体系，建立数据分级分类管理制度，强化对数据的安全访问控制；国家药监局发布《药品监管网络安全与信息化建设“十四五”规划》，要求健全网络安全管理制度，建立网络安全责任体系，落实网络安全管理主体责任，升级信息系统安全建设、安全测评、容灾备份等保障措施。

随着数据合规立法逐渐进入深水区，地方立法充分发挥试点优势，探索数据确权、数据估值和数据流通等关键问题。贵州省、天津市、上海市、海南省、安徽省等已完成大数据立法工作并陆续出台大数据发展应用条例。如表 2 所示，2022 年陆续有 20 个省和直辖市出台大数据和数字经济条例或征求意见稿。

表 2　2022 年地方大数据相关政策

文件名称	发布单位	发布时间
《湖南省网络安全和信息化条例》	湖南省人民代表大会常务委员会	2022. 1. 1
《福建省大数据发展条例》	福建省人民代表大会常务委员会	2022. 2. 1
《广东省公共数据安全管理办法（二次征求意见稿）》	广东省政务服务数据管理局	2022. 2. 7
《黑龙江省促进大数据发展应用条例（草案修改稿征求意见稿）》	黑龙江省人民代表大会常务委员会	2022. 2. 11
《浙江省公共数据条例》	浙江省人民代表大会常务委员会	2022. 3. 1
《河南省数据条例（草案）（征求意见稿）》	河南省大数据管理局	2022. 3. 7
《四川省大数据发展条例（草案征求意见稿）》	四川省司法厅	2022. 3. 23
《山东省公共数据开放办法》	山东省人民政府	2022. 4. 1
《上海市政务云管理暂行办法》	上海市人民政府	2022. 4. 6
《江西省数据条例（征求意见稿）》	江西省发展和改革委员会	2022. 4. 8

续表

文件名称	发布单位	发布时间
《广西壮族自治区大数据发展条例(征求意见稿)》	广西壮族自治区大数据发展局	2022. 4. 15
《北京市数字经济促进条例(征求意见稿)》	北京市经济和信息化局	2022. 5. 7
《湖南省社会信用条例》	湖南省人民代表大会常务委员会	2022. 5. 25
《河北省数字经济促进条例》	河北省人民代表大会常务委员会	2022. 5. 27
《江苏省数字经济促进条例》	江苏省人民代表大会常务委员会	2022. 5. 31
《辽宁省大数据发展条例》	辽宁省人民代表大会常务委员会	2022. 5. 31
《四川省数据条例(草案)》	四川省人民代表大会常务委员会	2022. 6. 13
《新疆维吾尔自治区关键信息基础设施安全保护条例》	新疆维吾尔自治区人民代表大会常务委员会	2022. 6. 15
《重庆市数据条例》	重庆市人民代表大会常务委员会	2022. 7. 1

（三）大数据产业发展

截至 2021 年底，工信部面向全社会累计征集近 1 万个大数据应用案例，遴选出 338 个大数据优秀产品和应用解决方案，604 个大数据典型试点示范项目。围绕“数据资源、基础硬件、通用软件、行业应用、安全保障”的大数据产品和服务体系初步形成①。2021 年我国数据产量 6. 6ZB，全球占比 9. 9%，位居世界第二。

1. 数字网络基础设施建设提速换挡

截至 2021 年底，我国已建成 142. 5 万个 5G 基站，总量占全球的 60%以上，5G 用户数达到 3. 55 亿户。全国超 300 个城市启动千兆光纤宽带网络建设，千兆用户规模达 3456 万户。农村和城市实现“同网同速”，行政村、脱贫村通宽带率达 100%，行政村通光纤、通 4G 比例均超过 99%。IPv6 规模部署和应用取得显著进展，IPv6 地址资源总量位居世界第一，IPv6 活跃

① 黄鑫:《“数字引擎”释放强劲动能》,《经济日报》2022 年 6 月 2 日。

用户数达6.08亿。[①]

2.大数据、云计算、区块链等产业规模不断扩大

规模以上软件业营收从2017年的5.5万亿元增长至2021年的9.5万亿元；云计算产业近年来保持强劲发展态势，年增速超过30%，是全球增速最快的市场之一；规模以上计算机、通信和其他电子设备制造业营收从2017年的10.6万亿元增长至2021年的14.1万亿元；大数据产业规模从2017年的4700亿元增长至2021年的1.3万亿元，年均复合增长率超过30%；2021年，全国区块链产业规模达65亿元，同比增长30%，集成电路、电信业务收入超过1万亿元，物联网市场规模超过2万亿元；2017年到2021年，我国电子商务交易额从29万亿元增长至42万亿元，网上零售额从7.18万亿元增长至13.09万亿元。

3.技术产业基础日益坚实

截至2021年底，制造业重点领域关键工序数控化率、数字化研发设计工具普及率分别为70.9%和74.7%，比2012年分别提高46.3个和25.9个百分点。我国工业互联网总体布局步入全球前列，网络基础设施持续升级，标识解析体系基本建成，注册总量突破千亿，平台资源配置能力显著增强，综合型、特色型、专业型工业互联网平台超过150家，国家、省、企业三级协同联动的技术监测服务体系基本建成。

4.数字技术创新能力快速提升

5G实现技术、产业、应用全面领先，高性能计算保持优势。人工智能、云计算、大数据、区块链、量子信息等新兴技术跻身全球第一梯队。2021年，我国专利合作条约（PCT）国际专利申请总量69540件，连续三年位列全球第一，信息领域PCT国际专利申请数量超过3万件，比2017年提升60%，全球占比超过三分之一。我国互联网企业更加注重创新，2017年到2021年，上市互联网企业研发投入增长227%。

---

① 中央网信办：《数字中国发展报告（2021年）》。

5. 关键软件不断取得突破，发展成效显著

操作系统开源生态不断壮大，截至2021年12月，鸿蒙OS2系统用户数已超过2.2亿，形成原子化服务4.9万余款，应用生态加速构建；人工智能、量子前沿技术成果突出，超大规模智能模型跃居全球最大的预训练模型，“祖冲之二号”“九章二号”在超导量子和光量子两个物理体系上实现量子计算优越性；云计算亿级并发处理、海量数据存储等核心指标达到国际先进水平，并加速向云原生等新兴模式突破；达梦数据库蝉联国产数据库市场占有率第一位，在多个领域落地生根；WPS办公软件终端月度活跃用户超3.1亿，产品已覆盖多个国家和地区；国产CAD软件产品的功能和性能接近中等发达国家水平，在多个领域不断拓展应用。

（四）大数据技术体系

大数据技术体系的核心始终是面向海量数据的存储、计算、处理等基础技术。2021数据资产管理大会对大数据产品能力测评进行解读①，总结如下。

1. 海量异构数据处理需求推动数据存储技术发展

除关系型数据库以外，非关系型的数据库及其他类型存储的产品测试数量在稳定增长，已经累计超过了20款产品。以图数据库、键值数据库为代表的新型数据库产品解决了非结构化数据的存储需求。同时，数据湖、多模数据库等技术逐步落地，使得一套系统存储海量不同数据成为可能。

2. 融合成为大数据技术发展的重要特征

特征一是流批融合。越来越多的产品既通过了流计算的评测，也通过了批处理评测，同时具备流批的能力。特征二是TA融合［事务（Transaction）与分析（Analysis）］。很多数据库的产品同时通过事务型数据库的评测和分析型数据库的评测，同时具备AP和TP处理能力。

---

① 2021年12月20日，聚焦释放数据要素价值2021数据资产管理大会举行。

3. 隐私计算技术发展火热，市场迎来爆发期

国内隐私计算相关企业已经达到88家，上线产品已经超过100款。隐私计算技术的落地趋势明显，随着政策、社会、产业环境进一步优化，与2020年相比，更多的产品从研发阶段推进到试点和实施阶段。

4. 智能化、云原生成为大数据产业未来发展的主要方向

2022大数据产业峰会发布了《2022大数据十大关键词》（见图1①），涵盖政策、理念、安全、技术等，支撑数据要素价值释放。其中技术层面包括创新型数据库、隐私计算一体机、图计算三个方面。从发展趋势来看，大数据技术最明显的两个方向是智能化和云原生。智能化方向的趋势包括智能监控告警、自动底层优化、智能数据分布及跨集群资源调度等。云原生方向的趋势包括微服务、Serverless、容器化、Devops等。总的来看，未来大数据技术将致力于为客户提供更加高效、低成本、自动化的数据服务。

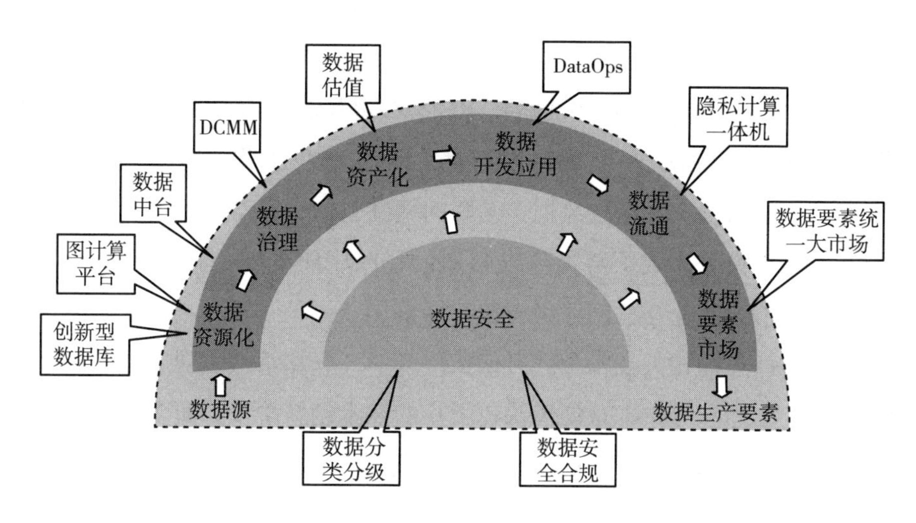

图1　2022大数据十大关键词

① 《“2022大数据十大关键词”发布》，中国新闻网，2022年6月28日。

（1）云原生

随着云原生概念的兴起，大数据技术产品逐步迭代升级，云原生大数据技术产品开始成为产业变革的浪潮。近年来，以阿里、腾讯为代表的厂商发布了云原生大数据技术产品，例如，阿里的云原生数据库 PolarDB、云原生数据仓库 AnalyticDB、云原生湖仓一体产品 2.0；腾讯的云原生数据库 TDSQL-C、云原生消息队列 TDMQ、云原生数据湖；华为的云原生数据湖产品 FusionInsightMRS；百度的云原生湖仓架构。

利用云原生，大数据技术产品整体架构实现弹性扩缩容，从而实现资源利用率 30%以上的提升，并利用 Serverless 的概念提升发布效率的同时降低成本。另外，云原生支持多云部署，方便客户在多云之间无缝迁移，降低客户被单一公有云绑定的风险。

（2）隐私计算

隐私计算是一种两个或多个参与联合计算的技术和系统，参与方在不泄露各自数据的前提下通过协作对他们的数据进行联合机器学习和联合分析。隐私计算被认为是最有希望解决跨机构间数据有序流通问题的一类关键技术。Gartner 发布 2022 年重要战略技术趋势，继续将隐私计算列为未来几年科技发展的重要趋势之一。2021 年，隐私计算正在迎来市场爆发期，相关技术产品快速增长，在金融风控、互联网精准营销、智慧医疗、政务数据共享与开放等规模大、数据流通需求强烈的场景中孵化出应用，并在智慧能源、智慧城市、工业互联网等领域持续探索。①

在隐私计算的相关技术中，可信执行环境、联邦学习、同态加密、零知识证明、差分隐私等技术正处于快速增长的技术创新阶段。而多方安全计算已达到技术成熟的顶峰，区块链已经逐渐接近技术成熟的峰值。

2022 年是隐私计算落地应用元年，多个场景应用加速落地，隐私计算一体机助力数据要素流通。一是隐私计算一体机具有安全加固、性能加速和易用性增强等优势，降低用户使用的技术门槛和综合成本。二是

① 中国信息通信研究院：《隐私计算白皮书 2021》，2021 年 7 月。

隐私计算一体机的技术实现方式不唯一，基于可信硬件或加密卡，可同时利用计算加速卡或网络加速卡，也可预装应用服务场景组件，多硬件多角度组合提升成为软硬结合发展趋势。三是隐私计算一体机形态多样，标准化需求迫切，国内外已经有多个标准规范出台，如行业标准和 IEEE 标准《隐私计算一体机技术要求》、企业标准《隐私计算一体机金融应用技术要求》。

（3）图计算

图数据与传统行列式数据不同，它是通过点、边模型，高效描述实体、属性、关系的数据模型，近年来被广泛用于企业智能营销风控等必要数据应用中。随着行业数据智能转型的深入，图数据在数据总量中的比例也正在快速上升。图计算是研究人类世界事物之间的关系，对其进行描述、刻画、分析和计算的一门技术。Gartner 在《2021 年十大数据和分析技术趋势》报告中预测，到 2025 年，图技术将应用于 80% 的数据和分析创新。[①] 图计算技术在金融、制造、能源等领域有着巨大的应用价值和广阔的应用前景，甚至在前沿的脑科学研究中，也能看到它的身影。

如图 2 所示，图计算平台通过抽象计算层和集成层，在图数据库基础上增强了兼容性和大规模数据计算能力，支撑图数据的大数据时代，实现了多种存储介质中图数据的高效汇聚以及多跳情况下的复杂计算能力。目前该领域政策扶持力度不断加大，开源体系发展迅猛，商用产品层出不穷，从而快速支撑了图数据这一重要要素类型的价值释放。国内具有代表性的图计算平台，如蚂蚁集团的 TuGraph，是业内首个在大规模图上提供实时服务的平台，具有提供业界领先的实时和时序大规模图分析能力。腾讯知识图谱 TKG，是一个集成图数据库、图计算引擎和图可视化分析的一站式平台。

① 田倩飞、张志强：《Gartner 发布 2021 年十大数据与分析技术趋势》，《世界科技研究与发展》2021 年第 2 期。

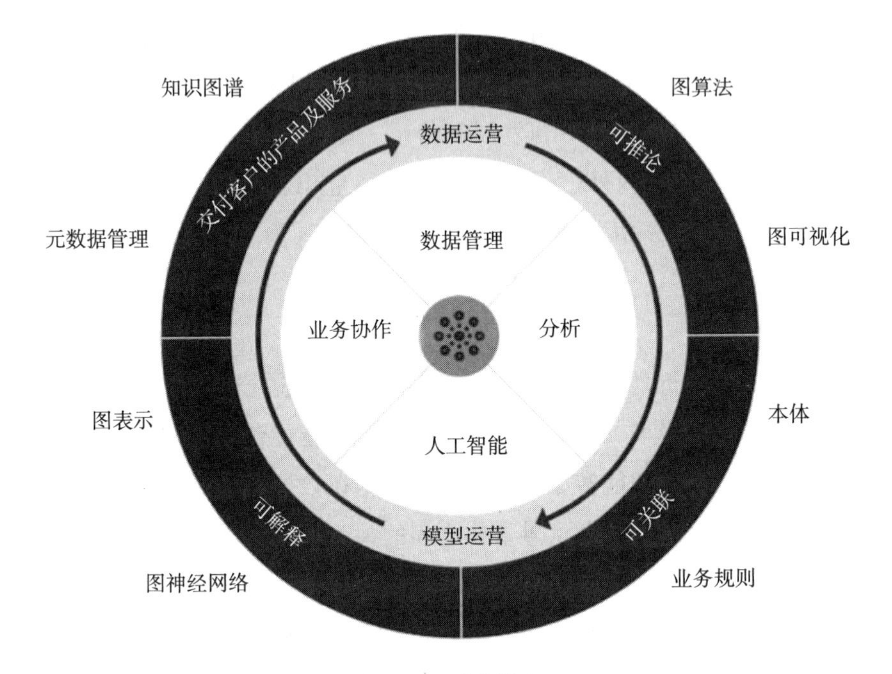

图 2　图计算技术

三　大数据应用取得的成效

（一）数据中心

“十四五”规划明确指出要加快构建全国一体化大数据中心协同创新体系，强化算力统筹智能调度，建设若干国家枢纽节点和大数据中心集群，建设 E 级和 10E 级超级计算中心。当前，我国数据中心产业由高速发展向高质量发展全面推进，全国一体化大数据中心、新型数据中心等政策相继出台，“东数西算”工程全面启动实施。①

我国数据中心规模快速增长。截至 2021 年年底，我国在用数据中心机

① 严翠：《“东数西算”工程正式启动　上市公司积极布局》，《证券时报》2022 年 2 月19 日。

架规模达到520万架，近五年年均复合增速超过三成。[①] 受新基建、数字化转型等国家政策促进及企业降本增效需求的驱动，我国数据中心业务收入高速增长。2021年，我国数据中心行业市场收入达到1500亿元，近三年年均复合增长率超过三成。高新技术、数字化转型及终端消费等多样化算力需求场景不断涌现，算力赋能效应凸显。在算力形态方面，我国数据中心形态多样化发展，智算需求快速增长，预期模块增速将达到七成，边缘数据中心能够为智能终端、物联设备提供实时算力，边缘数据中心规模增速有望达到三成。2022年，工信部发布“国家新型数据中心典型案例名单（2021年）”，其中大型数据中心32个，边缘数据中心12个。

2022年2月，在京津冀、长三角、粤港澳大湾区、成渝、内蒙古、贵州、甘肃、宁夏8地启动建设国家算力枢纽节点，并规划了10个国家数据中心集群，全国一体化大数据中心体系完成总体布局设计。“东数西算”工程指通过构建数据中心、云计算、大数据一体化的新型算力网络体系，将东部算力需求有序引导到西部，优化数据中心建设布局，促进东西部协同联动。“东数西算”工程的实施，一是有利于提升国家整体算力水平，通过全国一体化的数据中心布局建设，扩大算力设施规模，提高算力使用效率，实现全国算力规模化集约化发展。二是有利于促进绿色发展，加大数据中心在西部的布局，将大幅提升绿色能源使用比例，就近消纳西部绿色能源，同时通过技术创新、以大换小、低碳发展等措施，持续优化数据中心能源使用效率。三是有利于扩大有效投资，数据中心产业链条长、投资规模大、带动效应强，通过算力枢纽和数据中心集群建设，将有力带动产业上下游投资。四是有利于推动区域协调发展，通过算力设施由东向西布局，将带动相关产业有效转移，促进东西部数据流通、价值传递，延展东部发展空间，推进西部大开发形成新格局[②]。

---

① 中国信息通信研究院：《数据中心白皮书》，2022年4月。

② 王晓涛、杜壮：《“东数西算”勾画中国算力新版图》，《中国经济导报》2022年2月19日。

（二）数字政府

随着大数据、云计算、人工智能等新一代数字技术融入数字政府建设，我国数字政府建设稳步推进，数字政府服务效能显著提升。2021 年数字政府服务能力评估结果显示，我国数字政府建设已进入全面改革、深化提升阶段，近三年中国省级和重点城市数字政府服务能力整体水平不断提升。2021 年，全国一体化政务服务平台实名用户超过 10 亿人，其中国家政务服务注册用户超过 4 亿人，总使用量 368.2 亿人次，为地方部门提供身份认证核验服务 29 亿余次。

随着大数据、人工智能等新一代数字技术融入数字政府建设，“掌上办”“指间办”成为政务服务标配，“最多跑一次”“不见面审批”等创新实践模式不断涌现，“跨省通办”切实解决了群众异地办事面临的堵点难点问题。除全国范围的跨省通办外，京津冀、长三角、泛珠区域、川渝地区、西南五省、西北五省区、东北三省等 7 个地区实现了区域内的跨省通办。全国一体化在线政务服务平台有效解决群众和企业办事难、办事慢、办事烦等问题，驱动互联网政务服务由点到面、由浅及深加快发展。2021 年，超过四分之一的国家部委实现了政府服务全程网办，各省市政务服务全程网办情况仍有较大提升空间。多地政府积极构建数据开放平台，数据开放规模不断扩大。截至 2021 年 11 月底，已有 19 个省份和 19 个重点城市的数据开放平台上线运行。其中，19 个省级平台共开放 19 万个数据集、8 万多个数据接口、67 亿多条数据量，数据规模不断扩大①。

2022 年 6 月，国务院印发《关于加强数字政府建设的指导意见》（以下简称指导意见）②，就主动顺应经济社会数字化转型趋势，充分释放数字化发展红利，全面开创数字政府建设新局面做出部署。该指导意见强调大数据对数字政府建设的重要作用，具体包括：一是强化经济运行大数据检测分

---

① 李贞：《“数字政府”建设大踏步推进》，《人民日报》（海外版）2022 年 1 月 12 日。

② 《国务院关于加强数字政府建设的指导意见》，《中华人民共和国国务院公报》2022 年第 19 期。

析，运用大数据强化经济监测预警；二是积极推动数字化治理模式创新，加强公安大数据平台建设；三是建立健全大数据辅助科学决策机制，全面提升政府决策科学化水平；四是加快推进全国一体化政务大数据体系建设，构建全国一体化政务云平台体系。

（三）数字乡村

信息基础设施建设是推进数字乡村建设的重要支撑。[①] 2021 年，未通宽带行政村通过电信普遍服务实现“动态清零”，通光纤比例从不到 70%提升至 100%，平均下载速率超过 100Mb/s，基本实现与城市同网同速。截至 2021 年 12 月，我国现有行政村已实现“村村通宽带”，农村地区互联网普及率为 57.6%，农村网民规模已达 2.84 亿。

农业农村大数据成为现代农业发展和乡村振兴的重要资源要素。2021 年，农业农村部大数据中心成立，农业农村大数据体系建设的顶层设计进入实操阶段。种业、国土、林草、耕地等领域的一批大数据采集、传输、存储、共享、安全等标准相继建立；生猪、棉花、大豆、油料、糖料等一批重要农产品全产业链大数据平台建设完成；标准农田、农药兽药、新型经营主体等一批农业大数据管理系统上线。

农村电子商务和新型农业的发展，催生乡村新业态。2021 年全国农村网络零售额达 2.05 万亿元，比上年增长 11.3%，增速加快 2.4 个百分点。全国农产品网络零售额达 422 亿元，同比增长 2.8%。

大数据、人工智能、云计算等新一代信息技术与种植业、畜牧业、渔业、种业、农机装备全面深度融合。2021 年，全系统装备北斗导航设备 8300 台套以上，导航作业面积 6000 万亩以上；全国 72 万个“畜牧业生产经营单位信息代码”登记备案赋码实现了 18 万余个规模养猪场和 4300 多个生鲜乳收购站生产情况的全覆盖精准监测；智慧兽药管理平台收集采集各类信息 35.5 万余条，4.7 万余家经营企业完成追溯系统入网上报，3110 家兽

---

① 《以数字技术赋能乡村振兴》，《人民日报》2022 年 4 月。

药监管单位注册使用国家兽药产品追溯系统；山东、广东、江苏、黑龙江等地集中打造了一批无人农场、植物工厂、无人牧场和无人渔场，累计改装升级水旱田无人驾驶及辅助驾驶机具 6288 台，示范水旱田无人驾驶及辅助作业 608.45 万亩，实现农场作业全过程的智能化、无人化。

构建现代乡村治理体系，数字技术将发挥重要作用。“互联网+政务服务”助力群众便捷办事，初步实现了全国 49.2 万个村民委员会信息集中汇聚，乡村社区管理、服务“网上办”“掌上办”“快捷办”，有效提升了基层乡村治理效率。

信息服务已全面渗透到乡村居民生活的各个方面。2021 年，全国中小学校（含教学点）实现 100%宽带通达；29 个省份已建立省级远程医疗平台，远程医疗服务县（区、市）覆盖率达到 90%以上；全国社保卡持卡人数达 13.47 亿人，覆盖超过 95.4%的人口；“就业在线”平台累计发布 881 万余条岗位信息和 5591 条招聘会信息，吸引 1489 万余名求职者注册使用，页面访问量超过 7937 万次；近 53 万个行政村实现了法律顾问的全覆盖，建立法律顾问微信群 20 多万个；汇集全国农村低保对象信息 3504.8 万余条、特困人员信息 457.6 万余条，累计办理社会救助业务 735.3 万笔，初步建成覆盖全国 5440 万低收入人口的动态监测数据库；在人民银行开户的 3832 家法人农村金融机构中，3589 家已开通了业务线上办理渠道，占比 93.66%，农村地区银行卡助农取款服务点达 85.84 万个，覆盖村级行政区数量 51.95 万个。初步实现了数字化与乡村居民生活的有机融合。

智慧绿色乡村建设迈上新台阶。2021 年，中国农药数字监督管理平台初步建成，实现全国农药产品“一瓶一码”100%可追溯。3095 个村庄环境空气质量、4137 个县域农村地表水水质断面（点位）、3080 个农业面源污染控制断面、10304 个农村万人千吨饮用水水源地、45247 个日处理能力 20 吨及以上的农村生活污水处理设施（含人工湿地）出水水质、1269 个灌溉规模达到 10 万亩及以上农田灌区的灌溉用水断面（点位）得到监测，乡村人居环境污染监测不断深化。

2022 年是“十四五”时期实施数字乡村发展战略的关键之年，要瞄准农业农村现代化主攻方向，聚焦重点领域和短板弱项，扎实推进数字乡村建设。

（四）数字“双碳”

我国碳达峰碳中和政策体系明确提出，推动大数据、人工智能、5G等新兴技术与绿色低碳产业深度融合，推进工业领域数字化智能化绿色化融合发展。[①] 数字技术在助力全球应对气候变化过程中扮演着重要角色，数字技术与能源电力、工业、交通、建筑等重点碳排放领域深度融合，有效提升能源与资源的使用效率，实现生产效率与碳效率的双提升。

数字技术助力能源行业是碳减排的着力点。具体表现为数字技术赋能输配智能化运行，推动城市、园区、企业、家庭用电智能化管控系统构建，数字化存储系统加速实现规模化削峰填谷。例如电网公司利用数字技术实现输配电网路的智能运维、可视化分析，降低输配电网络损耗，达到节能降碳效果。

数字技术助力工业数字化智能化绿色化融合发展。利用数字技术赋能低碳钢铁、低碳石化化工产品、水泥行业等工艺研发过程、设备设施管理智能化，实现生产运营集中一贯管理。

基于智能设计平台的绿色低碳新产品不断涌向汽车市场。车辆智能化、出行结构的优化和出行效率的提升、电动汽车的充放电优化、新能源汽车与可再生能源协同是数字技术促进交通领域碳减排的着力点。汽车行业通过人工智能、大数据算法辅助开展汽车轻量化设计，使同等材料的车身在性能不降低的前提下降低重量，从而降低产品全生命周期的碳排放。中车、北汽、长安等车企通过智能化轻量设计使重量减少7%～10%，对应燃油能耗降低6%～8%，在汽车的使用全周期内可以降低二氧化碳排放13%。

基于智能工厂的绿色生产制造新流程也层出不穷。传统制造企业在智能制造工厂的建设过程中践行绿色低碳理念，通过部署工业互联网、边缘计

① 中国信息通信研究院：《数字碳中和白皮书》，2021年12月。

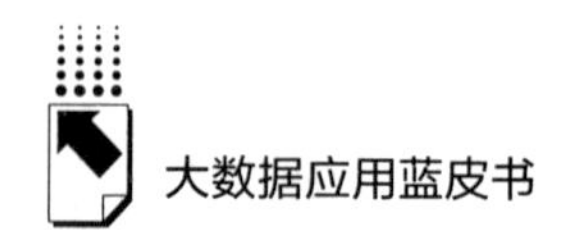

算、云计算等设备，助力提升装备运行效率、优化生产方案、改进工艺工序，帮助企业在降低能源消耗的同时提高工业产值。联想个人电脑生产制造基地合肥联宝工厂采用先进生产调度系统，通过提高生产效率、减少生产线闲置等方式，每年节省超过2700兆瓦时的电力，可减少2000多吨二氧化碳的排放，相当于每年种11万棵树。

智能家居行业通过互联网平台持续对用户使用的智能终端输出服务。在增强产品性能、提升用户体验的同时，有效降低了家居产品使用过程中的能耗水平。例如，海尔建立工业互联网平台，可以精准识别不同地区的最佳节能时段信息，并结合用户自身洗涤习惯，自动为用户智能推荐最节能、合适的洗衣时间段。海尔统计显示，在内蒙古地区，使用错峰用电洗护场景，可最大降低用电成本67%。家电行业通过建立回收、运输、分拣等各环节全链条数字化体系，可以更方便、更快捷地提供产品回收再利用服务，通过行业内循环有力降低碳排放。例如，美的通过打造数字化绿色回收平台，为用户提供绿色便捷的家电换新渠道，绿色回收全程可通过数字化追溯，同时基于区块链技术，实现用户数据、产品数据的不可篡改。

共建共享网络设施也可降低行业整体碳排放。中国电信与中国联通共建共享5G基站70万个，有效降低了建设投资与维护成本，避免了站点重复建设，年度节约用电超100亿度，碳减排近600万吨。随着“东数西算”工程的加快推进，信息通信企业在西部地区的数据中心布局在节能降碳方面已经初显成效，比如通过技术升级，华为云贵安数据中心的电源使用效率值仅1.12，相较于目前1.35的国家标准，在满负荷运行的情况下，该数据中心每年可节省电力10.1亿千瓦时，减少碳排放81万吨，相当于植树3567万棵。①

数字化技术赋能生产生活绿色低碳变革，绿色低碳需求也带动了数字经济持续高质量发展。“双碳”目标的实现，既依赖于社会经济发展模式的深度转型，也依赖于重大技术的持续创新突破。在数字技术赋能实体经济绿色

---

① 吕天文：《“双碳”目标下，“东数西算”节能新路径》，《电气时代》2022年第7期。

转型，构筑精准、敏捷的绿色化发展与治理模式过程中，对网络、算力、数据分析能力的需求持续提升，也对5G、数据中心等关键数字技术的节能降碳提出了更高要求，这将有力带动节能降碳与数字产业协同突破，全面形成绿色低碳的数字经济发展环境，确保高质量发展。①

四　数字经济背景下大数据发展面临的挑战

"十四五"期间我国将进一步提升数字化发展水平，为数字经济发展提供持久动力，进而为构建现代化经济体系和新发展格局提供强力支撑，同时也带来诸多挑战。

（一）数据资源丰富，数据要素市场尚未形成

我国数据资源规模庞大，但价值潜力还没有充分释放，数据资产化、商品化、价值化仍处于初期探索阶段，尚未形成具有统一标准的数据要素大市场。数据要素化面临着诸多挑战：数据的权属界定、价格形成、交易流通、开发利用等各个环节均存在诸多问题，数据的资产地位尚未确立，数据确权难题尚待破解，数据共享流通障碍重重，数据安全和隐私保护体系尚不健全等。数据要素市场化滞后，严重制约以数据为关键要素的数字经济发展。数据要素市场培育是一项综合性系统工程，需统筹规划、强化创新、稳步推进。

（二）大数据核心技术面临诸多挑战

虽然大数据处理技术、分析方法和治理技术已经取得较大发展，但是我国仍面临着大数据核心技术受制于人的困境，高端芯片、操作系统、工业设计软件等均是我国被"卡脖子"的短板。关键核心技术不能自主可控，在用新一代信息技术为实体经济发展赋能的过程中，一些产品的关键技术无法破解。面向大数据需求，现有大数据技术面临一系列挑战，如数据模型独

① 敖立：《数字经济与"双碳"目标协同发展》，《今日中国》2022年第6期。

立、负载类型不通过、冷热数据不同、以计算为中心的数据处理模式等。另外，在大数据应用需求驱动下，信息技术体系发生变更，新的基础理论和核心技术有待进一步破解。

（三）数字经济发展不规范的问题突出，数字治理面临挑战

数字平台的快速发展逐步形成了“一家独大”“赢者通吃”的市场格局，带来了市场垄断、税收侵蚀、数据安全等问题，难以沿用传统反垄断规则对其进行监管。针对新兴技术的管控能力亟须提升，各类新兴数字技术发展迅猛，各类威胁从虚拟网络空间向现实物理世界蔓延扩散，经济社会面临着前所未有的风险与安全挑战。其他诸如网络舆情的管理失控、金融数字业务的无序扩张、大数据和人工智能技术应用导致的伦理问题等，均已成为必须面对和解决的重要问题。

（四）数字经济发展不均衡，不同行业领域之间的数字鸿沟有扩大趋势

数字经济在三次产业中渗透率不断提升，三次产业数字化覆盖不平衡问题突出。从不同行业数字化发展来看，科学研究和技术服务业数字化发展很快，文化体育和娱乐业、批发和零售业以及租赁和商务服务业数字化发展速度更快，农、林、牧、渔等行业数字化转型相对缓慢。从不同地区产业数字化程度看，上海、海南、福建、北京等省市产业数字化程度位居前列，贵州、黑龙江、甘肃、云南的产业数字化程度较低，东西部地区间差距十分明显，数字化发展水平差异使得东西部地区间的发展差距进一步拉大。

（五）数字经济呈现消费型数字经济和生产性数字经济不平衡发展态势

消费领域数字化转型较快，但生产领域产业数字化转型相对滞后。一方面是因为目前信息通信技术只适用于消费领域的数字经济，但在生产领域的数字经济中缺失操作技术；另一方面是因为企业数字化转型壁垒较高。产业

数字化转型主要存在四个问题：一是一些企业受到既有经营方式、思维惯性、渠道冲突等因素影响，对数字技术存在认知偏差，导致企业“不想转”；二是大部分企业数字化转型应用项目投入大，建设周期长，转换成本高，导致企业“不敢转”；三是数字化转型的关键技术标准尚不统一，应用难度大，造成企业“不能转”；四是中小企业数字化转型的资金投入不足，新兴技术人才短缺，导致企业“不会转”。

五 总结

习近平总书记指出，要不断做强做优做大我国数字经济。2022 年政府工作报告提出促进数字经济发展，加强数字中国建设整体布局，完善数字经济治理。大数据作为数字经济的关键生产要素，催生数字经济发展。本报告作为 2021 年大数据应用蓝皮书总报告的延续，围绕“十四五”大数据产业发展目标，重点分析数字经济与大数据的内在关系，以数据中心、数字政府、数字乡村和数字“双碳”为主题展开大数据应用情况的调研分析。报告还指出了数字经济背景下大数据发展面临的挑战问题，并给出相关思考。

第一，加快培育数据要素市场，充分释放数据要素价值。要加快培育数据要素市场，充分发挥市场在数据要素配置中的决定性作用。一是着力实施数据质量提升工程，强化高质量数据要素供给。二是着力实施数据要素市场培育试点工程，加快数据要素市场化流通。三是着力创新数据要素开发利用机制。

第二，加快大数据核心关键技术的研发与应用。增强关键技术创新能力，提升基础软硬件、核心电子元器件、关键基础材料和生产装备的供给水平，强化关键产品自给保障能力。瞄准大数据、人工智能等战略性前瞻性领域，提高数字技术基础研发能力，实施数字技术创新突破工程，集中突破高端芯片、操作系统、工业软件等领域关键核心技术，重点布局新一代新兴技术，推动各领域技术融合和突破。尽快改变关键技术领域创新能力不足、关键核心技术不能自主可控、关键领域核心技术受制于人的局面。

第三，完善数字经济治理体系，促进数字经济规范发展。推进数字经济治理法治化、标准化和规范化，强化协同治理和协同监管。增强政府数字化治理能力。建立完善政府、平台、企业、行业组织和社会公众多元参与、有效协同的数字经济治理新机制，形成治理合力。

第四，加快缩小数字鸿沟，促进数字经济均衡发展。要把加速弥合数字鸿沟，促进不同行业领域之间的数字化均衡发展，作为推动数字经济高质量发展的重要方面。统筹谋划，更好发挥政府在数字经济均衡发展中的作用，提高数字经济的普惠、共享、均衡发展水平。综合采取各种政策手段，推动数字城乡融合发展，统筹推动新型智慧城市和数字乡村建设，加快城市智能设施向乡村延伸覆盖，促进数字城乡融合发展，让广大乡村也能跟上城市数字化发展的步伐。

第五，推进数字技术与实体经济深度融合，加快产业数字化转型。鼓励和支持互联网平台、行业龙头企业开放数字化资源和能力，帮助传统企业和中小企业实现数字化转型。着力实施重点产业数字化转型提升工程，全面深化重点产业数字化转型，应用工业互联网新技术对传统产业进行全方位、全链条的改造，发挥数字技术对经济发展的放大、叠加、倍增作用。推动产业园区和产业集群数字化转型，积极探索平台企业与产业园区联合运营模式，推动共享制造平台在产业集群落地和规模化发展。

热点篇

Hot Topics

B.2

生态环境大数据建设发展阶段与展望

常杪　杨亮　李泽浩　徐翀崎*

摘　要：“十三五”时期各级政府不断加强环境信息化改革创新，生态环境大数据建设作为其重点工作得以快速推进，在一定程度上解决了过去长期存在的环保数据及其业务系统“散、乱、弱”，难以支撑环境管理与决策的更高要求等突出的问题，为打赢打好污染防治攻坚战提供了有力支撑。本文系统梳理分析了我国生态环境大数据发展政策方向、定义与数据分类、建设标准编制情况；综述了建设发展阶段、建设框架与先进案例；从技术发展趋势、供给产业以及生态环境大数据建设所能发挥的作用等角度对今后的发展趋势进行了展望。“十四五”时期，生态环境大数据建设进

* 常杪，日本名古屋大学环境学博士，清华大学环境学院环境管理与政策教研所所长，博士生导师，国家信标委大数据标准工作组生态环境行业组联合组长，主要从事生态环境大数据规划、环境政策设计与评估、环境管理决策方法工具与应用、环保产业理论与应用研究；杨亮，清华大学环境学院环境管理与政策教研所，工程师，主要从事环保产业、环境政策相关研究；李泽浩，清华大学环境学院在读博士研究生；徐翀崎，清华大学环境学院环境管理与政策教研所，工程师，主要从事生态环境大数据方法与应用研究。

入了新的发展阶段，对环境治理能力和治理体系现代化提出了更高的要求，构建智慧高效的生态环境大数据体系将有助于推动我国生态环境保护发生转折性、全局性变化。

关键词： 生态环境大数据　环境治理能力现代化　建设框架　地方应用案例　供给产业发展

一　生态环境大数据发展政策方向与趋势

生态环境大数据是生态环境领域信息化、数字化、智慧化、智能化发展的重要支撑。“十三五”时期以来，在一系列国家政策的推动下，我国生态环境大数据领域得到快速发展。进入“十四五”时期，生态环境保护工作将面临新的机遇与挑战，生态环境大数据领域将迎来新的发展阶段。

（一）“十四五”时期环境保护新政带来新的技术支撑需求

自党的十八大以来，习近平总书记非常重视生态文明建设，明确提出“加快生态文明体制改革，建设美丽中国”“绿水青山就是金山银山”“既要绿水青山又要金山银山”的重要论断，体现了环境保护与社会发展相统一的生态文明建设立场。《中华人民共和国国民经济和社会发展第十四个五年规划和2035年远景目标纲要》（以下简称“十四五”规划）第十一篇“推动绿色发展　促进人与自然和谐共生”，提出坚持绿水青山就是金山银山的理念，坚持尊重自然、顺应自然、保护自然，坚持节约优先、保护优先、自然恢复为主，实施可持续发展战略，完善生态文明领域统筹协调机制，构建生态文明体系，推动经济社会发展全面绿色转型，建设美丽中国的“十四五”目标，并指出提升生态系统质量和稳定性、持续改善环境质量以及加快发展方式绿色转型三大重点任务。2022年3月，十三届全国人大五次会议的《政府工作报告》中提出了2022年政府工作任务，即“持续改善生态环境，推动绿色低碳发展。加强污染治理和生态保护修复，处理好发展和减排关系，促进人与自然和谐共生”。

生态环境保护工作将步入更加突出精准治污、科学治污、依法治污，推进生态环境治理体系和治理能力现代化的新时期；也将步入减污降碳协同减排、环境与经济协调发展科学决策的新时期；还将步入建立健全环境治理多元主体共同参与、构建良性互动的环境治理体系的新时期。生态环境大数据建设作为实现上述任务目标的支撑工具与手段将会发挥重要的、不可或缺的作用。

（二）“数字化”是实现环境治理体系现代化的重要支撑

“数字化”一词已经多次出现在“两会”代表提案和政府工作报告中，又以重墨写入“十四五”规划和2035年远景目标，对于国家以及行业发展的重要性毋庸置疑。加快数字化发展，打造数字经济新优势，协同推进数字产业化和产业数字化转型已然成为国之重事。提高数字政府建设水平已经成为各级政府的当务之急，在智慧城市建设中，智慧环保作为重要板块，均成为地方政府首先要推动的建设内容之一。

二　生态环境大数据定义与数据分类

全国信息技术标准化技术委员会（以下简称“全国信标委”）大数据标准工作组生态环境大数据专题组定义了生态环境大数据，指在生态环境领域中，运用大数据理念、技术和方法，通过声学传感器、生物传感器、化学传感器、RFID技术、卫星遥感、视频感知、光学传感器、人工监察等技术手段，对大气环境、水环境和水资源、土壤环境、污染源、森林资源、湿地资源、荒漠化沙化、生物多样性、重点生态功能区、农业和农村环境、再生资源、自然保护区、核与辐射等数据的采集、存储、计算与应用，实现生态环境的现状统计、趋势预测、安全预警和综合评估，从而能够全面掌握、管理生态破坏、保护状态和环境污染与治理状态。

生态环境大数据包括了经济社会活动中产生的、可被环境保护利用的海量数据集合，并不仅限于环保部门的数据。数据主要来源于以下四个方面。

- 第一，环保部门。指标性监测监控数据、状态性环境管理过程数据、非结构化影像数据、空间化遥感数据、类型多样委托科研数据、二次加工产品数据等。
- 第二，行业数据。环境基础设施管理运营数据、企业工况设备状态数据等。
- 第三，相关部门。气象云图、水利管网、国土地图、工商法人、交通流量等相关部门所拥有的与生态环境保护相关的数据。
- 第四，互联网。涉及环保的舆情数据、与人活动相关的亿级移动终端传感数据、多源公开数据、可交易数据等。

三　生态环境大数据建设标准的编制

自 2017 年起，各级政府的生态环境大数据建设步入快速发展阶段，为了更好地推动生态环境大数据的规范建设，急需制定相关配套标准。2019 年，在国家信标委大数据标准工作组的框架下，成立了生态环境大数据行业组。该行业组的组长单位分别为生态环境部信息中心和清华大学环境学院，目前已完成《信息技术　生态环境大数据　数据分类与代码》和《信息技术　生态环境大数据　系统框架》两项标准的立项工作，并已列入 2022 年第二批国家标准计划。

《信息技术　生态环境大数据　数据分类与代码》对生态环境管理、生态环境科学、生态环境产业等与生态环境相关的大数据进行分类并编写代码，规定了生态环境大数据分类的基本框架和代码；适用于生态环境大数据采集、交换、加工、使用以及生态环境大数据的管理工作。《信息技术　生态环境大数据　系统框架》给出了生态环境大数据的系统框架，包括数据管理要求、技术支撑要求、数据应用要求和安全保障要求四个方面，规范了生态环境大数据平台的数据管理要求、生态环境大数据活动各阶段的技术要求、数据应用的分类和流程以及平台的安全保障要求；适用于指导各级政府部门、企事业单位开展生态环境大数据的规划建设、管理运维以及交换共享等数据应用工作。两个标准的编制将有效推进生态环境大数据资源全面整合共享，破除数据孤岛，加强生态数据资源整合、推动数据资源共享服务、推进生态环境数据有序开放；为生态环境大数据建设提供系统框架，规范技术支撑、数据应用和安全保障等要求。

2022 年拟申报两项新标准：第一项是《生态环境数字孪生系统技术基础框架》。该标准旨在为生态环境管理部门、相关企业、行业协会、软件咨询服务机构开发生态环境数字孪生产品时提供基础与技术规范，从而实现城市生态环境全面感知、虚实交互、智能决策、精准控制，进一步推动我国环保行业智能化、智慧化发展。第二项是《生态环境大数据　建设与应用成熟度评估模型》。该标准旨在基于生态环境相关部门大数据应用与迭代开发需求，开发针对政府部门生态环境大数据已建成果的完整性、先进性、可扩展性、业务耦合度、运营持续性、适配性、效益等多维度的评估模型，为政府部门提供生态环境大数据应用全流程指导与支撑工具。

四　生态环境大数据建设发展阶段

（一）生态环境大数据建设发展历程

进入 21 世纪后，我国环境信息化建设实现快速发展。2012 年前后，智慧城市建设中首次提到了智慧环保，但建设内容更偏环保行业，如水务等领域的智慧应用。2015 年开始的生态环境监测网络建设的快速推进为生态环境大数据建设打下了基础，2016 年，环境保护部提出了生态环境大数据建设思路，“用数据说话、用数据管理、用数据决策”使“大数据、互联网+、物联网+”等智能技术成为推进环境治理体系和治理能力现代化的重要手段，加强数据分析与应用，为管理与决策提供支撑。以环境质量改善为考核目标的定量管理进一步推动了用数据说清污染排放状况、促进环境质量科学评估评价工作的开展。生态环境部在《2018-2020年生态环境大数据建设方案》中明确提出了数据共享大平台、信息资源大数据、协同治理大系统的建设思路。2020年，生态环境部信息化“五个一”（一朵云、一张网、一个库、一张图、一扇门）基本建成。2021年，生态环境部持续开展“生态环境综合管理信息化平台”的建设工作，已取得阶段性成果。

2016~2020年生态环境大数据建设成效的变化可以总结为以下几个阶段。第一阶段，2016年是奠基的一年：数据采集汇聚进展显著、技术支撑体系初步形成；第二阶段，2017年是强基的一年：数据资源中心基本形成、若干业务应用逐步开展；第三阶段，2018年是尝试应用的一年：质量管控解决方案、错峰生产一厂一策、事前事后全程辅助等应用出现，确定试点省市，开启试点工作；第四阶段，2019年是初步显效的一年：推进标准规范制度建设、促进新技术的实践应用、大力推进网络安全保障等；第五阶段，2020年：建设项目数量迅速增加，拓展深化大数据应用，形成生态环境大数据创新应用新业态、新模式和新方式。前三年完成基础设施、保障体系建设和试点示范工作，基本形成数据采集、管理和应用格局。2021年开始进入“十四五”时期，数字化转型进入到应用场景切实落地，体现建设实效，实现智慧化，总结经验形成理论与方法的阶段。通过新应用、新业态、新模式、新方法和新方式践行生态环境大数据的创新应用。

（二）生态环境大数据建设项目分析

2016年以来，我国生态环境大数据建设工作全面加速。从生态环境部到各省市，相关建设需求快速增长，随着建设项目的逐步落地，至2020年“十三五”末期，我国在生态环境大数据建设领域已形成了百亿元规模的需求市场。进入“十四五”时期，随着新的建设目标和要求的进一步明确，尤其是在环境监测范围扩大、监测对象增加，监管能力建设要求的升级将带来新的建设需求的情况下，相关市场需求将得到进一步释放。绿巢环境数字化服务平台发布的《中国生态环境数字化研究报告》（2021年）显示，该平台基于公开信息收集到6115项2021年各级政府开展的生态环境大数据建设相关项目，项目合同总额超过170亿元。考虑到未公开信息及政府实际预算情况，2021年政府层面市场规模可达200亿元到250亿元。

1. 建设内容与单体项目规模：从实际出发、因地制宜

生态环境大数据建设项目根据具体项目的建设需求目标、建设主体、项目定位、项目预算等呈现出不同的形态。大型综合平台项目多包括监测物联网络建设、IT支撑平台建设、大数据中心建设、分析应用层建设、决策展示层建设等内容，以构建区域全要素或特定环境要素生态环境综合智慧平台。专项项目则针对具体需求，聚焦物联网建设、数据治理、应用软件开发等单项或多项内容，并根据建设目标进行配租组合。生态环境大数据建设项目的单体项目规模因需求不同、难以一概而论，且大型平台建设项目多采取统一规划、分期实施的模式。上述2021年项目统计显示，在2021年度政府开展的相关项目中，年度单体项目规模多集中于100万~1000万元，项目投资规模超过1000万元的项目仅占总体样本的5%，个别集成度较高的大型综合建设项目的年度项目投资可超过1亿元。

2. 各区域项目的开展：区域间差距大、呈现向逐步传导延伸趋势

在各省市层面，该区域依据生态环境部的总体部署及各区域的实际需求，逐步推进本区域的生态环境大数据相关建设工作。受发展基础、实际需求、资金配套等多要素影响，各区域间在这一领域的发展并不均衡。广东省、江苏省、山东省、浙江省、福建省等东部沿海省份以及河北省、河南省、北京市等地区发展相对较快，东北地区、西北地区、西南地区相对滞后。在2021年实际项目中，山东省、江苏省、河北省、广东省建设项目和建设资金均居全国前列。

截至2021年，全国各省份基本都已经启动了省级生态环境大数据平台的建设工作，部分启动建设较早的省份，如福建省等已初步实现了平台的部署应用，并启动了以功能拓展升级为目标的相关建设项目。起步相对较晚的省份也已经初步完成了平台的顶层设计与基础框架搭建，加速推进相关工作。从“十三五”中后期开始，省会等中心城市、环境治理需求较大的重工业城市、部分经济基础较好的东部沿海城市，积极着手建设本区域的生态环境大

数据平台。同时以化工领域为代表的部分重工业园区、产业聚集区，作为“智慧园区”建设的组成部分，开始积极开展针对本园区如“有害气体预警预报”“污染源综合监管”等结合物联网建设的专项大数据平台建设工作。

3. 不同介质领域的项目的开展：大气污染治理领域先行一步

生态环境大数据建设相关项目涵盖了大气环境、水环境、固废处理处置、土壤与地下水、辐射环境、自然生态等多领域。在已开展的项目中，大气环境、水环境相关项目相对集中。尤其是在大气环境领域，在“十二五”和“十三五”时期，大气污染治理领域相关政策要求密集出台，包括工业源烟气治理、细颗粒物污染防治、臭氧与 VOCs 治理等多个细分领域。随着政策要求的落地，区域大气环境质量监测、污染源监督性监测、大气污染预警预报、排放清单与污染源溯源以及相关问题研判、科学管理、科学决策等需求快速释放；同时网格化微站、卫星遥感技术、高空瞭望系统等新技术日趋成熟，使得各级政府聚焦在大气环境领域的生态环境大数据建设项目持续增加。在 2021 年项目中，大气环境类项目占比超过全年项目的 50%，在 2019~2020 年的统计研究中，呈现出相同趋势。

进入“十四五”时期，水环境相关领域、大气环境相关领域与物联网技术相结合的环境大数据建设项目需求将持续增长。随着长江大保护、黄河大保护等流域治理需求以及城市黑臭河治理的深化，水环境相关领域的信息化建设将更值得关注。此外，随着“双碳”政策目标及相关重点任务的落地，在 2021 年已经出现了少量碳达峰、碳中和相关的信息化平台前期研究与平台建设项目，随着建设需求的日趋明确及相关技术解决方案的不断成熟，相关项目将持续增加。

4. 建设发展阶段：总体处于快速建设期

生态环境大数据项目从项目阶段来看，包括前期设计、项目建设、项目运营、功能滚动升级等阶段。现阶段，虽然已经有相当一部分项目完成建设，投入实际运营，少部分建成较早的项目已经在开展升级迭代工作，但总体而言，已建成项目与实际管理需求之间仍存在巨大的建设缺口，仍处于集中建设期。从 2021 年的实际项目分布来看，新建项目在数量和建设金额上均超过了全体样本的 75%，升级迭代项目从数量上占总体的不足 5%。

5. 项目建设模式：EPC 模式是主流、逐步向数据服务升级

在项目建设模式上，现阶段由政府方明确建设要求，由专业企业提供设备、建设服务的 EPC 模式较为普遍。但随着需求的深入与多样性，服务模式呈现不断优化升级的趋势。在部分区域，政府从购买监测设备、购买专业软件、购买平台建设服务、购买运营服务逐步迈向基于专业企业更深层次项目参与的直接购买数据服务、趋势研判服务、预警预测服务等。环境污染第三方服务模式、环保管家模式开始在生态大数据项目领域得到广泛应用。

五　生态环境大数据建设框架与先进案例

（一）生态环境大数据建设框架

生态环境大数据建设框架一般包括以下四层。一是感知物联层。通过监测指标与设备多样化、监测布点网格化、监测领域全面化扩大数据采集源，并接入相关部门统计类和手工采集类数据、网络上获取的互联网数据形成数据源。二是数据中心层。做好数据资源规划，建设数据中心，通过数据库、大数据工具、支撑平台搭建实现数据处理、管理与共享；开展云资源配置与管理工作为数据存储和应用提供硬件基础设施。三是智慧应用层。针对环境质量监测、各要素环境管理、污染源监管、环境风险与应急、业务协同、决策应用、公共服务等进行功能设计与系统开发。四是可视化平台展示。展示大数据平台建设的成效，创新适合移动端信息化的系统功能、Web GIS 流畅度优化、指挥调度大屏建设。

生态环境大数据规划的主要对象是各级政府的环保部门和工业园区。省级政府通过生态环境大数据建设支撑任务制定、拆解、调度、督办、核查、销号、汇总、上报、考核和宏观决策等工作；市级政府通过生态环境大数据建设支撑解决方案制定、执行、跟踪、上报、自考核、审批、执法、处罚等工作；区县级政府通过生态环境大数据建设支撑应对考核、发现问题、解决

问题、落实分工、污染源全流程管理等工作；工业园区通过生态环境大数据建设支撑入园项目布局优化、园区环境质量监测、企业监管、企业服务、供需对接等工作。生态环境大数据建设支撑智能监测、智慧管理、科学治理，提升各级政府环境管理能力与水平。

（二）政府生态环境大数据建设案例

2021 年 9 月，国家信标委大数据标准工作组生态环境大数据行业组正式启动“生态环境大数据先进技术与解决方案”征集工作。共征集到近 30 家单位 100 余个案例，经过评估，结合生态环境要素及业务领域，对筛选出的 25 家单位共计 90 个先进案例进行分析。部分案例以生态环境大数据综合应用为主，涉及多种环境要素的集中管控和多重环境管理目标的功能实现，以多部门协作、数据联动的方式满足环境态势感知、污染精准治理、环境智能决策等不同的管理要求。环境要素类应用主要包括的建设内容如下。

1. 大气环境管理和“双碳”领域

主要是针对区域内扬尘、细微颗粒物、臭氧和 VOCs 等大气污染物的智能监测和管理，碳排查、碳监测以及碳资产管理等具体要求。

2. 水环境管理领域

依靠水质标准管理数据、水质监测数据等多维异构信息的融合，结合无人机、卫星遥感等技术，实现对水环境的模拟、评价、预测、预警以及溯源等管理目标。此外，部分应用以流域综合管控为目标，在流域内实现水环境及污染源综合监管等，通过信息化系统进一步提高湾长制、河长制的管理制度优势，更好地提高水环境应急指挥、水环境决策分析等能力。

3. 污水管网领域

主要涉及对废水污染源排放情况、污染物处理设施运行情况等进行监测、分析和管理，实现对各监控对象的数据监控、地图监控、数据统计、报表和分类查询、智能报警、预警预测和决策分析以及物联网远程智能控制等。

4. 土壤环境领域

主要利用土壤调查数据、分析评价数据、企业监管数据、土壤修复数据、服务商数据、土壤专家数据和档案数据，开展土壤污染调查，提升土壤环境信息化管理水平。

5. 危险废物领域

实现危险废物全面监管，并在危废监管大数据的基础上对各种指标和因素的未来趋势进行预测分析，建立“机防为主，人防为辅”的危废监管新体系。

6. 自然生态领域

解决了数据管理和共享应用的问题，提供便于查询的实时数据，如建立了“三线一单”数据共享系统，实现了在线、实时的生态环境、林火和城市热岛等生态监测功能查询。

7. 污染源管控领域

布设污染源过程监控（用电、用水、用气量监控），提高环境监管部门对企业生产状况、规范排放的监管力度，解决了当前环境监察执法工作中存在的执法人员不足，执法主动性、专业性、及时性不高等问题；在对企业的环境风险评估过程中，通过实时数据抓取及模型计算，结合环境历史数据分析和专家现场勘察结论，为保险行业提供更加可靠的环境风险预警数据。

8. 工业园区领域

通过建立准确、完整、统一、动态的园区环境保护信息及污染物监管对象电子档案，实现信息化管理，落实园区环境管理的主体责任，提升园区环境管理水平。

9. 污染治理领域

实现了对生产设备的远程数据监控和故障报警功能，利用手机推送功能为维护提供支持；在出现疑难问题，现场无法快速处理时，实现系统程序的远程监控，从而快速排查、准确定位问题。

10. 应急管控领域

利用无人机和 GIS 技术，快速、准确地返回科学决策所需的现场信息，通过大数据分析、云计算、BI、ETL/OLAP 等技术，实现数据从源到端全程化监控，全方位提高生态环境综合治理能力，为环境质量决策提供数据支撑。

11. 生态环境监测领域

充分运用物联网、大数据、5G、可视化等新技术，通过平台把大数据转换成为真正意义的资产，实现承上启下、上下贯通、业务协同，并产生价值，从而加强推进生态环境治理现代化。

本文选取了几个有代表性的地区生态环境大数据建设案例，从中可以了解其建设思路、亮点与创新点。

- 福建省

福建省作为“数字中国”的发源地，早在 2000 年就以时任福建省省长习近平提出的“生态省”战略和“数字福建”的重大决策为起点正式推进“数字福建”建设。在此良好基础上，2016 年，福建省按照“大平台、大整合、高共享”的集约化建设思路，围绕“一中心、一平台、三大应用”体系，着力打造全省共建、共享、共用的“生态云”1.0，助力生态环境管理转型。2019 年，福建省在已有建设成果的基础上，围绕“一张图+N 应用”的架构体系和“微服务、组件化”的技术支撑体系，建成“生态云”2.0，实现了数据资源高度集成共享、业务系统融会贯通、便民服务水平大幅提升。2021 年福建省完成了生态环境信息化“十四五”规划，积极开展生态环境数字化转型顶层设计方案和生态环境治理数字化理论体系与制度体系研究，不断创新、融合、强化、重构生态云支撑能力，全力推动生态云建设提档加速、提智增效，为建设“数字生态”示范省与国家生态文明试验区、国家数字经济创新发展试验区提供有力支撑。

- 甘肃省

甘肃省生态环境厅于 2018 年开展甘肃省生态环境监测大数据管理平台建设，总体目标是构建“云上甘肃生态环境”。作为全国生态环境行业首个全要素、一体化、系统性的大工程，该平台是全国省级大数据平台单体项目建设金额最高、建设周期最长、覆盖范围最广、业务要素最全、集成难度最大的平台。目前，936 项任务已基本建设完成，部分成果已在生态环境管理工作中得到了较好的应用，初步实现了“一张网”互联互通、“一平台”承载融通、“一中心”汇聚贯通、“一张图”应用联通、“一窗口”服务畅通，为深入打好污染防治攻坚战、推进生态文明建设提供了有力支撑。该平台基于空间地理信息，按照“能监测、能监管、能预警、能预报”的生态环境管理业务主线，构建涵盖“大气、水、土壤、自然生态、应急指挥、污染源监管、固废监管、核与辐射、应对气候变化”和宏观决策分析等全业务要素的“1+9”个业务协同大系统。同时创新生态环境服务理念，建立全省生态环境“互联网+政务服务”的“1+8”个政务系统。

- 北京市大兴区

北京市大兴区智慧生态是大兴区建设智慧城市的一部分。通过智慧生态建设，加强物联网、大数据、人工智能和云计算等先进技术手段在生态环境管理领域的应用，建立完善的有效支撑生态环境科学化决策、精细化监管、数据化管理的全景式生态环境形势研判模式，提升环境管理效率，为大兴区生态环境管理水平的提升提供有力支撑。主要建设内容包括生态环境监测感知体系、生态环境数据资源分析中心、生态环境综合展示平台、大气精细化管理决策平台、水环境综合管理平台、土壤综合管理平台、污染源协同管理平台、风险防控与应急指挥平台、生态综合管理平台、智慧生态公共服务平台、智慧生态综合决策支持平台等。为提升大兴区污染源监管水平，实时掌握全区各类涉污企业生产运行状态，落实国家、北京市“互联网+环保”支撑精准治污、科学治污、依法治污发展规划，助力涉污企业绿色安全生产，大兴区生态环境局通过先进的“人工智能千里眼”技术构建全区涉污企业用电、用水、用气感知体系和污染源过程监控系统，通过 5G、物联网、大数据等技术动态掌握全区涉污企业生产运行状态，及时发现涉污隐患，充分挖掘数据价值，助力大兴区污染源监管迈上新台阶。其建设特色可总结为，一是新视角。从能耗、生产要素、运行工况的视角，摸清企业、行业、镇街生产规律、排污规律，构建大兴区企业画像、行业画像、区域画像，做到情况清、底数明。二是新思路。针对大气环境治理中按照企业规模、行业类型和区域进行停限产、排放管理的传统模式，将能耗和生产要素作为新的参数，形成停限产管理、污染治理和排放管理的新思路。三是新策略。避免传统对涉污企业停限产“一刀切”的做法，结合新视角和新思路，形成更加精细化的污染源管理方案，为全区污染源管理决策提供新策略。

（三）国家智能社会治理实验基地

人工智能技术在智慧城市建设中发挥着重要作用，为深入开展人工智能社会实验工作，中央网信办秘书局、国家发展改革委办公厅、教育部办公厅、民政部办公厅、生态环境部办公厅、国家卫生健康委办公厅、国家市场监督管理总局办公厅、国家体育总局办公厅于 2021 年确定了第一批 10 家综合基地和 82 家特色基地。采用社会实验等规范性方法开展智能社会治理的理念和工具研究，鼓励各地创新基地组织管理模式和建设运营方式。环境治理作为特色基地应用选取了江苏省、广东省深圳市、安徽省、重庆市、四川省、河北省雄安新区、天津市、河南省鹤壁市、海南省和内蒙古自治区进行应用场景构建、经验理论总结、政策标准制定和管理机制建立等先行先试的工作，其实验效果值得关注。

六　生态环境大数据发展趋势与展望

（一）生态环境大数据建设技术发展阶段与展望

从技术和应用角度来看，生态环境大数据建设分为三大建设阶段。

第一阶段，坚实基础，全面协同阶段。主要包括汇集内部数据、搭建统一平台即数据中心、建立标准规范、展开业务协同类应用、建设数据可视化即一张图等。

第二阶段，目标管控，探索融合阶段。主要包括基于大数据应用的环境物联网创新、云计算创新、大数据挖掘、精细化管理应用、辅助决策及优化可视化等。

第三阶段，脑力提升，服务增强。主要包括公共数据开放、跨部门数据协同、一站式服务、基于人工智能的精细化管理与科学决策的应用场景的拓展、基于数字孪生带来的污染源排放与环境质量之间精细化动态管控体系的构建等。

结合对环境物联网传感器技术、无线网络通信技术以及环境物联网的应用场景的系统分析，发现现阶段环境物联网在实际应用中存在以下问题：数据质量和精准度缺乏保证，数据传输能力存在瓶颈，数据共享还未打通，对数据的分析应用还有待提升。而现有的环境物联网的设计还无法完全满足这些政策需求。结合物联网监测技术与低功耗广域网/5G、边云协同、机器学习等大数据技术的最新进展，预计未来传感器创新的主要方向将是降低成本和体积，发展校准技术和算法，增加应用场景，提高性能指标；传输层方面将形成5G面向高通量、高速率、低延时数据传输，NB-IoT和LoRa面向小数据包传输的格局，而区块链技术的应用则有助于生态环境大数据采集传输防篡改及开放共享；应用层方面，边云协同与机器学习算法的应用有助于突破环境物联网数据应用在算力和算法方面的瓶颈。充分考虑环境数据的特征和环境管理业务的需求，结合物联网和大数据技术的研究进展，为实现精细化管理与科学决策提供技术支撑，才能实现更加精细化、精准化的环境管理，提升环境管理水平（见表1）。

表1　生态环境大数据新型技术应用

技术方向	作用	典型应用场景	热点技术点
新型物联网设备	感知	生态环境感知、污染源监控	无人船、无人机、卫星遥感
5G	传输	生态环境大数据传输	设备、性能稳定、成本控制
区块链	传输、存储	数据共享、全过程管理、“一证式”管理	架构、共识机制、安全
边云协同	计算、存储	环境物联网数据处理、无人监测交互	任务卸载与调度、性能稳定、安全
人工智能	分析、应用	环境质量预警预测、污染溯源、生态保护	机器人、图像识别、机器学习算法
GIS	分析、展示	环境状况可视化展示、指挥调度	时空渲染、分析、展示、调度

（二）生态环境大数据建设相关产业发展

随着我国生态环境大数据相关需求所带来的新兴的巨大市场，供给方正在形成有多主体参与的有机的供给链条。包括开展机理研究、顶层设计、数据模型的专业科研院所、高校；开展大数据中心建设及应用功能实现的环境信息化专业企业及综合软件开发企业；开展网络传输、网络硬件设备保障的IT专业企业；开展监测设备生产制造、物联技术开发与实现的监测物联类企业；开展建设项目整合集成的综合运营企业等。随着市场规模的扩大与各类优秀参与者的不断进入，现阶段已初步形成了竞争格局，相关产业持续快速发展。

全国信息技术标准化技术委员会大数据标准工作组生态环境行业组就生态环境大数据市场需求感知度，在2022年3月，针对36家从业企业进行了调研。调研分析结果显示，几乎所有被调研企业均认为当前国内生态环境大数据市场需求规模较大，当前及未来一段时间，国内中长期生态环境大数据市场需求会逐步增加，未来有较为可观的发展空间。同时半数以上的被调研企业认为国内生态环境大数据相关产业发展的速度较快。近半数被调研企业的反馈能够及时、准确地把握国家、区域生态环境大数据相关政策、标准动态与方向。大部分调研对象企业认为企业自身发展面临较为激烈的市场竞争，且由于市场获取渠道、技术供给能力和产品覆盖度不足等问题，行业内业务协作的必要性较大。

（三）生态环境大数据助力精准治污与科学治污

随着新时期“生态环境质量持续改善”目标的提出，污染防治攻坚战的升级，治理范围的扩大，对环境治理能力提出了更高要求。生态环境大数据将在构建现代环境治理体系中发挥关键推动作用，具体体现在以下四个方面。

1. 支持更全面地掌握环境现状

作为“测管治”的最前端，环境监测是环境管理的基础，是科学管理决策的重要依据。RFID 技术、卫星遥感、视频感知、传感器等先进感知技术的应用，支持管理部门及时、准确、全面采集环境信息，从而实现对环境质量和污染排放情况的把握、评估以及预测。

2. 畅通业务流程、激发管理效能

随着减污降碳、水陆统筹、三水统筹等治理理念的提出，新时期生态环境治理思路开始由单一要素的监管转向系统治理、整体施策。然而生态环境管理部门内部业务流程和信息交流中存在的壁垒，严重阻碍了相关工作的开展。生态环境大数据建设通过对生态环境业务流程的再造和重组，推动技术融合、业务融合、数据融合，进而实现跨层级、跨区域、跨部门、跨业务的协同管理和服务。

3. 提升决策的科学性和针对性

生态环境治理范围深度和广度的拓展，既要求管理部门找准问题、精准施策，还要求管理部门能够系统考虑、统筹兼顾。前者要求强化对环境问题成因机理及时空和内在演变规律的研究，在对环境监测数据进行挖掘分析的基础上，及时发现问题、预警预报，同时识别环境质量与污染排放间的关联关系，精准追溯到对应的监管对象，提升决策的针对性。后者则要求全面汇聚生态环境和社会经济数据，开展关联分析与趋势研判，不断提升宏观决策能力，统筹生态环境全要素一体化监管。要保障生态环境质量的持续改善和经济的高质量发展，必须将决策范围从末端监管治理转向源头预防和全过程控制，建立起科学的环境治理效益分析模型，基于减排路径的模拟推演，实现以环境质量目标倒逼总量减排、源头减排、结构减排，为生态环境治理工作提供顶层指导。

4. 助推由管理到服务的转型

随着经济社会的发展，环境问题日益复杂，单纯依靠政府行政手段进行环境治理的传统模式已经难以彻底解决问题，生态环境保护工作越来越需要全方位调动企业、社会力量参与，从单一职能部门的小环保走向全社会共同参与的大环保。面向企业，首先需要优化行政审批流程，通过数据的留存与调用、辅助填报等功能，降低企业填报负担，助力企业合规发展；同时需要

推动企业环境信用评价体系全面运行，加强企业环境治理信息公开，约束企业主动落实环保责任；应通过搭建环保企业、技术平台，提供环保政策法规及资讯推送等手段，促进环保产业的发展和环保技术的创新，最终实现治污能力和水平的提升。面向社会组织和第三方机构，需要搭建对接平台，形成良好的信息资源共享和环境保护合作机制，充分发挥监测机构、科研机构、专家等的专业力量。面向公众，一方面应利用信息的智能推送算法，以及虚拟现实等交互技术的应用，进一步加强环境信息公开，提升环保宣教水平，充分调动公众参与环境治理的积极性；另一方面应使公众监督和举报反馈渠道保持畅通，强化舆论引导和应对机制，充分发挥公众的监督作用。

B.3

舆情大数据的行业发展与未来走向

郑中华　王 升*

摘　要： 本文首先梳理了舆情大数据行业近15年的发展历史，剖析了其产生的社会背景，以及行业发展的内生动力。其次通过查询国内舆情企业名录、绘制区域分布地图和分析产业经济，结合区域头部企业经营模式和行业发展格局演变情况，进一步阐释了舆情大数据行业对我国数字经济和民生领域的积极影响。最后通过分析行业发展中存在的问题，结合工作实践经历，给出了趋势预测和发展建议。研究发现，行业发展的现存问题有投入成本高，回报周期长；教育资源支撑不足；缺乏统一的行业标准和规范；产业链上下游协作不足。发展趋势是在监测难度加大、客户需求提高的背景下，技术创新将重点满足用户潜在需求；服务创新将转向监测真实的社情民意、预测舆情风向和参与解决事件深层问题，智库业务将在以上领域产生更重要的价值；产业链上下游合作将更为普遍；众多舆情企业将大跨步迈入资本市场获取融资。发展建议有建立完善的数据资源共享机制；防范互联网平台的垄断；健全多层次行业人才培养体系；加强对行业的政策倾斜；主管部门应提高舆情素养。

关键词： 舆情大数据　企业经营　行业创新　产业协作　政策配套

---

* 郑中华，安徽博约信息科技股份有限公司总裁，研究方向为舆情治理；王升，安徽博约信息科技股份有限公司舆情分析师，研究方向为舆情治理。

一 舆情大数据行业发展背景

（一）舆情大数据行业的产生

近年来，改革开放进入了深水区，利益协调难度加大。与此同时，自媒体和社交媒体平台蓬勃发展，各类思想、观点传播很快，社会热点舆情事件呈现高发态势。国家领导人曾连续对舆情工作做出重要批示。2008年，胡锦涛同志在人民日报社发表讲话，称我国主流媒体必须加强舆情分析，要善于因势利导，主动设置议题，根据受众心理和新闻传播规律从事舆情引导工作。这标志着我国舆情大数据行业的产生。2017年，习近平总书记强调要改变过去单向灌输的新闻宣传工作为新时期以人民为本位的新闻舆论工作，关注网上网下两个舆论场的双向传播。这标志着舆情事业迎来发展的关键时刻。

1. 社会对舆情的需求

公共治理对舆情业的需求。以微博为代表的自媒体的兴起，以及“人人都有麦克风”时代的到来，使得社会大众发声变得容易和自由，互联网世界因此聚集了海量的民意数据。但公共行政资源的紧缺，导致很难在短时间内消化如此多的舆论。在这种需求下，众多第三方公共机构开始出现，帮助政府捕捉有代表性的、广泛的民意呼声，给出有参考价值的回应意见，以此推动社会问题的解决和公共治理的进步。

企业经营对舆情业的需求。在民意上网的移动互联网时代，声誉管理对企业经营越来越重要，小到产品口碑、品牌形象，大到企业社会责任、企业文化建设，舆情对企业声誉的影响日益扩大。企业的长期发展离不开良好的声誉，而成熟的企业靠声誉管理获得稳定市场、忠诚客户以及核心竞争力。舆情管理能力恰恰是企业声誉竞争获胜的基础。

2. 舆情大数据行业的早期演化

按社会功能的认知、定位划分，中国的舆情行业历经了三个发展阶段。

第一阶段是2007~2012年，以行业启蒙的项目式为主。在传统媒体生存艰难的背景下，舆情企业通过项目定制的方式为国家部委、大型央企开发舆情系统，特点是造价高昂，不仅需要动辄几百万、上千万元的建设费，建成之后还要继续支付高额的运营使用经费。在舆情监测产品方面，有邦富软件等舆情分析平台。这一阶段的行业产品和服务模式还较为初级，以阻止负面危机传播为主要特点，一般是按照项目制的形式推进，报告服务模式还没有成为主流，因而出现了诸多监测不全面、处置针对性不足等问题。此时的舆情行业仍处在探索和启蒙的阶段。这一阶段的标志性事件有2007年山西黑砖窑案和2010年腾讯、360之间的“3Q大战”。在第一阶段，用户发现项目实施后，仍要支付巨额的运维费用，因为即使是监测这种初步的舆情工作，也远未走入处置环节，也要投入巨大的人力。于是“专业的人做专业的事”成为业务模式，用产品、买服务成为趋势，舆情业进入了第二阶段。

第二阶段是2013~2017年，舆情行业走入“产品+服务”模式。不仅舆情监测系统日益完善，各类针对微博微信等自媒体平台的舆情服务也越来越多样。2013年，大数据概念的流行让国内舆情行业开始向“大数据+舆情”行业方向融合，出现了SaaS（Software-as-a-Service，软件即服务）的舆情大数据服务平台。这一阶段，行业主要有三方面的变化，一是对舆情的认知丰富化，从仅关注负面事件到涉猎网络社会热点，更加关注UGC内容，监测领域垂直化；二是行业多主体参与和竞争合作模式的变化，技术公司和传统媒体合作走向深入并展开竞争，互联网公司入局推出免费模式，行业竞争加剧；三是行业理念、产品、服务多样化发展，企业、政府和研究机构多主体参与使得该行业走向差异化的多元竞争格局。在第二阶段，监测、分析成为舆情业的主要业务模式，但处置需求、声誉修复的要求越来越高，这促使舆情业进一步朝服务深化的第三阶段发展。

第三阶段从2018年至今，舆情行业朝服务深化、处置公关、培训服务、案例开发、形象修复、深入发展等多元化需求方向发展。国内舆情行业通过应用人工智能和算法技术，不断升级舆情服务，以满足市场对短视频、直播等深层次的舆情监测需求。这一阶段的舆情行业不断调整发展方向，提升服务社会的能力，更加专注于帮助社会治理，促进政府转型、有效处置公关。

3. 行业头部公司格局演变

1999 年 10 月，天津市社会科学院舆情研究所成立，这是中国最早出现的以“舆情”命名的研究机构，致力于舆情领域的学科建设和基础理论研究工作。2007 年，广州邦富成立，这是中国较早研发舆情监测软件产品的公司。2020 年以来，舆情行业出现了千人公司，比较有代表性的有智慧星光、蜜度信息等。

目前舆情产业已形成以下五类专门指向的业务模式。一是党政机构泛行业指向的模式，如人民网舆情数据中心以“报告+服务”的模式服务众多党政机关；央媒通过自身专业优势专门从事某一行业舆情业务，如《健康报》对全国卫生、医药、保健等领域的舆情监测服务；水利部宣传教育中心开设水利宣教与水文化网，发布中国水利相关舆情。二是专做某一领域舆情业务的公司，如专做政法业务的铭台科技，在北京、天津、河南都有布局；深耕法院业务智能化的南京擎盾，形成了北京、深圳、华东三总部的发展格局。三是通过通信运营商渠道拓宽舆情业务，如白泽舆情。四是小区域性的舆情业务实体，如《烟台日报》创办的胶东网，山东淄博的大众舆情，《郑州日报》也有此类舆情业务。五是从事商业公司舆情业务的，如专做上市公司舆情业务的《中国证券报》。

4. 舆情大数据行业的内驱动力

中国网络舆情服务行业飞速发展的内在动力主要有三个原因：一是在社会层面上，经济体制和社会结构深刻变革导致人民内部矛盾增多，互联网所培育出的多样化的媒体形态，成为民众情绪释放的一个出口；二是在技术层面上，互联网基础设施的完善和用户终端的普及，让更多人能够参与到网络舆论的讨论中来，互联网海量数据的出现，让大数据技术突飞猛进；三是在需求层面上，企业和政务舆情的爆发式需求增长，让越来越多的企业入局该行业。

互联网迅速发展，创造了多样化的媒体形态，人人掌握麦克风的时代来临。21 世纪中国互联网从门户时代转向了移动互联的 WEB3.0 时代，微博、微信等社交媒体改变了以往单向的媒介传播路径，UGC 内容的兴起促使社情民意有了更加多元化的表达渠道。据 CNNIC 统计，截止到 2021 年 12 月，短视频用户规模增长至 9.75 亿。主流社交媒体平台中，抖音月活跃用户 6.44 亿，快手月活跃用户 5.78 亿，B 站月活跃用户 2.72 亿，微信月活跃用户 12.68 亿，微博月活跃用户达 5.73 亿。一系列数据表明，报纸杂志、广播电视等传统媒体的舆论引导力量日益衰落，网络民意的汹涌程度让事件真相常常让位于舆论情绪，规模之大常常超出地方网监力量的把控。在这种背景下，各种网络舆情监测机构和企业相继出现，甚至某些个人通过租赁舆情监测账号，就可以开展短期舆情监测服务。可以看到，舆情大数据行业从早期的政府主导，以监测网络民意为主要业务，扩展到全面监测全媒体渠道的多元民众声音，业务范围和领域从政府到媒体再到企业，不断扩大，逐步形成了从政府主导到“官商媒教”的多元化发展格局。

互联网的普及和大数据的技术突破，让舆情业务朝纵深方向发展。2022 年 2 月 25 日，中国互联网络信息中心（CNNIC）在京发布第 49 次《中国互联网络发展状况统计报告》（以下简称《报告》）。《报告》显示，截至 2021 年 12 月，我国网民规模达 10.32 亿，互联网普及率达 73.0%，网民中使用手机上网的比例达 99.7%。[①] 在巨大的用户体量面前，大数据在处理海量用户数据方面，具有高速、多样、准确的技术优势，尤其是面向互联网舆情这种非结构化的大数据内容。伴随着大数据处理能力的飞速进步，算力成本下降，8 核心 16 线程的服务器 CPU 价格下降至 3000 元左右。自然语言处理技术（NLP）的突破，基于深度学习和互联网的高质量数据样本的积累，让舆情借助大数据技术，得到更加准确、清晰和可视化的呈现，从而为相关业务深入开展提供了强大的技术支持。

需求方的牵引，政府和企业舆情业务的需求推动企业入局，这也是行业最重要的增长源泉。近年来，不仅国家各级政府部门需要借助舆情工作更好

① CNNIC，第 49 次《中国互联网络发展状况统计报告》，中国互联网络信息中心，2021。

地从事公共治理活动，了解社会民生，推动民意诉求的解决；企业的各种产品推广、品牌形象宣传以及声誉管理，都越来越离不开舆情管理能力的提升。在这种需求下，专业的舆情服务机构不断涌现，从监测软件到报告服务再到舆情处置，服务需求的深化也让行业朝专业化、规模化的方向发展。产业链在这种背景下不断完善并加强协作，与此同时，同业竞争也趋于白热化。

（二）舆情大数据行业的社会价值与意义

1. 促进经济发展与民生就业

舆情大数据作为第三产业，广泛为各类公司、组织和团体提供舆情监测服务，帮助不少企业在面临舆情事件时及时转危为机，挽救品牌口碑，并重新获得消费者信任。选择专业团队处理企业舆情，不仅可以规避风险，而且可以节省时间成本。在不断扩大的市场需求下，各类专注于舆情服务的机构纷纷涌现，已形成商业和媒体两大背景的行业格局。行业的正面价值在于，在传统媒体萎缩的背景下，其为新闻学、传播学、社会学等专业提供了新的就业通道，所创造的就业岗位如舆情分析师、软件开发等提升了服务业占比，孕育了新的经济增长点。

2. 赋能网络政务与社会治理

前互联网时代，政府想要调查社情民意，一般是通过实地走访、问卷调查的方式进行，这种方式具有成本较高、调查范围较窄、样本代表性不足等诸多缺点。而伴随着互联网的普及，特别是手机上网人数的增长，更多人可以借由虚拟身份，通过微博、微信等社交 App 实现更加真实自由的意见表达，而且网络调查具有成本低廉、范围广阔、样本信效度高等优势，可以通过海量数据还原民众心态的方方面面。随着互联网实名制要求的落地，互联网正不断从虚拟化向现实化转变，“互联网+”的新经济发展模式也让网络从线上延伸到线下，更好地赋能实体经济，因此网络舆情可以更好地反映现实问题，使政府与公众的沟通渠道更为畅通，政府善加引导和有效处理舆情，就会让互联网成为社会矛盾的减压阀，推动社会的和谐与进步。

在民意普遍上网的21世纪，网上海量信息就是一个资料库，政府在制定各项公共政策时都可以通过舆情大数据技术收集、汇总和分类相关信息，做到科学精准决策。舆情大数据不仅是一项民意调查工具，同时也是一种科学决策方法，如果能在决策前、施策中、反馈后多个阶段充分吸纳网民意见，综合民众智慧，将有利于维护公民合法权益，使决策更符合民众意愿，促进决策贯彻实施。[①] 相较于此前政策制定需要层层通过基层调研和反馈，不仅费时费力、成本高昂，而且经常出现数据不准确、不全面，漏报和瞒报的问题，舆情大数据的治理模式更快、更高效，收集到的样本更广泛，政府制定一项决策，可以通过互联网实现与民意的互动，让决策更能反映民意，有助于决策的推行与落地。

3. 推动企业健康发展

在21世纪移动互联网时代，任何消费者的意见，都可能在社交媒体平台的传播下，成为企业的“大新闻”，如果企业忽视这些隐藏风险，随时都可能造成企业大厦根基的“倾塌”。如2022年3·15晚会曝光的康师傅老坛酸菜包事件，早些年的三鹿奶粉事件，都反映了企业要想基业长青，必须重视社会责任，保护消费者的根本利益，在食品安全、环境保护、劳动者权益保障等方面，不断完善和积累自己的良好口碑。而通过舆情服务来掌握自己的声誉管理效果，并获得专业的处置意见，是推动企业良性发展的必要措施。

二　舆情大数据行业发展现状

（一）行业总体状况

企业数量方面。截至2021年底，全国共涌现出600多家舆情软件企业，这个数量还在不断增长，预计2022年会突破700家。

---

① 申正勇：《试论网络舆情的社会价值》，《网络传播》2019年第6期，第91~93页。

在产值规模方面，据人力资源和社会保障部统计，我国舆情行业近五年（2016~2020）来市场规模不断扩大，截至2020年，市场规模达44.15亿元（见表1）。

表1　2016~2020年国内舆情大数据市场规模

单位：亿元

时间	市场规模	时间	市场规模
2016年	28.65	2019年	41.26
2017年	34.37	2020年	44.15
2018年	37.28		

数据来源：作者整理绘制。

在就业人数方面，据中国科学技术大学舆情管理研究中心的有关统计，截至2021年，我国舆情行业就业人数超过20万，其中研发人数占比20%，分析师占比60%。

在层次结构方面，舆情行业目前已形成“商业+媒体”两大主体的发展格局。商业舆情机构和企业，通过大数据系统收集社情民意，为政府决策提供借鉴。同时，媒体借助系统内部资源，对企业舆情、政务舆情事件开展专题研究，为舆情业务的开展提供实用指南。

（二）行业业态概述

1. 行业服务模式

目前行业服务模式主要有四种：系统实施模式、人机结合服务模式、SaaS账号租赁模式和纯报告服务模式，下面依次介绍这四种模式。

第一种是系统实施模式。指企业或政府借由购买舆情监测系统等监控自身舆情状况的一种服务模式。舆情监测系统是一整套软件+硬件组成的服务生态，包含搜索、采集、监测、分析、处理、报告辅助生成以及预警提醒等核心功能。系统通过监测舆论趋势，帮助客户及时根据舆情动态开展舆论引导工作，对树立正确的网络舆论导向起到了正面作用。使用此模式运营的代表性企业有邦富软件、方正电子，但这个模式已经属于上一个时代，因为产品复制很困难，每家客户都要按需求定制，会挤占较多的研发时间和人力成本，企业走这条路很难做大。随着用户需求的快速变化，系统实施的业务模式已是末路，邦富、方正等企业也已经成了过往。

第二种是人机结合服务模式。指企业或政府购买舆情监测系统软件服务的同时，辅以专业团队的人工服务，以补充和完善系统服务的不足。因为单纯依赖系统来开展舆情监测工作，在实际操作中往往会遭遇如下困难：首先，系统在信息采集和呈现方面普遍存在一定程度的不准确性，体现在对发文站点、发布时间、作者等基本信息要素的抓取，对文本数据的情感属性的判断，以及对交互数据、传播节点等传播特性的分析上。其次，舆情监测系统提供的自动化报告多采用固定模板，报告分析维度单一或以数据罗列为主，无法灵活输出高质量的报告。纯粹依靠系统来获取报告内容，难以满足日趋复杂的舆情监测工作对高质量报告的需求。代表性企业有博约科技，通过专业的舆情大数据分析系统和富有经验的舆情分析师进行综合服务，以更好满足用户需求。

第三种是 SaaS（Software-as-a-Service）账号租赁模式。指用户通过从软件开发商处租用或购买的形式获取完整的软件解决方案，以 Web 联网的方式连接到该应用。SaaS 指的是软件即服务。软件开发商负责提供所有的基础结构、中间件、应用软件和应用数据，并负责与此相关的软硬件开发维护，以及在服务协议期内保证应用和数据的可用性和安全性。SaaS 的优点在于为服务提供者节省了前期成本和应用时间，从而能够快速投入使用。代表性企业有智慧星光，通过实时监测和机器学习，让客户通过租赁大数据服务平台即可实现互联网信息监测和智能分析。

第四种是纯报告服务模式。指通过专业的舆情分析师团队，结合专家智库的意见，分析当下网络舆情态势，给出舆情处置意见，并总结相关经验，帮助用户做好舆情管理，对相关风险及时做出预测。常见的报告形式有常规报告和专项报告，前者一般以日报、月报、季报和半年报、年报等形式出

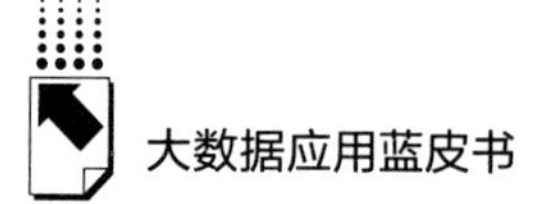

现，对于某一热点舆情问题做长期跟踪和研判；后者则是针对某一重大突发、影响范围广的舆情事件做出针对性分析，或是开展行业研究、宣传效果评估、声誉形象评估等其他定制化报告。代表性企业有人民网舆情数据中心，其借助自身专业媒体的智库建设，在政企舆情回应绩效评估、政企新媒体与品牌建设、媒体融合与新媒体传播等领域有一定建树和影响力。

2. 企业业务类型

企业舆情是指在某段时间和地域内，围绕某一企业事件的发生、发展和变化，公众对某一企业事件的事态演变所持有的信念、态度、意见和情绪等表达的集合。新媒体时代，媒介技术的普及使得涉企舆情传播得更广、更快，因此企业在第一时间了解、监测，及时地处理网络负面信息、维护企业的公共形象显得十分重要。企业舆情的目的在于通过整理分析舆情趋势，帮助自身在舆情走势的基础上做出合理应对，从而降低损失和潜在风险。在这方面需求最大的是上市公司，专门开展上市公司舆情分析的有《中国证券报》和《上海证券报》等。

智库模式的兴起，标志着我国舆情行业需求进一步深化，客户要求提高，不仅要求监测舆情，还对预测、处置、声誉修复和行业知识梳理有了更多深度定制的要求。因此舆情正成为国民经济发展政策制定、社会热点舆论引导的重要参考。舆情企业从事智库工作，业务模式主要是从企业舆情、政府舆情案例着手，建立相关行业发展报告，并在重点领域决策咨询、政府政策制定参考、代言社会公共利益、促进政府与民众沟通等方面发挥重要作用。体制内的智库如南京紫金智库，通过组建专家人才库，开展战略研究、对策探讨和预警分析，撰写调研报告，并针对热点话题提供菜单式咨询服务；上海社科院舆情研究所，通过自有舆情调研平台，结合社科院高端专家智库，开展定制化的舆情研究和咨询服务。企业智库代表有博约智库与中科大舆情管理研究中心的合作，服务产品有蓝皮书、分析文章和上市公司影响力榜单等。

3. 应用场景

描述性分析应用主要是针对已经发生的舆情事件，第一时间发现，并用数据的形式加以准确描述。具体来说，就是使用舆情监测系统对全媒体渠道进行信息采集后，归纳、汇总涉及关键词的文本、图片、音视频链接，并智能提取版面中的作者、发帖时间、回复数、点击率、标题、内容、回复等信息项。常见的应用场景包括使用舆情监测系统开展舆情数据采集活动等。

诊断性分析应用主要是为了分析舆情事件为什么发生，提炼舆情发酵路径，并给出相应的舆情引导和处置方案。具体来说，就是利用舆情系统建立完善的信息预警机制，通过监控关键词的高亮闪烁和弹窗提示，自动判别预警等级，通过情感分析、词云图等形式给出舆情走势图、正负面情绪占比，并将预警信息通过短彩信、邮件、微信等多种形式实时推送给客户。常见的应用场景包括分析师通过系统开展舆情监测，并提供专业的舆情分析报告等。

指导性分析应用主要是通过总结归纳同类舆情事件给出演变规律，借助定性和定量等多种方法，在前述分析原因、解决问题的基础上，防患于未然，提前预测客户可能存在的舆情风险。具体来说，就是指舆情企业利用已经积累的相关案例做指导，对特定客户输出有针对性的舆情报告，以日报、周报、月报、季度报以及专报的形式，由舆情分析专家为客户的舆情应对预案提供专业性的参考意见。常见的应用场景包括智库专家针对舆情案例开发的同类舆情预测警示等。

（三）舆情行业与上下游的互动

1. 舆情与电子信息

高性能计算（High Performance Computing，HPC）是指借助高效算法，迅速完成有大量运算任务、数据密集型或 I/O（数据输入/输出）密集型的计算活动，常出现在例如工程设计、科学研究、计算金融等领域。高性能计算的存储和计算能力常常高出同年代普通 PC 的计算能力数万倍，是关系国家安全、经济发展的重要技术资源。高性能计算的产业前景广阔，已成为各国的战略技术储备，其作为一种研究工具，也已成为与实验和理论并肩的第三种科学发现工具，成为学科交融、创新发展的重要支撑。大数据（尤其是非结构化数据）的兴起，引起了新的商业组织浪潮，它们首次使用 HPC 来支持其高性能应用程序，而舆情数据就是这样一种非结构化大数据。通过分布式高并发采集引擎，获取更多海量数据，然后在数据的基础上，利用强大的 HPC 基础架构进行数据分析，舆情企业将在更短时间内获取舆情最新动向、为处置决策提供助力。

大数据存储指的是把以上数据集稳定地存储到计算机中的技术，其特点是具有实时性和近实时性。因为在大数据时代，数据的增长速度每年多达 50%，尤其是非结构化大数据呈现激增态势。随着科技的进步，网络与现实将更多由功能丰富的移动设备、传感器、社交媒体来连接，因此增长不断加快。在这种背景下，大数据存储对设备的容量、吞吐率、性能的需求越来越高。舆情数据也是非结构化大数据，存储类型主要是海量文本、图片或视频等，需要能同时满足在线查询或离线计算的数据访问需求。其存储规模大，要求存储成本低，以及高吞吐的数据读取和写入，典型产品有 OSS、HDFS。2019 年，Galileo 面向媒体行业发布一种 1PB 存储解决方案，价格仅需 99995 美元，并与 axis ai 公司的软件集成在一起。2010 年，PB 级解决方案通常要花费数十万甚至数百万美元。

在数据库建设方面，非关系型数据库又被称为 NoSQL（Not Only SQL），意为不仅仅是 SQL。它通常指数据以对象的形式存储在数据库中，而对象之间的关系通过每个对象自身的属性来决定，常用于存储非结构化的数据。其优点在于存储格式多样、使用灵活、不受场景约束，且具有存储便捷、维护简单、高稳定性、成本低廉的特性，非常适合舆情大数据的数据库建设。下面是常见的 NoSQL 数据库：键值数据库、Redis、Memcached、Riak；列族数据库：Bigtable、HBase、Cassandra；文档数据库：MongoDB、CouchDB、MarkLogic；图形数据库：Neo4j、InfoGrid。

在高性能传输方面，大数据传输过程中面临三个问题：一是延迟问题。涉及舆情处置应用，需要大数据的实时性，这就对大数据传输速度有一定要求。二是安全问题。涉密政务舆情和企业舆情业务快速增长，为了应对快速增长的数据量，需要实现在数据化基础上的安全保障。三是成本问题。企业搭建大数据平台，成本控制是关键。使用最低成本，实现每一台设备的更高“效率”，必须减少昂贵部件的投入。目前在大数据的广泛应用中，Kafka、Logstash、Sqoop 等都是传输数据的重要途径，这里简要介绍传输原理。Linkedin 公司最早开发了 Kafka，这是一个分区的、多副本的、多订阅者的，基于 zookeeper 协调的分布式日志系统，常见用于 web/nginx 日志、访问日志、消息服务，等等。Logstash 是免费且开放的服务器端数据处理管道，能够从多个来源采集数据，与此同时，这根管道还可以让你根据自己的需求在中间加上滤网转换过滤数据，然后将数据发送到用户指定的数据库中。Sqoop 主要用于传递 Hadoop（Hive）与传统数据库（mysql、postgresql…）之间的数据，可以将一个关系型数据库中的数据导入 Hadoop 的 HDFS 中，也可以将 HDFS 的数据导入关系型数据库中。

2. 舆情与媒体

舆情服务离不开媒体发布，特别是在事实通报、处置应对环节，这些都需要借助媒体的渠道进行发布。而涉事主体在舆情风波过后的形象修复也离不开新闻媒体扩大声量的作用。目前，舆情业与媒体的合作方式主要有以下两种。一种是舆情企业与媒体结成联盟，另一种是媒体介入舆情业务领域，作为自身新的增长点。下面分别介绍这两种合作方式。

在舆情企业与媒体展开的多方面合作中，负面舆情监测和企业形象修复是两个主要的合作方向。针对一些负面新闻报道，通过开放采集接口和人工介入，能够提升舆情监测的准确性和全面性。对于已经受损的企业形象，舆情企业通过与媒体合作，展开正面报道，并通过媒体与消费者展开对话，有助于及时修复企业形象，避免更大损失。媒体和广告行业是舆情业的上游。舆情监测公司开展的很多业务，都离不开与媒体的大量合作，通过建立稳定的合作机制，拓宽自己的媒介资源和网宣覆盖范围。在数字时代，新媒体是发声的重要平台，也是舆情广泛传播的重要载体。因此，舆情服务企业开始把数字传播业务作为重要的增长点，提高该部分的营业营收目标，加快自身的数字化转型和新媒体渠道建设。

媒体借助自身优势媒介资源，建设舆情管理平台，提供报告服务。目前

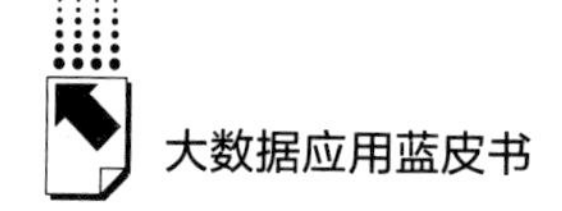

有不少央媒和省市级媒体在媒体转型的要求下，纷纷建设自己的舆情中心，为当地融媒体中心或企业提供舆情咨询服务。一方面，媒体信源广泛，在获得一手消息上比一般的社会机构更加方便；另一方面，媒体拥有的记者人数、专家渠道较多，在转型做舆情智库、提供专业的舆情应对方面，有着天然优势。此外，在媒介技术日新月异的当下，舆情大数据成为主流媒体通过大数据技术捕捉社会现实、反映群众呼声的重要帮手，对于主业增长和媒体创收都有非常重要的意义。

3. 舆情与危机公关

舆情公关，指的是由于企业（或公众人物）自身经营不当、同行攻击破坏，或者重大突发事件等不利因素影响，对企业（或个人）品牌造成危机，为恢复声誉所采取的一系列对策。近年来，面临复杂的互联网舆论环境，越来越多的企业开始培训和建设自己的公关团队，包括吸纳外部人才、购买咨询服务。事实上，现代企业参与市场竞争，不仅要依赖优秀的产品或服务，还需要通过良好的声誉管理来推动企业经营，这给舆情企业从事公关培训提供了市场。舆情管理能力作为声誉形象修复的重要基础能力，非常依赖企业日常积累的舆情素养和面临突发舆情事件的危机处理能力。在过去的形象修复环节，一些老牌危机公关公司如蓝色光标、博雅公关，仅仅需要帮助企业处理好与传统媒体的关系即可，但在互联网时代，“人人都有麦克风”，舆论的繁杂和多样使得企业必须借助专业的舆情大数据公司，掌握总体的舆情演变态势，获得专业的处置应对建议，并能在一定程度上预测同类舆情风险。

（四）行业结构及现状

1. 行业技术创新的重点

“互联网+”时代的到来，首先意味着舆情监测的需求不再仅仅局限于监测到，而是更加注重于准确、快速、及时的数据监测，重点开发的技术方向是爬虫技术；其次是如何将杂乱的非结构化舆情数据在短时间内实现全方位、宽领域、多主体、跨区域的整合和归纳，着重进行数据库技术创新是一种可行思路；最后，如何进一步提高用户舆情信息安全也是挑战之一，在数据存储、传输环节进行加密技术创新是一大发展方向。因此，舆情监测进行技术创新是必然选择。

2. 舆情企业成长专业基因分析

总的来说，国内的网络舆情监测服务机构按成长专业基因划分，大致可以分为三类：媒体派、技术派和公关派。

第一类媒体派，指的是由主流媒体发起并发展壮大的舆情监测平台，如人民网舆情监测数据中心、新华网“舆情在线”。媒体派自身拥有庞大的采编团队和新闻内容优势，因此对社情民意的采集和社会民生的反应比一般的舆情服务机构更快、更及时，能够从舆情事件苗头入手把握民众心理，并分析热点趋势。

第二类技术派，指的是更强调技术优势的舆情服务企业，通常由软件公司和社会调查公司联合成立，以拓尔思、智慧星光为代表。在市场竞争的驱动下，这些企业不断迭代技术，因而在网络舆情数据抓取、语义分析技术、互联网大数据应用等方面有着深厚积累。

第三类公关派，指的是由原从事公关业务的企业独立分出子品牌专门从事舆情工作，多数作为公关咨询的分业务之一，辅助企业进行公关活动，以蓝色光标、艾瑞咨询、易观国际为代表，这类企业因为前期积累了大量客户案例，往往在企业危机应对、品牌形象修复方面有着丰富经验。

当然，值得注意的是，以上划分不是完全割裂的，也有兼具多种业务模式的企业。例如混合型的成长模式，指的是融合舆情大数据系统和人工报告服务进行运作的模式，代表性企业有智慧星光。

3. 行业企业的资本背景分析

舆情厂商按企业融资背景划分，大致可分为三类：体制派、市场派和混合派。

第一类体制派，指的是由国有资本控股的舆情机构。如人民网舆情数据中心、公安部第三研究所等。此类机构的优势在于有雄厚的资本支持，可以整合多种社会资源，在引领舆论风向上有天然的号召力。

第二类市场派，指的是由民营资本、外资参股的舆情企业。如军犬软件、红麦软件、拓尔思等，这类企业具有高度的市场敏感性，能够及时灵活地响应变化的市场需求，在技术创新上也有着许多不俗的表现，不过更加激烈的市场竞争也带来众多行业服务同质化、恶性竞争等问题。

第三类混合派，指的是由国有资本与民间资本融合发展起来的舆情企业。结合国有资本的优势资源和企业先进的技术优势、市场经验，实现优势互补。例如，博约科技引入合肥高新科技创业投资有限公司的国有注资，进一步扩大了舆情产品的影响力，打开了更多的省外市场。

4. 行业的区域特点分析

行业企业密集区——长三角、京津冀地区是舆情大数据企业分布较为密集的地区（如表 2 所示）。长三角地区拥有全国 16.7%的人口分布（据 2020 年第七次全国人口普查数据测算），GDP 约占全国的 1/4，其信息服务行业发展迅猛，因此拥有 136 家舆情企业，居全国各地区首位。代表性企业如宁波中青华云新媒体科技有限公司，2010 年成立，是一家团中央下属，由中国青年报社组建成立的高科技公司，旨在建设一个国家级的引领舆论导向的新媒体平台，在长三角和北京均有研发中心或数据服务中心。上海蜜度信息技术有限公司于 2009 年成立，由新浪微博投资，业务模式以 SaaS 账号租赁模式为主。京津冀互联网产业发达，在大数据、人工智能领域有着非常深厚的技术积累，因此舆情业发展有着先天的技术优势和产业基础，北京又是全国的政治中心，因此舆情企业数量也较多，达 123 家。代表性企业如北京智慧星光信息技术有限公司，成立于 2012 年，总部位于北京中关村，业务模式以“SaaS 软件监测+人工报告”的混合模式为主，A 轮投资方为高瓴资本。北京清博智能科技有限公司于 2014 年成立，2021 年入选北京市第二批专精特新“小巨人”名单，业务模式以“系统监测+人工服务”为主。拓尔思信息技术股份有限公司于 1993 年成立，2011 年深交所创业板 A 股上市，其开发的拓尔思舆情系统，广泛应用于互联网空间治理、数字政务和金融智能风控等领域。人民网舆情数据中心于 2008 年成立，与“人民在线”一体化运作，旗下拥有国内第一本舆情刊物《网络舆情》，主要业务模式是人工报告服务。

表2 舆情企业地域分布

地区分布	企业数量	地区分布	企业数量
长三角	136	成渝地区	52
京津冀	123	西北地区	39
华南地区	107	云贵地区	38
华中地区	88	东北地区	11

资料来源：根据企查查最新数据统计汇总（https：//www. qcc. com/），查询日期为2022年3月29日。

行业企业活跃区——华南地区、华中地区、成渝地区是舆情大数据企业分布较为活跃的地区。华南地区经济增速领跑全国，在电子信息产业方面深耕多年，同时又是改革开放走向深入的前哨，与各国各地区科技人文等方面交流广泛，因此也催生了规模可观的舆情企业，数量达107家。代表性企业有福建后方信息科技有限公司开发的东南舆情业务，该公司已成为中央网信办、国家互联网信息办公室、共青团中央国家电网、中国石化等近百家机构的信息服务供应商。华中地区近年来积极承接长三角产业转移，在大数据、云计算等信息技术产业方面发展迅速，舆情企业有88家。代表性企业有安徽博约信息技术股份有限公司，2010年由中国科学技术大学留学归国人员创办，2017年挂牌新三板，特点是由民营资本和国有资本组成的混合所有制。湖北荆楚网络科技股份有限公司运营湖北唯一的全国省级重点新闻门户网站——荆楚网（湖北日报网），2014年成为湖北省首家挂牌新三板的文化企业。红网成立于2001年5月30日，是湖南省委宣传部一手打造的"党网"平台，全国新闻网站综合影响力前十强，全球排名前300位，多个栏目和作品先后五次获中国新闻奖一等奖。湖南蚁坊软件股份有限公司成立于2010年8月，与国防科大计算机学院、长沙软件园联合建立了"海量数据处理工程研究中心"，在舆情领域颇具影响力的数据分析产品有"鹰击早发现"、"鹰眼速读网"。成渝地区近年来着力引进发展数字经济，在产业配套和人才引进政策上优惠力度大，舆情作为服务业，对于当地政府公共管理、企业持续增长有着重要意义，因此

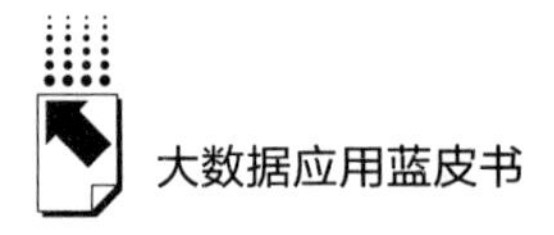

舆情企业数量不断增加，数量达 52 家。代表性企业有四川麻辣社区网络传媒有限公司，2003 年成立，是以四川本地话题讨论为核心，集时评、资讯、休闲为一体的综合性、特色化 SNS 网络社区，致力于聚焦社会热点，关注群众呼声，化解社会矛盾。

行业企业稀疏区——西北地区是舆情大数据企业分布较为稀疏的地区。西北地区作为我国“西部大开发战略”的重点区域，一直享有较为优厚的营商政策支持，例如税收减免、审批下放，等等，舆情企业有 39 家，并呈现持续增长的态势。代表性企业有 2013 年成立的西安康奈网络科技有限公司，该公司是西安科技小巨人企业，以“双智慧”下人机耦合的大数据采集处理为业务核心。

行业企业空白区——云贵地区、东北地区是舆情大数据企业分布空白的地区。受限于网络基础设施落后、劳动力流失以及投资渠道匮乏等多重因素，云贵地区、东北地区的舆情业发展较为滞后，目前企业数量仅分别有 38 家和 11 家。代表性企业有多彩贵州网有限责任公司，成立于 2014 年，由贵州日报报业集团、贵州广播电视台、当代贵州期刊传媒集团有限责任公司共同出资成立，公司以贵州唯一重点新闻门户网站（多彩贵州网）为依托，构建“五位一体”新媒体矩阵，宣传贵州形象，已发展成为贵州最大的互联网文化传媒集团。随着东北全面振兴“十四五”实施方案的推出，以及腾讯阿里等互联网巨头纷纷开始布局东北市场，东北地区的舆情业近几年正展现出快速发展态势。（见表 3）

表 3　舆情大数据企业地域分布

行业区域分布	代表省份和直辖市	代表企业
行业企业密集区	上海	蜜度
	江苏	擎盾
	浙江	中青华云、浙报集团
	北京	智慧星光、清博舆情、拓尔思、人民网舆情数据中心

续表

行业区域分布	代表省份和直辖市	代表企业
行业企业活跃区	福建	后方、美亚柏科
	广东	粤报集团、深圳中泓
	湖北	荆楚网
	湖南	蚁坊、红网舆情
	安徽	博约科技、安徽新媒体集团
	四川	麻辣社区
	山东	大众舆情、胶东网、山东广电
	重庆	华龙网
行业企业稀疏区	陕西	汇龙，康奈，小巨人
	河南	大河网
	江西	大江舆情
行业企业空白区	贵州	多彩贵州网
	黑龙江、吉林、辽宁	/
	青海	/

表 4　舆情企业区域分布省、自治区、直辖市数量

单位：个

区域分布类型	数量	区域分布类型	数量
行业企业密集区	6	行业企业稀疏区	4
行业企业活跃区	11	行业企业空白区	13

如表 4 所示，舆情企业区域分布数量整体呈现头部企业较为集中，但规模不够大，数量不足，且行业企业空白区域数量较多，即双金字塔叠加的特点。

行业企业密集区代表区域解读：北京舆情企业的特征是数量分布多且密集，达 114 家，几乎占了整个京津冀地区的 93%，规模以中小企业为主，业务模式偏重于 SaaS 账号租赁模式。出现这一情况的原因主要是北京有着良好的互联网基因，资本密集型和技术密集型产业分布广泛，高校众多，人才充足，且作为全国政治中心，在舆情领域有着非常广泛和深度的需求，可以带动和辐射全国的舆情行业。

行业企业活跃区代表区域解读：该区域多为中部地区核心城市，承接长三角、珠三角产业转移较多，在大数据基础设施建设方面有自身优势。虽然企业数量也较多，但产业存在分布不平衡，辐射影响力不足的问题，如山东舆情企业的特征是大众舆情一家独大，安徽舆情产业的特点是客单价相对较低。

行业企业稀疏区代表区域解读：陕西、山西、江西、河南，多为内陆城市，第三产业特别是电子信息行业发展不够充分，舆情企业数量较少。

行业企业空白区代表区域解读：东三省、青海、甘肃，市场化主体发育不足，人才、资本市场流通不够完善，舆情企业分布存在真空现象。

（五）行业发展问题

我国舆情行业起步晚，目前仍处于市场培育之中，产品、技术、服务等产业配套体系都还有待完善，知识产权和竞争秩序的法律保障有待提高，另外在资金投入、政府监管以及人才培养等多个方面都有进一步提高的空间。

1. 投入成本高，回报周期长

舆情大数据作为新兴行业，不仅技术复杂、产业链延伸长，还涉及多种学科，与社会众多行业都有着千丝万缕的联系，这决定了舆情企业需要投入较高的成本，回报周期长。从技术上来说，舆情大数据需要涉及计算机底层技术和硬件设备，这需要计算机、电子信息等工科人才的技术支撑和长期维护；从意识形态的角度来说，舆情分析有赖于软科学特别是人文社科等学科专业的背景，如传播学、社会学、政治学、公共行政学、军事学等专业。因此舆情行业在前期成本投入巨大，据中科大舆情管理研究中心测算，在2021年，一个300TB、30人的数据平台，一年的总花费大概包括50万元的机器硬件投入，10万元的服务费（电费和机器托管费），400万元的人力工资，30万元的软件服务费，总成本高达450万~500万元。

而与此同时，舆情业的服务特点决定了项目收回全部款项需等到所有监测、报告服务项目结束之时，企业大多数前期投入并不能在项目签订时就收回投资，并且因为服务器、存储设备存在折旧问题，每年固定资产的计提折旧、报废和新购，也需占用一部分企业资金。

2. 教育资源支撑不足

舆情行业本身具有跨学科性，目前还没有一所大学开设舆情分析本科专业。中国就业促进会素质就业办公室相关负责人指出，目前行业研究和服务领域的主要问题集中在人才培养体系缺失，专业人才不足等方面；从业人员素质较低，技能机构单一化，缺少跨学科人才；服务水平低下；职业规范有待建立，违规经营行为较多等。在舆情学科教育方面，四川文化产业职业学院开设的网络舆情监测专业，每届招生 50 人，从 2012 年创办至今，已为社会输送了近 500 名网络舆情素养好、监测技能强的专业人才，社会需求旺盛，就业前景好。

舆情作为一门反映社会现实的行业，自身变动很快，有很强的实战性，再加上近些年日新月异的媒体生态，舆论场错综变幻的局势，舆情实践也在快速变化。这导致了学院派的理论知识往往与舆情实践脱节，迄今为止还没有大学开设舆情类本科专业。

人才储备与培养不足——舆情监测行业专业人才数量严重不足。尽管有不少舆情监测公司在自家网站宣传上标注依靠软件就可以处理大部分舆情问题的广告，但事实上，鉴于舆情事件本身的复杂性以及软件监测存在遗漏，不少舆情事件仍需分析师结合监测软件人工撰写报告，并给出相应处置结论。此外，国内不少舆情分析师自身并不具备舆情行业的相关工作经历，多是由媒体、宣传、广告等行业转型而来，因此和市场的需求相比仍有巨大的专业缺口。舆情工作要求的专业背景一般都有跨学科的要求，特别是传播学、社会学、统计学、心理学等复合专业学科背景，并受过相关专业训练。因此，这也潜在导致了舆情分析行业的不少报告结论浮于表面，缺少实战意义。

师资队伍建设欠缺。专业的舆情分析师培养需要从信息管理、传播思想以及数据技术等多方面进行培养，对企业的硬件和软实力的要求较高，但市面上的第三方培训在各种投入上难以尽如人意。伴随着舆情监测市场的火爆，舆情监测培训市场成为一块很大的利益蛋糕。

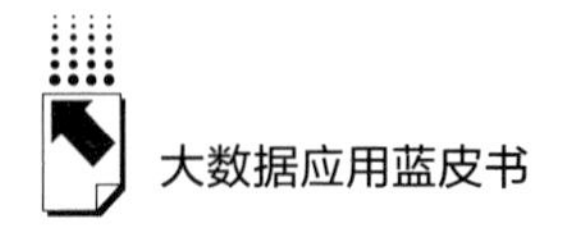

分析舆情既要对繁杂的网络舆论现状有基本了解，也要有过硬的数理统计能力；既要掌握公共管理规律，也要对企业管理规律有一定认识。只有具备以上基本技能，才能科学准确地做好舆情研判，从而给出有针对性的建议。目前市面上大多数的舆情分析培训，不仅缺乏专业的师资指引，在课程体系设计上也不够系统和全面，陷入理论和事务脱节的困境，这就使得不少职业培训的内容与就业实际的需要相距甚远。

3. 缺乏统一标准及行业规范

建立规范的行业准入对于舆情行业众多中小公司的成长非常重要，目前舆情行业各类主体鱼龙混杂，很大程度上是因为有不少企业或机构是由其他行业转型而来，其自身并不具备完整的产品和服务生态，这导致舆情业在一定程度上存在无序竞争和资源浪费的问题，因此对那些处在创业中前期、志在长期立足舆情业发展的中小公司造成了冲击。

舆情监测行业规范尚未建立。因为正式的行业标准和规范尚未颁布，不少市场主体如传媒公司、公关公司、广告营销公司纷纷涉足此行业，不同的社会机构在舆情业务上服务于自己的市场战略和经营目的。因此，在舆情行业飞速成长的同时，推动服务透明化、规范化，成为行业发展的重要指引。

4. 产业链上下游协作不足

舆情行业的上下游企业，原本来自不同的行业，各自成长基因不同，面临的客户群体需求也有所差异，而且舆情大数据所涉及的技术链条很长，不同企业都有自己所擅长的部分。因此，产业链上下游企业想要协作，面临着技术壁垒、人力资源整合、市场分布差异等诸多尚未解决的问题。

在这种背景下，加强行业协调，尝试在适当的时机组织行业协会，成为一个可行的解决问题的思路。目前我国还没有专门开展舆情产业协调、监督行业自律的组织，舆情企业各自为政的现象十分普遍，由政府网宣和舆情监管部门牵头，联合行业知名企业作为会员，建立舆情大数据行业协会，将有助于在政府和企业间，以及企业之间搭建桥梁，促进沟通协调和资源互换，并制定舆情行业规则，建立规范有序的市场竞争环境。

除了把产业链做长，还要把产业链做宽。传统的舆情软件主要围绕互联网舆情搜索与监测进行，没有体现出行业互联网舆情非结构化数据处理的特点。面对大数据舆情，系统的发展方向应该是面向行业的细分，比如政府版、教育版、环保版、医疗版等，并且和行业固有工作密切结合。在形式上，“随着移动终端的普及，不仅是给用户提供浏览器或者App方式的手机客户端，而且要研发多元化的输入模式的搜索、精准的内容返回、个性化的搜索体验”。

（六）行业政策与规制

2016年8月12日，国务院办公厅发布了《关于在政务公开工作中进一步做好政务舆情回应的通知》，文件指出，伴随着近几年互联网的飞速发展，新媒介传播方式的涌现，政府决策情境日益复杂化。舆情事件呈现多发态势，人民对政务公开、政务舆情回应的诉求不断提高，因此政府亟待提升舆情治理能力。经过多年狠抓落实，各地区各部门在舆情工作方面已经取得长足进步，告知、解读、回应衔接完整的工作布局已经基本形成。但是，与互联网复杂多变的生态环境相比，与人民群众日益增长的信息公开需要相比，仍有一些地方和部门存在工作观念落后、系统应对不足、回应不到位、效果不理想等问题。为了更好地做好政务舆情工作，文件要求地方各级政府部门强化政务舆情责任主体认识、理清回应工作重点及回应标准、树立以回应效果为导向的工作目标、强化业务培训及监督考核、制定回应效果奖惩工作机制共五个方面。[①] 该项文件为政务舆情发展提供了明确的方向指引，对于企业开展舆情监测、报送、应对培训有了更加明确的要求，说明政务舆情工作开始得到国家层面的价值认可。

网络空间治理促进互联网舆情业务增长。2020年3月1日起，为了建立健全网络综合治理体系和维护广大网民切身利益，国家互联网信息办公室宣布正式施行《网络信息内容生态治理规定》。规定中明确要进一步建立网

① 《国务院办公厅关于在政务公开工作中进一步做好政务舆情回应的通知》，中华人民共和国中央人民政府网，http：//www.gov.cn/zhengce/content/2016-08/12/content_ 5099138.htm，2016年8月12日。

络信息内容服务平台违法违规行为台账管理制度，建立政府、企业、社会、网民等主体共同参与的监督评价机制等。

此外，舆情产业蓬勃发展，除了需要出台刺激它发展的政策以外，还需要构建舆情产业的法律法规体系，以规范、协调产业的健康运行。多年来，由于我国互联网顶层设计的不足，严重影响了我国互联网的健康发展。典型的是数据确权，建立有法可依的数据共享机制，防范大平台的垄断。WEB3.0时代是去中心化的互联网，在数据权利上的一个根本特征是用户持有自己社交媒体的数据，也即个人享有自己数据的产权。但现实情况是，不少大型互联网公司在垄断了某一领域社交平台之后，通过数据私有化，让其他用户或企业难以通过查找或爬虫等技术手段获得这些数据，不少内容甚至被冠以“商业机密”的理由不对外公布，这对舆情大数据企业开展多平台的舆情监测制造了不少障碍。因此，在立法层面上确立个人对数据的所有权，将有助于促进自由数据市场的形成，促进互联网产业大数据共享机制的形成，为舆情业发展带来新的活力。

三　舆情大数据行业发展趋势

舆情服务行业化指的是舆情服务要与不同行业的不同特点相结合，贴合行业需求做好舆情软件的开发，并设计好相应的服务标准。具体来看，想要成功开发一个舆情系统并成功应用，必须结合移动互联网社交媒体的传播特点、行业特点以及应急联动等要素。对应不同的行业和职能部门，互联网舆情系统要有一定的拓展性和灵活性，能根据行业特征挖掘、建设并应用特定的知识库，不断提高文本挖掘和分析技术。

大数据与传统数据最大的不同体现在数据维度上的变化。特别是对舆情监测而言，要求采集维度更宽的大数据样本，输入更多的数据参数，但由于舆情对时效性要求很高，大数据技术很难在时间维度上采集足够多范围的数据。舆情大数据的分析，首先建立在大量数据积累的前提下，然后借助海量样本找出内在规律，从而为分析应用打下坚实基础。舆情数据想要投入现实应用，还必须找到具体的应用领域，从底层架构着手建立应用机制。因此，舆情大数据的应用，未来将是整个舆情生态系统的变化，不仅仅是依靠技术提升，还有赖于自身的知识沉淀以实现自我表达。数据作为一种资源，无论是抓取、分析还是整合，最终都是为了舆情业务的顺利开展，只有贴合实际的分析场景进行展示，才能发挥大数据技术的真正价值。

（一）行业技术创新焦点

有人工智能和大数据等技术积累的公司，对原本从事网络舆情业务的企业造成了较大影响。老牌的舆情公司把网络舆情的大数据采集和分析作为核心主体业务，并聚焦于如何把技术落实到实际应用中。但事实上，行业最尖端的技术已经提升至算法和建模层面，不过这些技能往往又远超传统舆情公司的研发能力。面对以算法和建模技术为长处的互联网公司的降维打击，不少尚未转型成功的舆情公司在面对竞争时感到十分吃力。

行业内的淘汰机制也已经明显，关键词过滤技术已经走到了尽头，知识图、事件抽取和因果计算开始走向应用端。未来十年，人工智能和深度学习将逐渐在生产中得到应用，开始渗透和颠覆整个行业。更加智能和贴近用户真正需求的产品将脱颖而出，拥抱新技术的企业将会获得新生，目前的舆情供应商只有与客户深度绑定，共同参与到企业利益再分配的链条中，才能存活下去。

此外，舆情系统建设，还强调把技术和内容相结合，技术在这里不仅仅是舆情服务的工具，而是服务搭建的新型环境。同时，舆情与技术的结合，要求提升智能水平，即不能仅仅是对用户需求机械地应答和反馈，而是通过提供超出预期的服务，主动挖掘和满足用户的潜在需求。现在，主流的舆情监测系统多采用云数据平台，客户通过网页或客户端即可远程访问，本身不需要部署任何硬件设备和软件架构，通过设置关键词即可实现舆情数据的提取和直观呈现。这些系统虽然已经实现了大规模的数据采集和简约化的数据呈现，但在舆情分析能力上依旧较弱。例如，舆情系统可以输出简单的监测日报，但在事件趋势分析、观点输出和处置建议方面依旧离不开有成熟经验的分析师。所以，建设智能技术与内容相结合的系统环境，应当能帮助分析师在便捷交互、信源获取、数据共享等方面实现业务技能增长与服务效果提升的双重增益。从而使舆情分析师与舆情监测系统成为行业服务生态的互补支撑，共同助力服务结构产生本质优化。

（二）服务创新的方向

语义、话题内容分析向情感和关系解读方面转向。更多元的网络信息通道促使多样化、多面性的网络意见表达的出现，从而对舆情监测技术有了更全面的要求。此外，机器人生成器和网络水军制造虚假舆论的现象也很普遍，因而对舆情监测有了精确识别、准确筛选的要求。而近些年，信息管制逐渐深化，使得表面的舆论表达并不能准确地反映真实民意，要求舆情服务更加深入社会肌理进行挖掘。与此同时，舆论的情绪化和社群化倾向，促使舆情研究从切片式的表层分析，转向立体式的深入探索，这对分析师人才的综合素质和团队的整体配合有了更高要求。舆情分析已经不单单是政府疏导民意的一个工具，而且成为发现社会矛盾、回应民众诉求、处理解决问题的完整闭环中的重要抓手，是回应民意、平复民愤不可或缺的全程参考。

舆情监测在大数据加持下转型为舆情预测是趋势。互联网舆情的深刻性和复杂性，正日益影响着现实决策，无论是企业还是政府，都需要及时把控舆情风向，为下一步行动提前做好规划。因此通过大数据提炼总结舆情案例，实现未雨绸缪、精准预测就成为舆情行业下一步发展的主攻方向。建立专属数据库，构建具有领域特色、行业特色的舆情预警指标体系，对于舆情工作从定向监测向精准预测方向转变非常重要。

舆情监测的价值取向越来越偏向实体工作层面。过去的舆情工作重点在于扑灭舆情，尚未真正参与到解决事件源头本身的全部环节之中，因此未来舆情监测的价值取向将越来越关注实体工作层面，从重视处置技巧和应对口径到关注事件背后的真正问题，作为提升专业决策的重要参考。

（三）逐渐迈向资本市场

舆情产业往往投资较大，技术更新频率及成本较高，具有较高的社会价值及投资回报率，资本市场非常青睐舆情产业的发展。在这个行业里，既有人民网、拓尔思、北大方正电子等一批老资历的公司，也有清博、海纳等实力不容小觑的新兴舆情公司，近年来，甚至连互联网的巨头也开始有所布局，出现腾讯质量开放平台、百度云大数据舆情解决方案、新浪微舆情等一批舆情产品。

自2011年起，舆情监测行业就有不少排头兵企业开始登陆资本市场，小公司也都在积极筹划融资活动，以期更大的发展。截止到2022年3月31日，全国共有舆情行业上市企业34家，正在IPO预计上市的相关企业166家。[①] 2011年，北京拓尔思信息技术股份有限公司上市，成为国内最早上市的舆情企业，在媒体领域拓展舆情业务的人民网于2012年上市，2017年有着安徽舆情大数据第一股之称的博约科技挂牌新三板市场。国内舆情行业正成为资本市场的新宠，开辟了一条信息行业的新赛道。

（四）需求深化催生智库业务

伴随着客户需求的不断深化，对舆情重要性的认知提升，越来越多的舆情业务从开始的响应式需求向预测性需求转变，处置应对、根源探查、有效治理，这些新兴业务催生了专家智库在舆情领域发挥更重要的价值。智库是指专门从事研究型咨询的专业机构，常常汇聚了各领域的专家学者，为经济社会发展提供信息收集、问题诊断、战略决策等专业咨询服务，正成为现代国家治理体系中不可或缺的重要组成部分。

智库业务提升舆情预警和处置应对能力。这种能力随着互联网渗透到社会生活的方方面面，民意上网变得越来越普遍，智库为重大突发社会公共事件的舆情治理和政府、企业形象修复提供服务。作为专业机构，智库还承担

---

① 企查查最新数据统计汇总（https：//www. qcc. com/），查询日期为2022年3月31日。

着社会舆情案例的预测预警职能，通过丰富的舆情实战经验，积累并总结相关案例，做好应对预防处置培训，为党政机关及其工作人员做好决策参考。

智库业务提升产业链上下游根源探查和战略决策能力。同时，智库正朝着分众化、行业化和差异化的方向发展，从基本的舆情处置到战略情报，更多专业的，针对不同行业的智库机构将不断涌现，这将为政府招商引资、地区产业规划和国家战略决策提供更多前瞻性意见，有助于联动产业链上下游企业，促进行业间衍生合作，打造城市品牌。

智库业务提升分析师有效治理舆情危机的能力。开展网络舆情管理工作，离不开对舆情事件的精确研判，这也是目前很多分析师所欠缺的经验储备。如果能够把专家智慧和舆情系统直接相连，将专家对舆情处置的案例经验全部输入到数据库中并按照某种结构进行储存，再对应对过程的每个环节进行梳理，积累同类事件经验，那样就既能提升舆情数据库的精确查找能力，又能辅助分析师提高舆情研判能力，并由此构建依赖一定规则建立起来的舆情知识库。舆情数据库与专家经验一旦组成一套完整的人工智能系统，将会给舆情分析带来更多科学化、合理化、逻辑化的整体提升，将最大程度避免错误决策所带来的社会风险，并及时预判社会主体中可能存在问题的场域变量。

（五）监测难度加大与客户需求提高

信息载体多样化、圈层隐秘化增加监测难度。伴随着 5G 技术和多媒体技术的发展，传播媒介逐渐从文字向音视频载体方向发展，但现有舆情监测技术完整抓取、批量获取和解构分析数据的能力并没有与之相匹配，导致很多内容难以被监测到。此外，现在越来越多的公众更愿意为了保护隐私或逃避审查，在私密化的圈子，如群组、私聊等加密渠道交流，再加上社交平台的隐私保护机制更加完善，网络审查机制趋于严格，舆情监测技术往往被限制抓取内容，难以实现及时监测。

伴随行业与客户的双成熟，供需内容严重错配。舆情服务需求大于供给，但需求最为强烈的危机处置多被黑公关绞杀，虽然行业不断成熟，但危机处置能力并未同等程度提高；不断上升的高级务实培训需求得不到满足，务虚培训业已跌跌撞撞，不被客户接受。客户需要的舆情服务，早非五年前的第一时间舆情报送，而是踏踏实实的处置危机、化解困境，提供舆情全方位进阶培训。舆情机构逐渐裂变为智库与IT企业两大类服务商，客户最需要的却是智库型舆情机构，这种机构可以提供绝佳的危机公关策略、政商关系维护与高阶舆情培训，甚至具备预测风险的能力。

（六）行业上下游不断延伸

舆情产业中长期存在“官商媒教”各自为政，产业链建构脱节的现象。行业中有以技术为主要售卖点，销售相关软件或搭建监测系统的公司，有擅长分析、处理数据，得出舆情报告的公司，有应对负面舆情，专注于危机公关的公司。虽然从目前看，各家专注于某个方面，形成差异化竞争是一件看起来很和谐的事情，一块蛋糕大家一起分吃谁也不得罪。但是这种市场分割、各自为政的局面，使得舆情行业难以获得内涵式发展。舆情不同于其他行业，在监测、分析、研究处理上是一个完整的链条，如果不从整个环节上深入合作，那么个体很难积累成功经验，以避免相似案例再次发生。单一产品也往往难以满足用户的需求。

在舆情监控的产品线上，越来越复杂的“无限舆论场”对网络舆情监测提出了更高要求。特别是微信朋友圈、微信群等私域流量的崛起，让舆论表达走向私密化，这增加了舆情监测与研判的难度。要加强舆情监控新一代产品的开发，在原有产品升级更新的同时，注重努力抓取朋友圈的社情民意。另外，还要深度整合大数据内容。要注重舆情事件的关联性和规律性，横向和纵向对比的研究归纳，多级市场的深度开发，为社会各个有需求的机构和个人提供定制产品服务。

四　舆情大数据行业发展建议

身处“大众麦克风时代”，要敬畏民心、注重民意、善用民气，满足中央

“三贴近”的工作要求。舆情监测企业作为党政机关、企事业单位发展的服务者，更应该善于体察民情，要经常站在群众利益角度思考问题，尊重客观事实，秉持公正的价值判断，使用接地气的话语方式，与网民坦诚交流。同时助推党和政府的声音准确传达至网络社区，推动政务沟通的良性互动。

（一）建立完善的数据资源共享机制

整合资源，开发新产品，构建完整的网络舆情监测产业链。在舆情市场走向成熟的阶段，各家舆情监测企业和上下游公司要避免内耗式竞争，应通过优势互补、资源整合，全面提升准确及时报送舆情资讯和竞争情报的能力。如博约科技与领航科技成功携手，将技术、服务、业缘关系等优势完美结合。2020 年 8 月，两家公司建立全面的战略合作，共同开拓基于大数据、舆情、商情的本地化计算机领域市场，从而最大化提升资源利用率，促进彼此的发展。总的来说，现在的舆情产业链在各个环节上均不缺乏竞争者，但只有那些能够打通全环节，找到自身价值定位的企业，才是最后的赢家。

研究客户需求和网络民意，促进两个舆论场良性互动。研究客户需求，主打的是客户需求的可定制化，在开发几套面向不同行业需求的监测系统的前提下，通过深度沟通与合作，强化危机指导、舆情预警、声誉修复、媒体沟通、法律维权等全方位服务。研究网络民意，就是第一时间发现网络上反映的问题并及时处理，变堵为疏，而不是无视民意，任其发酵，让其成为“烂尾”新闻。

（二）防范互联网平台的垄断

过去十年，互联网平台经济迅速发展，我国几大头部互联网公司不仅积累了大量成熟的技术手段，还拥有了规模庞大的用户数据。因此，在刻画社交媒体用户画像方面，互联网公司具有先天优势。在舆情大数据行业的市场争夺中，互联网公司依然沿用了此前免费试用、烧钱补贴等手段，待积累了足够的用户基数，再展开大规模提价的惯用套路，这对一些中小舆情企业带来了致命打击。一方面，搭建舆情监测平台前期需要投入巨大成本，大多数中小型公司很难通过免费试用的方式与大型互联网公司竞争；另一方面，众多互联网公司利用前期积累的数据优势更容易获得新客户，某种程度上导致了舆情行业的头部垄断问题。

面对以上问题，舆情行业亟须国家从完善法律法规、加强行业自律、差别化监管等方面精准施策，保障规范有序的市场竞争环境。第一，要加快完善《反垄断法》中有关平台经济的内容，禁止其滥用市场支配地位，对舆情行业开展无底线的补贴行为，加强有关配套性规章、制度或规范性文件的制定，使相关执法部门权责清晰、协调配合，避免出现“监管真空”。第二，尽快建立舆情大数据行业协会，加强行业从业者公平竞争的自觉自律意识，重点突出行业社会规范、自律公约、商业道德诚信等规则对行业主体的约束作用。第三，对于新入局舆情大数据行业的互联网企业，要对其原本的功能属性、行业领域以及发展阶段进行客观分析，实施差别化监管，在包容行业跨界创新的同时，制止和打击利用平台优势开展的不正当竞争行为。

（三）健全多层次行业人才培养体系

加强专业网络舆情分析师的培养。舆情监测系统虽然提高了工作效率，但人工分析依然不可替代。舆情分析师作为一个新兴职业，其中有图表专家、调查高手、统计达人、网络黑客等技术人才，但分析师不仅依赖技术来工作，他还需要掌握包括深度挖掘舆情、解剖网络舆论心理、科学抽样舆情数据、分析舆情走势、撰写翔实报告等全面的基础技能。这一职业不仅要求从业者具有管理学、统计学、传播学、心理学、舆论学等复合的专业背景，还需要具备较强的危机公关能力、舆情研判能力、新闻敏感性等综合素质，不仅擅长统计抽样等量化的分析模型工具，还需要有对网络文化和社会心理长期而深入的质化分析。还有最根本的一点是，舆情分析师必须有正确的价值观作为工作导向，在突发事件的汹涌民意中保持政治定力，冷静而审慎地思考舆情演变规律，给出处置决策。

通过联合企业和高校，促进舆情实务和理论研究的双赢。培养舆情大数据行业人才，离不开校企共同培养，这方面的成功案例不胜枚举。例如，安徽博约信息科技股份有限公司与合肥工业大学计算机与信息学院（人工智能学院）开展的校企合作，在数据库建设、舆情研究、软件开发等方面深入开展产学研一体化项目合作，同时搭建校企合作人才培养实践平台，全面提高学生的专业竞争力和人才的培养质量。博约科技还与中国科学技术大学联合建立舆情管理研究中心，致力于网络舆情前沿技术与管理方法研究与推广，主要工作包括搭建官产学研在网络舆情技术领域合作交流的平台、推动我国自主知识产权的网络舆情技术的发展、研究探讨行业技术标准以及发展中的难题和共性问题等。

（四）加强对行业的政策倾斜

作为网络生态治理的重要一环，舆情行业正以其强大的技术资源、专业的人才优势以及广阔的发展前景吸引着越来越多的产业投入。在战略性新兴产业发展的过程之中，政府的产业政策配套必不可少，尤其是针对舆情大数据这种前期投入较多的行业。不同于其他高新技术产业，舆情大数据企业的成长前期需要更多的政府支持，一方面，前期设备资源投入成本高，且前期项目获取难度大，资金回笼较慢导致融资困难；另一方面，涉及舆情行业的敏感性，部分市场审批流程较为烦琐，使得产品上市前期准备周期长，加大了企业正常开展市场交易的难度。

因此，我们建议在建立产业扶持基金、减免小微企业税负、放宽市场准入等方面加大政策倾斜力度，促进行业良性发展。第一，鼓励地方城市投资集团作为发起人定向募集产业投资基金，委托专业机构管理基金资产，通过采取股权投资的方式，为当地舆情大数据企业提供融资扶持。第二，为舆情类初创小微企业减轻税收负担，通过深化增值税改革，降低企业所得税累进税率，推出小微企业专项税收减免，从而鼓励其创新创业。第三，公平公开的市场竞争有利于舆情行业的长远发展，但同时我们也看到，不少政企合作项目的招标过程存在不规范、不透明的情况，因此简化相关服务产品的市场准入前置审批环节，降低制度性交易成本，落实好市场准入负面清单制度，破除各类隐性壁垒将有利于舆情行业实现充分竞争，最大化利用生产要素。

（五）主管部门舆情素养仍需提高

舆情素养，是指从事舆情管理或参与舆情活动的有关人员，在认识舆情、评断是非以及处置应对方面的主观能动水平。它既包括对网络舆情、危机公关等基本概念的认知，也包括对有关法律法规的掌握情况，以及对正确舆情管理、危机应对的态度和方法的了解。

民意上网与媒介形态多样化所带来的日益复杂的网络舆情环境，使得社会各主体都要经常面对各类突发舆情危机。过去，不少部门负责人更关注舆情应对口径、应对策略等显性要素，而忽视了自身舆情素养等隐性的思维锻炼。事实上，作为一种思想层面的指导，舆情素养能够左右舆情应对的路径方向、处置时效，甚至是公关效果，是一种更具有战略意义的关键要素。

但目前不少党政机关工作人员视舆情为洪水猛兽，对待汹涌民意具有封口的思维模式，把舆情治理简单等同于删帖、控评并且拒绝对话，甚至在与一些舆情公司合作时，把围追堵截舆论作为工作成果的最终导向，这极大影响了舆情行业的长远健康发展。

B.4

5G专网应用研究和探索

汪水友　吴曼曼*

摘　要：　首先，围绕5G专网及应用存在的问题和挑战进行系统性阐述，并指出5G专网在行业中未能实现规模化应用的主要根因。5G专网的目标是建设一张具备弹性、可伸缩、可靠、安全、智能化的网络。其次，提出构建5G专网关键在于打造网络全流程基础网元的能力，其次，网络切片、网络可靠性、连接分流、安全性及边缘计算服务能力。具备以上能力的5G专网可实现任意形式的灵活组网，且可通过能力平台对外提供统一的标准化接口以满足上层的应用服务。最后，给出5G专网在跨区域医疗资源协同及工业互联网领域的应用，未来通过与AI的深度融合，5G专网将在港口、交通、能源矿山等场景中发挥巨大的作用。

关键词：　5G专网　网络切片　MEC

一　5G是新基建的领头羊

国家提出新基建发展战略，其中5G被认为是新基建七大领域的领头

* 汪水友，高级工程师，中兴通讯资深技术专家，凯盛融英咨询公司高级专家，一直从事计算机和通信产品的研发、技术方案设计及市场规划工作，先后从事过流媒体、分布式数据库、基于粗糙集的数据挖掘、通信协议栈的研发，参与过中兴通讯的大数据、云计算、SDN/NFV、5G行业应用等产品规划及设计工作，2016年度安徽省十佳首席信息官；吴曼曼，中国电信股份有限公司合肥分公司5G团队总监，从事5G行业应用市场研究，在工业互联网、智慧医疗等领域工作，具有工信部工业互联网实施工程师高级认证，是中国电信集团公司5G业务专家。

羊，作为支撑经济社会数字化、网路化、智能化转型关键的新型基础设施作用突出、潜力巨大。5G 作为新一代移动通信技术，其速率和用户连接数是 4G 的十倍以上，而时延是 4G 的十分之一。5G 的应用除了满足人与人的通信外，主要是解决人与物和物与物的通信，其应用和实践已经覆盖诸多领域，也是人工智能、大数据中心等领域的信息连接平台。5G 将开启万物互联和数字化转型的新时代。

5G 不仅自生成为新的经济增长点，同时还与物联网、大数据、人工智能等行业紧密结合，共同推动我国经济高质量发展，产业应用非常广泛。

典型应用场景：一是大带宽，基于 5G 上下行带宽的极大提升，可满足更高分辨率和更高清晰度的业务场景，提升用户的友好感知。

二是大连接，人与人的连接在 4G 时代基本都已解决，但是物与物的连接数量级要高得多，万物数字化的基础是要连接，没有连接就不能传递数据。

三是高可靠低时延，满足工业互联网的要求，特别是在移动场景下，能源、矿山、港口、数字化工厂将初步得到应用。

5G 与垂直行业应用的结合，不是简单的增强网络覆盖能力，是经济数字化转型的关键基础设施，能够推动工业互联网的发展，并赋能智能制造。5G 将开启工业互联网的新阶段。

二　5G 专网建设存在的问题和主要痛点

截至 2021 年，中国大陆新建 5G 基站超 140 万座，占全世界 5G 基站的比例预计超过 70%，但是 5G 行业用户发展并没有预期好。2022 年，国内三大运营商的投资规模预计超 3300 亿元，全年新增 60 万座 5G 基站。2C 还是走在 2B 的前面，因此需要尽快把 4G 用户迁移到 5G 网络中，而 2B 需要结合更多的技术才能实现企业的产业升级。

5G 网络作为基础服务设施，为各行各业数字化发展提供支撑，需要面向全行业场景提供差异化服务。为了按需、灵活地支撑各种行业应用和业务场景，5G 将构建一个弹性的网路，以满足各种不同场景的发展需求。

（一）通信网络架构

无线基站：控制面和转发面进行分离，控制面完全云化，控制面可与 MEC 部署在同样的位置。

核心网：5G 核心网完全虚拟化，满足 4G 和 5G 核心网的互操作，网络可平滑升级。

承载网：网络向高带宽、低时延、连接泛在、按需匹配方向演进，提供切片分组网（SPN）、光传送网（OTN）等多样化的 5G 承载解决方案，灵活适配 5G 建网需求。

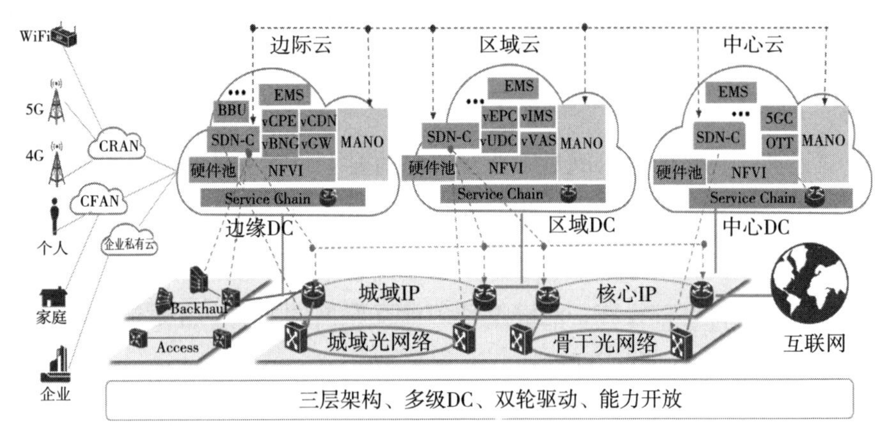

图 1　弹性网络目标架构

资料来源：电信运营商的网络架构。

从图 1 可以看到，通信网络非常复杂，牵涉的网元很多。接入网负责数据的接收、打包和投递；承载网负责数据的运输和转发；核心网负责对数据的控制和分发。

云计算只是一种利用网络的计算方式，如果对于时延和带宽要求较高，云计算的集中处理方式是无法满足的。基于 5G 网络要承载的数据量将是目前的几百倍、几千倍，因此无法保证速度和时延。于是边缘计算（MEC）应运而生，在边缘侧提供用户所需服务和云端计算功能的网络架构，用于加速网络中各项应用的快速下载，从而提升用户体验。①

（二）网络面临的挑战

电信网络虚拟化基本是从核心走向边缘，而网络的智能化一定需要人工智能技术，那么这将给电信网络带来如下挑战。

一是网络复杂化。2G/3G、4G、5G 多制式共存带来协同和互操作难度，分层解耦架构下的故障定界定位困难，虚拟化、云化网络的动态变化所带来的资源统一调度和运营管理挑战等。

二是业务的多样化。主要是源于业务场景的复杂化，不同的业务场景对服务等级协议（SLA）的要求是不一样的，需要构建不同场景的网络。

三是用户的个性化。在网络不变的情况下，可实现自由配置，如在特定时间内大型场馆的沉浸式体验和实时交互。

（三）网络业务发展的痛点

5G 基站由于使用的频段相对比较高，波长变短，覆盖半径也就变小，成片基站的连续覆盖不容易，而且运营商要考虑网络建设成本，优先建设热点区域，因此不会盲目到处投站。

5G 核心网的建设一开始是落后无线侧的，现在各个大区及省份的控制面和转发面的网元基本建设到位，转发面也在持续下沉到地市及园区，2C 部分正常放号，分流比正在初步提升，但 2B 的网络依然充满太多的未知。

垂直行业的应用根本没有形成规模，这两年基本上都是依靠国家投入的补贴进行试点，大体上都是停留在做演示的业务上，很少有正式的规模商用，也并没有给企业带来什么实际价值，因此企业也不愿意继续加大资金投入。

---

① 马洪源：《面向 5G 的边缘计算及部署思考》，《中兴通讯技术》2019 年第 3 期。

2B 企业对 5G 的认知不足，企业的信息化投资有限，数字化转型没落到实处。

运营商缺乏专业的人才，过多依赖上游设备商的人才支撑，而设备商的很多人才本身也是不懂企业业务的，导致对业务的理解错位，对需求的开发能力不足。因此无法有效引导 2B 客户搭建 5G 应用这条快车道。

边缘计算平台的通用能力较差，网络连接及质量服务只是最基本的功能，而提供灵活安全高效的服务能力才是行业所需的，且应用服务与平台是松耦合的。

5G 模组价格还是过高，企业大规模使用肯定是要让终端都内嵌模组，不会再使用非工业化的终端 CPE。

运营商的市场观念还没有完全转变过来，发展 2B 业务与以前卖卡、卖号、卖线路、卖带宽的做法是完全不同的。

针对以上问题，我们都知道 2B 市场充满太多的不确定性，而且竞争相当激烈。主要有五大不确定：客户不确定、认知不确定、生态不确定、商业模式不确定、能力不确定。客户不确定，意味着市场不确定。认知不确定，意味着需求不确定，那就要把客户的问题设法转换为需求。生态不确定，意味着合作伙伴、渠道不确定。商业模式不确定，意味着赢利的方式不确定，如何赚钱才是大家最关心的事情，不能给企业创造价值肯定不行，也是不可能持续发展下去的。能力不确定，意味着产业链条支撑不确定。

三　5G 的特点主要服务于2B 业务

（一）网络侧常见问题

网络切片与 5G 专线专网是什么关系？网络切片是网络 5G 带来的一个衍生物，以前是没有的，以前的网络是刚性的，各个网元没有进行虚拟化。

5G 局域网（LAN）的应用场景是什么？时延敏感性网络（TSN）还存在哪些问题？建设 5G 行业虚拟专网能否提升企业的价值？

未来如何运营切片业务？无线切片目前支持哪些配置？5G 网络切片面向垂直行业面临的主要问题是什么？

高负荷场景下如何结合切片和服务质量（QoS）技术保障高优先级用户的业务体验？

企业用户为什么要部署 5G 专网？5G 专网的性能优势体现在哪里？

5G 专网能服务哪些行业应用？5G 专网建网模式有哪些？应该构建哪些 5G 专网的基础能力？

以上是在企业专网中用户非常关心的一些通用网络问题，每个问题与应用都密切相关，因此需要深入了解通信网络的发展和架构，在下文中会初步解答这些问题。因为场景不同，对网络的要求也不一样，因此需要针对各种不同的场景建设企业客户相应的网络，对网络来说肯定是一个不小的挑战，因此网络一定要可以灵活配置，才能真正实现客户的不同需求。

（二）企业专网建设的内在需求

企业的应用场景复杂，内部 IT 部门建设的局域网/广域网的网络会越来越复杂，维护工作量自然会变大。

企业希望建设一张统一协调可控的局域网/广域网的网络环境，且运行稳定。

企业希望运营商能提供价格透明、有全网 SLA 保证的专网。

安全和可靠是企业专网重点考虑的问题，首先是数据的安全，其次是成本。

要保证企业网络演进的可持续性，使投资收益最大化，5G 网络对上一代的网络一定要兼容。

（三）LTE 专网服务面临的挑战

整个 LTE 网络从接入网和核心网方面分为演进型接入网（E-UTRAN）和演进分组（EPC）。网络演进向两个趋势发展：网元的实体单元减少和全

IP 化。对时延和带宽要求不高的场景下，4G 网络也能满足一些工业场景的需求。但是 4G 和 WiFi、短距离无线、互联网厂商之间存在竞争。在室内等无线局域网覆盖场景下，WiFi 或其他短距离无线技术，往往具备更大的成本优势。WiFi6 等非授权频段专网方案和 5G 技术存在竞争关系，抢占了电信运营商蜂窝网络专网的份额。互联网玩家们也在充分利用其云网的优势，从中心云向边缘云延伸，力争打通企业上云的“最后一公里”。

（四）5G 专网的优势及痛点

优势：确定性的网络速率、确定性的时延、无处不在的覆盖、有保证的 SLA、完善的管理服务、未来的技术潜力、电信级的运维保障。

痛点：5G 专网价格过高、5G 专网方案与行业应用脱节、边缘通用处理的能力不足、缺少多终端设备、安全性等特性还有待验证、频谱资源不确定。

四　解决5G 专网难点的方法探讨

依据网络共享资源的不同，把企业专网建设分成三种模式：共享专网、混合专网和独享专网。通常需要根据不同的场景建设相应的网络，比如游戏娱乐通常用共享专网，工业园区建议用混合专网，矿山港口用独享专网，具体的建设方式需要由客户去决策，分类明细如表 1 所示。

表 1　专网三种建设模式

网元	共享专网	混合专网	独享专网
核心网控制面	共享	共享	定制
核心网用户面	共享	独享	独享
承载网	共享软切片	共享硬切片	独立承载
无线网	优先级保障	资源预留	专用载频

下面就从构建专网的基础能力出发来阐述如何打造企业专网，主要包括网络切片、可靠性、网络连接、安全性和边缘计算平台服务能力。

在上面网络侧的问题中，很多问题与网络切片有关，那么我们首先系统分析一下什么是网络切片。

（一）网络切片

网络切片被公认为是5G时代理想的网络形态，可以广泛满足包括大带宽（eMBB）、大连接（mMTC）和高可靠低时延（uRLLC）三大核心场景在内的众多应用场景需求。通过将5G物理网络切分出不同逻辑的端到端网络，为差异化SLA需求提供按需、安全、高隔离度的网络服务。

1. 网络切片的作用

网络切片的基础是需要引入网络的虚拟化，使网络可以按需定制、实时部署、动态保障，3GPP标准也定义了通信服务管理功能（CSMF）/网络切片管理功能（NSMF）/网络切片子管理功能（NSSMF）等专用的管理网元，实现切片实例的全生命周期管理，包含设计、实例化、配置、激活、运行、终结等。端到端切片的实现和管理，需要综合考虑从物理层到资源层，再到切片层，最后到应用层的跨层次关联性管理。网络切片的控制在核心网，如配置移动性的通话、关键任务物联网、实时性高的自动驾驶等。

2. 网络切片的标识及分类

从基本的标识开始，单一网络切片选择信息（S-NSSAI）标识一个网络切片，是由3GPP引入的5G切片标识，由SST和SD两部分组成。SST为切片服务类型，表示在功能和服务方面的预期网络切片行为；SD为切片差分器，这是可选项，补充SST，以区分相同SST的多个网络切片。既然5G切片有了标识，那么标识如何分类呢？主要是四类：Configured，Request，Subscribed，Allowed。配置给UE使用的NSSAI，若收到Configured配置类参数，UE就知道网络下有哪些S-NSSAI。UE在注册请求中携带请求接入的NSSAI，UE根据Allowed或者Configured计算Requested，会优先用Allowed。UE在UDM中订阅NSSAI，用户登记时，5G核心网根据订阅NSSAI来校验Requested NSSAI。在UE请求的NSSAI中，针对被网络允许的NSSAI，网络会在注册接收中将此信息带给UE。在UE同时与多个切片相关联的情况下，仅保持一个信令连接，网络侧可以支持上百个切片，而 UE 最多同时支持不超过 8 个切片。

3. 网络切片的管理

3GPP 对 5G 切片管理架构有明确的定义，主要是三部分：第一部分 MF 负责将通信服务相关要求转换为网络切片的相关要求，实现与 NSMF 之间的通信；第二部分 NSMF 负责 NSI 的管理和编排，从网络切片相关需求中导出网络切片子网相关需求，实现与 NSSMF 和 CSMF 之间的通信；第三部分 NSSMF 负责 NSSI 的管理和编排，实现与 NSMF 之间的通信。编排系统（MANO）中网络功能虚拟化编排（NFVO）、虚拟化网络功能管理（VNFM）、网络功能虚拟化基础设施（NFVI）各部件相互协作，完成子切片以及所依赖的网络、计算、存储资源的部署。端到端的网络切片通常包括无线子切片、承载网子切片和核心网子切片，并由上层切片管理系统协同各个网络。无线侧的切片能力体现在不同的参数配置和调度上，参数配置包括无线资源配置、策略配置等。无线侧支持切片的接入管理功能（AMF）选择和重选；支持基于 5G 服务质量指数（5QI）等优先级调度的切片 SLA 保障和监控；支持切片感知的无线资源管理 RRM（接纳控制/拥塞控制/移动性）；支持切片的隔离，硬件隔离、频段隔离、数据无线承载（DRB）和物理资源块（PRB）正交隔离等。

4. 网络切片在承载网中的映射

映射通常不外乎三种方式，端口、区分服务码点（DSCP）和虚拟局域网（VLAN），因为只有 VLAN 的数量可以与切片匹配，所以切片与承载网的映射采用 VLAN，切片内使用 DSCP 进行 QOS 控制。承载网要实现网络切片的功能，有软切片和硬切片两种方式。软切片是基于统计复用的切片技术，在二层或者以上实施逻辑隔离，采用段路由（SR）、IP/多协议标签交换（MPLS）的隧道伪线技术，基于 VPN、VLAN 等虚拟化技术，软切片可满足业务应用之间逻辑上的隔离。硬切片是基于物理刚性管道的切片技术，在一层或光层上实施的物理隔离，采用灵活以太网（FlexE）、OTN 技术、波分复用技术，硬切片可以满足业务的低时延和严格隔离。5G 核心网是完全基于服务化架构设计的，可以非常灵活的支持切片功能，网元网络切片选择服务功能（NSSF）和网络贮藏功能（NRF）作为核心网公共服务，以公共陆地移动网（PLMN）为单位部署；接入管理（AMF）、策略控制（PCF）、用户数据库（UDM）等网元（NF）可以共享为多个切片提供服务；会话管理（SMF）、用户面（UPF）等可以基于切片对时延、带宽等不同需求为每个切片单独部署不同的NF，且不同的切片在核心网内都有签约与存储。（见图2）

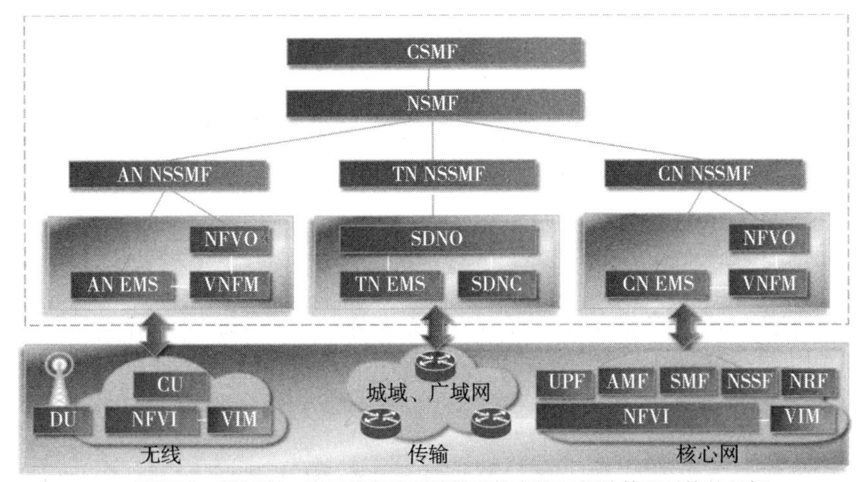

跨领域、跨厂家、跨运营商端到端管理能力是5G切片管理系统的目标。

图2　网络切片管理目标网络架构

图片来源：3GPP对网络切片管理的定义。

（二）网络可靠性

- 单板级可靠性，基站单板配置主备，电源板配置主备。
- 网元级可靠性，核心网元热备，共享资源池，无线侧进行环形组网。
- 链路级可靠性，高可靠调制与编码表（MCS）、分组数据汇聚协议（PDCP）复制、断链保活、回程复制、双上行连接。

网络级可靠容灾，多终端冗余、无线双连接、端到端双会话。

切片SLA保证及PRB资源预留，根据SLA设置每个切片的DRB接入门限。

无线上行容量增强，主要是解决上行容量受限的场景，上行增强有多种方式，如1D3U单载波上行增强及SuperMIMO超级小区容量增强。

无线网络全维度时延优化，包括传输等待时延优化（预调度、免授权、低SR周期、基于时延的调度）、重传时延优化、空口传输和处理时延优化、确定性时延5G TSN。

5G TSN桥接，即5G系统与TSN网络集成，通过5G在URLLC方面的提升以及TSN流程的支持，使得5G系统作为TSN网络中的一个网桥，与TSN网络实现融合。5G TSN技术对终端和核心网均有定制化要求，终端和UPF需要支持TSN Translator功能，核心网与TSN系统控制面功能进行对接，完成协议解读和参数映射。

（三）网络连接

主要是阐述不同的分流策略和5G局域网，基于核心网的分流、基于基站侧的分流及5G LAN。

1.5G业务分流策略

网络级分流、网元级分流、会话级分流、基于特定PLMN ID的分流、基于签约切片ID的分流、基于IP五元组/DNS域名的分流。

网络级分流，包括PLMN分流和NSSAI切片分流。PLMN分流，通过设置不同的PLMN，区分不同的网络；R16定义了网络标识（NID），用于同PLMN下的专网区分。NSSAI切片分流，在PLMN相同的情况下，通过不同的切片来区分用户和流量，如果UE接入多个切片，AMF在切片间需要共享。

网元级分流，包括数据网络名（DNN）分流和本地区域数据网分流。DNN分流，在同一网络/切片中，通过服务区、负荷、DNNI等在SMF/UPF网元选择的过程中建立不同的会话实现分流。本地区域数据网（LADN）分流，基于特定数据网（DN）分流。LADN机制需要UE建立新的PDU会话接入本地DN用于边缘计算业务。UE移动到LADN服务区域内时会发起PDU会话，SMF根据UE的位置选择本地UPF，将会话路由到LADN。UE离开区域后，SMF释放会话。在LADN机制下，UE需要支持LADN，且能感知并控制数据分流。

会话级分流，包括上行分类器（UL-CL）分流和IPv6多归属分流。UL-CL分流，当UE移动到某个区域时，根据用户业务的需求，SMF将插入本地的UPF，UPF根据SMF下发的分流规则对上行数据包IP地址过滤，将符合规则的数据包分流到本地DN。IPv6多归属（IPv6 Multi-homing）分流，基于源地址进行本地分流机制。主要是利用IPv6多归属的特性，将UE的一个IPv6地址用于边缘计算业务。SMF根据UE位置选择本地的共同UPF（Branching Point）进行分流，不同的IP锚点通过这个Branching Point UPF实现用户面路径的分离。Branching Point UPF根据SMF下发的分流规则过滤上行数据包源IP地址，符合规则的数据包分流到本地DN。

基于特定PLMN ID的分流，适用于大型单一园区场景；基于特定的PLMN标识，区分园区与公网报文：园区特定PLMN标识用户，普通2C用户。

基于签约切片ID的分流，适用于单一/综合园区场景；基于业务的切片ID，区分园区报文与公网报文：园区签约的切片用户，普通2C/公网切片用户。

基于IP五元组/DNS域名的分流，用于开放区域/与切片或网号分流方式组合；基于IP源/目的地址等信息或者DNS域名区分：匹配分流规则的用户和普通2C用户。

2.5G LAN——开启基于5G网络的工业以太网通信

5G LAN允许特定的UE组通过5G网络提供的接入和交换能力，实现点到点或者点到多点的工业互联。

5G LAN业务介绍：5G LAN业务提供UE间，UE到企业的简易互联和高效转发机制，支持L2和L3层业务，支持单播、组播/广播业务，5G LAN业务作为当前局域网，是WiFi网络的增强或替代。

5G LAN主要功能：UPF支持Local Switch，5G VN Group签约和管理，L2/L3 LAN Service，点到点或者点到多点通信，UPF内部互转或者跨UPF互转。

5G虚拟网VN通信方式：N19-based，终端上下行数据通过PSA UPF来进行互转；Local switch，同一PSA UPF下的数据通过UPF在不同的会话中互转。

5G LAN应用场景：移动专线业务，替代WiFi做园区覆盖，工业网络，安全接入。

小型核心网 i5GC 下沉园区部署：数据不出园区，行业 UPF 下沉园区。

构建园区专属端到端切片：共享大网核心网 5GC，共享园区覆盖基站，采用专用 DNN 接入园区专网。

专用 UPF 下沉，高安全隔离：UPF 本地化降低时延，MEC 支撑本地服务为园区提供视频监控与分析、实时控制等服务。

（四）安全性提升

确保数据不出园区，基站数据分流，用户面数据不出园区，控制面整体下沉等策略都是基于三种不同的企业专网组网方式来实现的。

除不同的组网方式外，还可以通过多层次业务接入认证、访问控制和安全通道来提升网络安全。一是接入认证：保证用户合法接入，双向认证，保证用户和网络之间的相互可信。二是访问控制：切片鉴权，防止接入用户的非授权访问网络切片，二次鉴权，终端接入到特定的 DN 网络时，进行二次接入鉴权认证。三是数据传输安全：空口、UE 和核心网之间按需数据加密，防止被嗅探窃取；空口、UE 和核心网之间按需数据完整性校验，防止数据被篡改；UE 访问应用，按需建立 IPSec/SSL VPN 隧道，保证数据传输安全。

（五）边缘计算平台的服务能力

MEC 最早是由 ETSI 在 2014 年提出的，起初定义为 Mobile Edge Computing，被 ETSI 定义为在无线侧部署的通用服务器，旨在为移动网边缘提供 IT 和云计算的能力。MEC 服务器通常分为三大逻辑实体，MEC 平台层主要是提供底层的计算存储、控制和硬件虚拟化组件。在 2016 年被拓展为多接入边缘 Multi-access Edge Computing，其定义为在包含一种或者多种接入技术的接入网络靠近用户的边缘，是提供 IT 业务环境和云计算能力的系统。①

① 边缘计算产业联盟与网络 5.0 产业和技术创新联盟：《运营商边缘计算网络技术白皮书》，2019。

Multi-access：一是指多种网络接入模式，如 LTE、5G、WiFi、有线，甚至 ZigBee、LoRa、NB-IoT 等各种物联网应用场景；二是指多接入实现无处不在的一致性用户体验。

Edge：网络功能和应用部署在网络的边缘侧，尽可能靠近最终用户，降低传输时延。

Computing：指 Cloud+Fog 计算，采用云计算+雾计算的技术，降低大规模分布式网络建设和运维成本。MEC 是在边缘处理业务，无须回传大量的数据，可节省网络的带宽，并降低网络的时延，是 ICT 业务融合的理想平台。雾状结构将大量的处理能力折叠起来，使任何计算设备都能够承载软件服务，并做出快速响应。

多接入边缘计算的核心是构建开放的分布式平台，在网络的边缘处为就近的数据提供网络、计算、存储及应用服务，满足行业数字化转型在连接、实时、数据分析、智能化和安全方面的业务需求。在靠近用户的网络边缘提供 IT 和云计算的能力，利用网络能力开放，获得高带宽、低延迟以及近端部署的优势，并节省回传网络带宽。①

5G UPF 分流能力是运营商发展边缘计算的核心要素，在国内三大运营商的前两次核心网 5GC 的集采中，5GC 设备主要都是来源于华为、中兴，未来随着 5GC 用户面 UPF 和控制面 SMF 的解耦，运营商有可能会使用自研的 UPF。5G 边缘计算依然处于发展初期，存在标准碎片化、场景多样化、市场网络衔接能力不足等问题。为有效支撑 5G 垂直行业业务发展需求，扎实推进边缘计算/边缘云新型项目研究及后续商用建设落地，三大运营商和华为、中兴等公司都在加紧部署 5G 边缘计算的相关场景化落地工作，特别是要构建 MEC 的通用服务化能力。

MEC 应具备的基础能力：系统安全、能力开放、边缘侧分流、路由策略配置、DNS 域名服务、UE Identity 服务、带宽管理服务、视频识别服务、

---

① 彭新玉：《基于软件定义的可虚拟化未来网络关键技术研究及产业化》，《电子世界》2020 年第 9 期。

低时延视频服务、IOT 设备管理服务、LBS 位置服务、RNIS 无线网络服务、TCPO 优化服务、视频优化服务、资源开放能力、应用生命周期管理、对外运维接口能力。①

如图 3 所示，在 5G MEC 架构图中，涉及核心网 5GC 的网络开发功能（NEF）、PCF、SMF、UPF 等网元或功能，MEC 应用编排（MEAO）主要是针对各种不同的应用网元，可通过网络能力开放功能和策略控制功能进行交互。通过不同的分流规则 UL-CL 或者 IPv6 多归属等方案实现边缘 UPF 的灵活选择，以实现特定数据业务的分流；连续性管理、计费、监听等按照核心网 5GC 的要求进行管理；MEC 是一个 AF 与 5GC 网元（NEF 或 PCF）进行接口，进行交互路由与策略控制信息的平台；5G MEC 的部署编排应与 5G 网络管理和编排（MANO）统一考虑；部署编排、能力开放等功能还在进一步完善发展中。显然目前市场上各种行业应用在部署 MEC 时还远远没有达到我们在此文中要求的能力，因此 MEC 的能力开发还有很长的路要走。

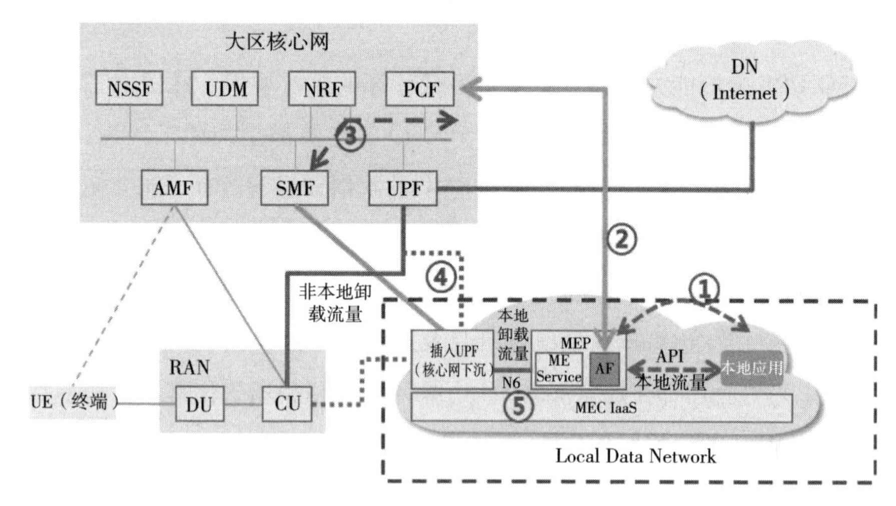

图 3　边缘计算架构

① 黄倩：《5G 共享边缘云技术研究》，GB/T B04-2021，中华人民共和国工业和信息化部，2021。

五　5G专网的实践与应用

（一）5G共享专网助力跨区域医疗资源协同

5G+智慧医疗领域实践应用。在安徽省卫健委指导下，中国科学技术大学附属第一医院部署建设“安徽省5G+多融合远程诊断与会诊转诊平台”，应用5G、VR/XR、人工智能、移动互联网等最新信息技术，构建基于5G+AI的区域智慧远程医疗服务体系，实现5G与现有网络融合下的多场景智慧医疗应用，融合、拓展现有各类远程医学服务，丰富区域医疗协同手段，通过远程影像、远程心电、远程病理、远程超声、远程检验/检查、穿戴设备等实现医学数据的采集和共享，实现各级医疗机构间的远程诊断、远程会诊（MDT）、远程协作、双向转诊、远程查房、远程教育培训等医学服务，全面提高基层群众的医疗健康保障能力。

该项目采用5G混合专网模式和5G共享专网模式，在中科大附属第一医院本部采用5G混合专网，核心机房部署两套相同规格的UPF节点并组pool进行业务承载，UPF节点与5G核心网SMF网元采用full mesh组网，并分别与客户内网打通，两套UPF互为容灾，移动终端通过ULCL分流方式进行内外网数据分流。医联体医院间采用5G共享专网在进行远程医学诊断时，通过在无线侧进行QoS保障、上行增强等技术保障数据安全可靠传输（见图4）。

（二）5G独享专网助力制造业高质量发展

5G+工业互联网领域实践应用。中兴通讯南京滨江5G工厂基于“1+2+5+X”，如图5所示，从网、云、业务中台与应用四个层面构建面向互联网+协同制造的“5G+全连接”数字化工厂。

本项目采用5G独享专网模式，面向滨江开发区制造产业群建设2B专用核心网（5GC），并在电信运营商机房实现5GC容灾互备。5G承载与5G

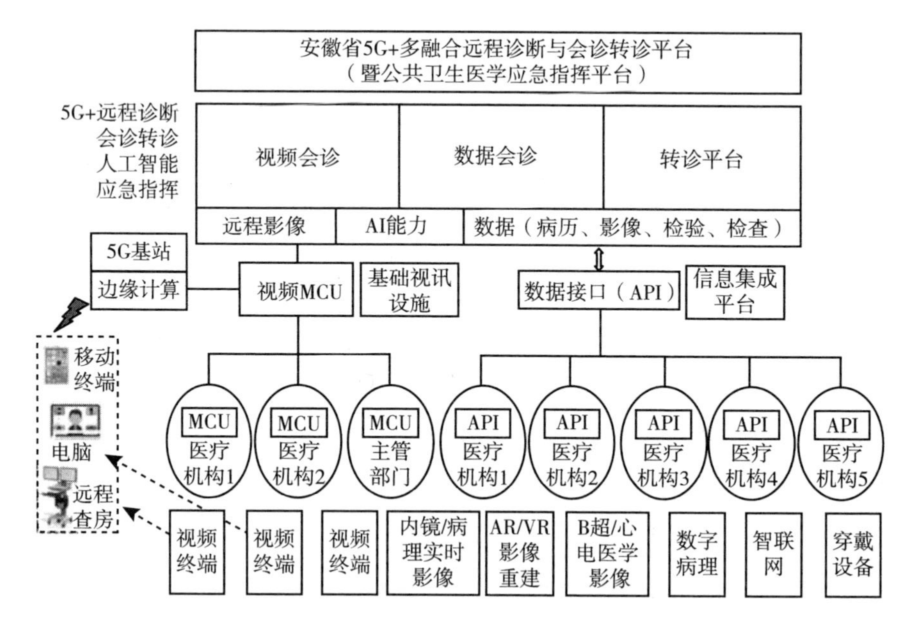

图 4　中科大附一院 5G 远程会诊转诊平台

基站（NR）实现 2B 和 2C 设备共享，通过切片实现 2C 业务和 2B 业务的隔离，并针对 2B 业务的 SLA 需求，定义不同的 5QI 模板或采用 PRB 资源预留，给予不同等级的质量保证，从而实现产业园区不同场景应用的网络质量保障。

1 张 5G+MEC 的虚拟企业专网：面向滨江开发区制造产业群建设 2B 专用 5GC，实现从无线侧到核心网侧的 5G 网络独享，通过网络切片实现 2C 业务和 2B 业务的隔离，针对工业的不同应用场景网络质量要求，定制化搭建网络专属通道。

2 大核心云平台：iMES 智能制造云平台和工业物联网云平台。iMES 智能制造云平台支撑多工厂运营、生产任务统一调度、生产资源统一分配，运营仪表盘，实现制造运营智能化。工业物联网云平台实现装备智能互联、数据实时采集处理及工况协议自动解析，达到数据高效共享，消除信息孤岛的目标，形成数据底座。

5 大业务中台：机器视觉组件，支持工业场景下多种算法检测任务；视

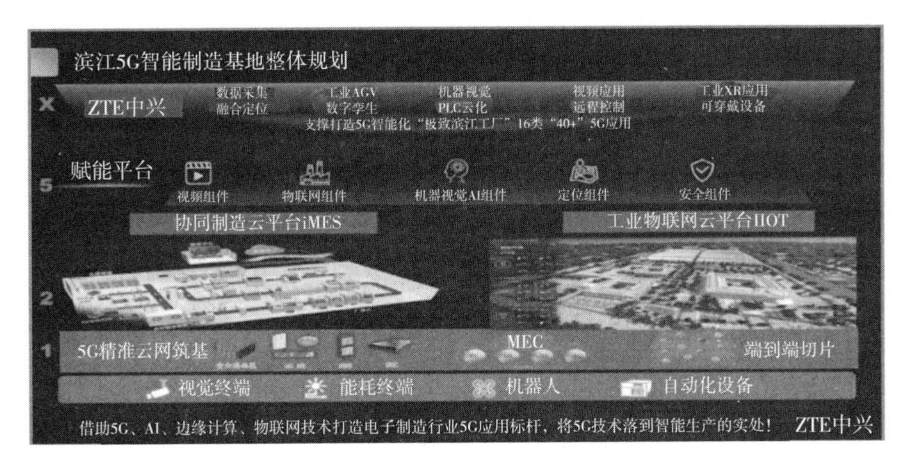

图 5　中兴通讯南京滨江 5G 工厂

资料来源：中国电信与中兴通讯合作的 5G 应用案例图。

频组件，实现音视频端到端平均时延小于 200ms，体验优于互联网厂商；IoT 组件，支持连接各种工业网关，支持消息队列遥测传输（MQTT）、串行通信（ModBus）等协议的直接接入，以通用的 RJ45、USB 等方式进行数据互通；定位组件，支持多种融合定位技术如蓝牙 5.0、蓝牙 5.1、超带宽（UWB）、5G NR 等定位；安全组件，建立统一的 5G+工业互联网安全防御体系，包括 5G 切片隔离、MEC 云原生、端到端数据安全、终端接入安全等。

X 种工业可复制业务场景：基于 5G 云化 AGV 的厂区智能物流、基于 5G+MEC 的机器视觉多类应用、基于 5G 云化可编程控制器（PLC）控制的柔性生产制造、基于 5G+融合定位类的资产人员管理调度、基于 5G+超高清视频的远程设备操作、现场辅助装配、无人智能巡检等。

六　5G 专网建设发展和展望

5G 专网的场景一般分为园区专网、广域覆盖专网及特定区域专网等；不同场景的网络差别较大，但是基本都包含五大类网元：终端、无线基站、

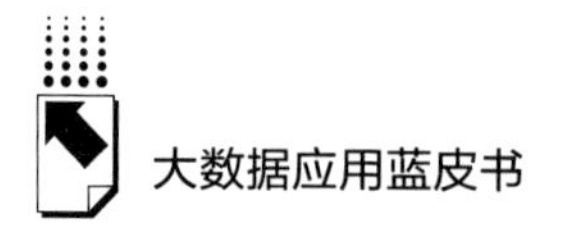

回传网、核心网和边缘计算。未来5G专网的主要网元都会走向虚拟化，因为网络的智能化是大势所趋，基站控制面做池化，回传网进行软件定义网络（SDN）化，核心网和边缘计算完全做到云化和微服务化。

5G核心网的控制面和用户面在设计中是完全解耦的，但在现网中，异厂家的用户面UPF与控制面SMF未能实现真正意义上的互联互通。三大运营商正在研发自己的UPF，预计在未来5G专网中会慢慢启用自研的UPF，因此需要设备商开放N4接口。在5G专网中，MEC对边缘业务的处理会非常多，而且各种业务的接口种类繁多，因此在MEC侧会定义统一的对外接口，以方便第三方应用的接入，推动更多的业务上线。

未来五年，5G专网在工业通信连接中将发挥关键作用，预计无线连接占比将从目前的仅10%提升到70%以上。在移动场景下，通常是效率优先，全天候不间断作业将向无人化、自动化和高效化方向发展。5G专网和人工智能的结合，5G专网提供智能化的传输通道，人工智能提供感知和认知的能力，那么5G专网在港口物流、交通、能源矿山等对移动性要求高的场景下将会产生巨大的社会价值。

B.5
产品生命周期管理驱动行业企业数字化转型

范 寅 石建军 韩俊峰*

摘 要： 产品生命周期管理逐渐成为企业数字转型的核心。以PDM为功能基础，以BOM为数字基础，PLM构建了企业内部的协作关系，以产品视角维系了行业企业的供求链生态关系，PLM作为数字线程的依赖支柱，将不同数据孪生体连接起来，实现了企业产品创新链、价值链、资产链的数据链条贯通。PLM行业的重要性日益被企业认知，行业市场持续增长，在此环境下，中国PLM行业同时面临机遇和挑战，行业企业也需稳步提高应用水平。随着国家对制造业的全力推动，中国的PLM行业将迎来蓬勃发展。

关键词： 产品生命周期管理 企业数字化转型 数字孪生 数字线程

一 背景

产品生命周期管理（Product Lifecycle Management）逐渐成为企业数字转型的核心，这不仅仅是因为PLM系统发端于EDM/PDM等数字化工具，将数字化进程贯彻于产品的构想、设计、制造、支持、回收的生命周期过程；

---

* 范寅，曾就职于思科、联发科、腾讯等企业，长期从事计算机系统软件、算法研发工作；石建军，就职于上海思普信息技术有限公司，作为核心人员参与中国PLM行业规范的编制工作，具有22年PLM领域工作经验；韩俊峰，现任安徽晟飞信息科技有限公司总经理，曾就职美的、讯飞等企业，长期从事制造企业数字化建设服务工作。

也不仅仅是 PLM 系统跨接企业研发、工程、制造、市场、销售、设备、质检等诸多部门，为包括 ERP、MES、QMS、SCM、CRM、MRP/MRPII 等系统提供数据支持；也不仅是因为产品生命周期管理促进了企业在复杂环境下的行业交叉整合、降低了成本、维系了企业经营的可持续性；更是因为产品生命周期管理是在上述过程中，采用了数字化手段，围绕产品将不同行业的企业整合在一起，维系了稳定持续的供求聚合关系，打造了以产品为核心的企业生存环境，向数字转型持续推进，并最终取得竞争优势的管理手段。（见图 1）

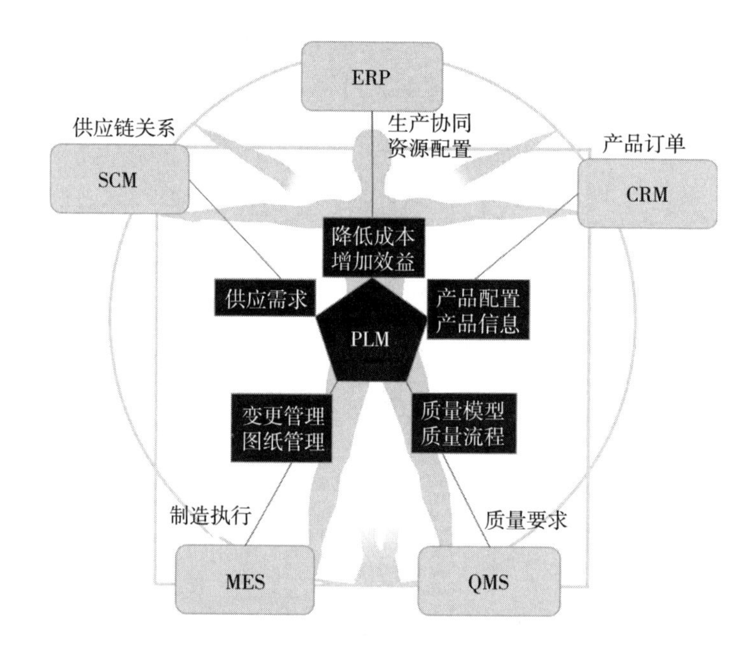

图 1　PLM 逐渐成为制造企业的核心

资料来源：作者整理绘制。

产品生命周期管理已然成为一个单独的学术领域，汇集了大量相关研究。[①] 围绕产品生命周期管理展开的研究持续热烈，国际信息处理联合会

① Louis Rivest，Christian Braesch，Felix Nyffenegger，Christophe Danjou，Nicolas Maranzana，et al.，“Identifying PLM Themes and Clusters from A Decade of Research Literature”，*International Journal of Product Lifecycle Management*，2019，12 卷第 2 期，第 81 页到 106 页。论文编号：10. 1504/ijplm. 2019. 107005ff. ff. hal-02937701。

（IFIP）已经连续围绕产品生命周期管理召开了19届国际学术会议，研究跟踪相关领域的最新成果。与产品生命周期管理相关的术语密集，部分内容如表1所示，以供参考。

表1　PLM相关术语

缩写	术语(英语)	术语
ALM	Application Lifecycle Management	应用生命周期管理
ALM	Asset Lifecycle Management	资产生命周期管理
BOM	Bill Of Material	物料清单
BIM	Building Information Modeling	建筑信息模型
CAx		计算机辅助设计软件
CPC	Collaborative Product Commerce	协同产品商务
CRM	Customer Relationship Management	客户关系管理系统
DMS	Dealer Management System	(汽车行业)经销商管理系统
EDM/PDM	Engineering Document (Drawing) Management/Product Data Management	工程文档(图纸)管理/产品数据管理
ERP	Enterprise Resource Planning	企业资源管理
MBE	Model-Based Enterprise	基于模型的企业
MES	Manufacturing Execution System	制造执行系统
MRO	Maintenance, Repair & Operations	维护、维修与运营
MRP	Material Requirement Planning	物资需求计划
MRPII	Manufacturing Resource Planning	制造资源计划
PKM	Product Knowledge Management	产品知识管理
PLM	Product Lifecycle Management	产品生命周期管理
PIM	Products Information Management	产品信息管理
QMS	Quality Management System	质量管理体系
SCM	Supply Chain Management	供应链管理
SPM	Sales Performance Management / Sales Process Management	销售绩效管理系统/销售过程管理系统
TDM	Test Data Management	试验数据管理
MBE	Model Based Enterprise	基于模型的数字化企业
MDM	MasterData Management	主数据管理

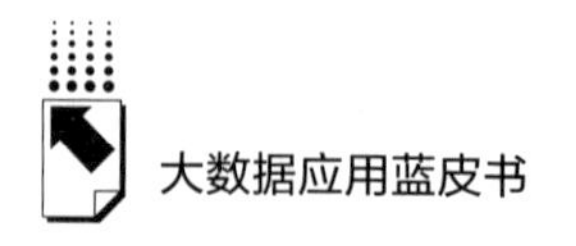

二　产品生命周期管理的发展

产品生命周期管理经过了长时间的变迁与发展。1931 年，奥托·克莱普纳（Otto Kleppner）最早提出的产品生命周期概念，即产品经历开拓、竞争、保持三个阶段；1957 年，康纳德·琼斯（Conrad Jones）提出产品生命周期的引入、成长、成熟、饱和、衰退五个阶段；1966 年，雷蒙德·弗农（Raymond Vernon）出版文献《产品周期中的国际投资与国际贸易》，支持了这种理论；1970 年，美国军方发布了《关于政府承包商应如何使用配置管理的标准》，成为产品生命周期管理的一个关键驱动因素；1985 年以后，人类对于产品生命周期的认识逐渐统一，将产品生命周期大致分为引入、成长、成熟和衰退阶段；同年，美国汽车公司首先采用了 PLM 系统用于支持其汽车产品大切诺基的产品开发。

PLM 系统最初发源于 PDM，20 世纪 80 年代，随着 CAD、CAM 的大规模应用，制造企业的数据急剧增长，数据存在着大量格式无法兼容、存储方式不统一的问题，给企业、部门之间的数据有效传递带来极大障碍，PDM 应运而生，对设计数据的规范、版本进行统一管理。与 PDM 相对应，制造企业逐渐需要借助于 EDM，围绕着企业产品数据，开展设计流程规范的协同工作。直至 90 年代，随着产品工程化思想的逐渐成熟，企业提出了虚拟产品的管理需求，对产品研发知识复用的要求更为迫切，PDM 也增加了包括“审核”“变更”等工作流程机制，这时期涌现了类似 cPDM、VPDM、PKM 等各类产品。20 世纪末，随着互联网技术的兴起，企业希望围绕产品研发，将客户与产品设计、工程、原料采购、制造、销售、服务紧密地联系在一起，因而提出了 CPC 系统软件。直至 21 世纪初，随着产品设计技术的积累、经验的沉淀与管理思想的凝练，产品生命周期的思想与方法逐渐成熟。作为制造行业的新典范[①]，PLM 系统成为

① Stark John, *Product Lifecycle Management: 21st Century Paradigm for Product Realisation*, Springer, 2011.

“以产品为中心、产品信息为核心内容、产品数据流通为核心业务”的企业信息化系统。至今，产品生命周期管理仍在持续演进，新的场景、新的技术手段、新的管理方法不断被引入进来，边界和内容正发生着深刻变化。同时，EDM、PDM、PKM、CPC 等系统也没有退出历史舞台，仍然服务于中小型制造企业，为其提供信息化支撑。

三 PLM 系统

路易斯·肯尼布雷（Lewis Kennebrew）[①] 展示出 PLM 贯通产品研发的全过程（如图 2 所示），揭示了 PLM 系统的目的在于：基于数字化手段为企业打通从市场到设计再到产品，直至返回市场的产品研发过程的种种障碍。不同企业采纳 PLM 系统的目标和初衷相似，可是受制于企业所处行业、环境、规模、供应链、制造及信息化水平等诸多因素，实际投入运行的 PLM 系统是没有完全相同的。

第一，PLM 系统具有行业针对性。提供 PLM 系统的厂商们把企业客户划分为包括航空航天、装备制造、建筑、医药化工、机电、服装、零售等在内的不同行业，并且把企业按规模大小、上下游位置做了再次细分，产品各有侧重，从而构成了不同的利基市场。

第二，从事 PLM 系统的企业发展历程也不尽相同，其经验技术积累沉淀有所差异。很多国际厂商，包括达索、宾利、西门子，都是从 CAD 发展起来的，其设计技术集成能力优势明显；而国内厂商大都从 PDM 发展起来，例如思普软件、天喻软件、清软英泰、开目等，对于中国企业研发流程具有深刻认识，产品切合中国制造业现状；而部分涉及 ERP 等企业信息化的厂商，例如甲骨文、金蝶、用友等，也通过并购手段实现了其 PLM 系统产品，其产品侧重于建立企业内部、外部资源协调的协作关系。

---

① Kennebrew Lewis, “PLM Current Trends and-Best Practices”, ArcheyGrey, https://archergrey.com/wp-content/uploads/2018/09/PLM-Current-Trends-and-Best-Practices.pdf. 2018.

第三，即使采用了同样的 PLM 系统软件，不同企业的实施也会对 PLM 系统产生最终影响。这是因为企业的产品管理思想、产品设计、工艺流程、技术手段、信息化水平都严重制约了 PLM 系统的实施。在实施过程中，必然要重新梳理协作流程，对数据整理归集，对信息系统进行集成，通过二次开发进行定制，从而最终影响 PLM 系统的最终形态。对于行业企业来说，PLM 系统的选型是一个关键，而 PLM 系统的部署实施则更为重要和关键。

围绕着 PLM 系统众多的业务形态，形成了包括咨询、培训、销售代理、软件配套、系统集成、实施等更为细分的行业，构成了 PLM 系统上下游生态关系。可以预见，随着工业互联网的深入与推进，工业解析技术、工业数据集成等技术的应用，未来也有可能成为 PLM 系统支撑的数据即服务（DaaS）、后端即服务（BaaS）等工业互联网新型业务。

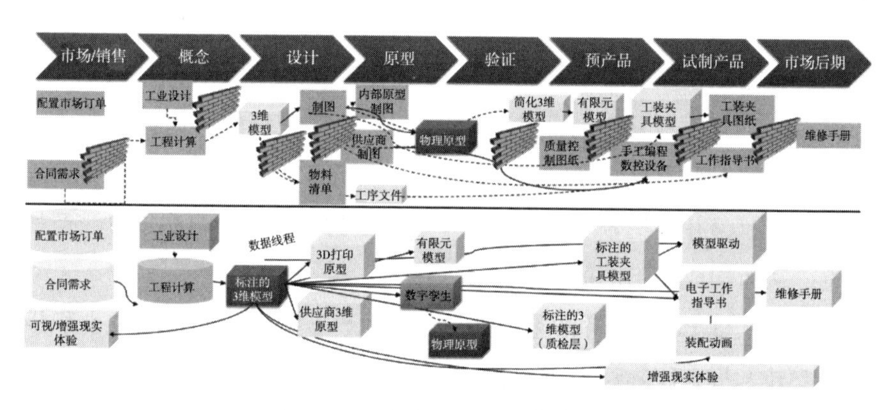

图 2　PLM 贯通产品研发的全过程

（一）PDM 是 PLM 的功能核心

时至今日，PDM/EDM 仍然是 PLM 系统的核心功能。围绕 PDM 衍生的产品很多，例如：TDM、PKM、PIM、MDM 等，从本质上说，这些系统都是对产品数据的管理和应用。PDM 受行业影响很大，例如在制造企业，PDM 主要涉及零件、部件相关数据管理；在化工医药企业，则主要实现配方以及配方批次管理；在零售、服饰等相关领域，则侧重于包括纤维、面料、染色、成衣制作等相关供应链在内的业务协调。PDM 包括以下基本技术组件。

一是信息仓库。它用于实现企业及其延伸企业所有分布数据的集中化管理，并保证所有信息可索引、可追溯，是所有产品信息的唯一来源。由于产品数据包括文档、图片、模型等，其数据用途广泛，这要求技术厂商采用元数据提供数据定义和描述手段，采用大数据技术实现异构数据的高速关联、检索。

二是信息仓库管理系统。在保证数据完整性和安全性的前提下，提供产品数据的分发功能和访问控制。PDM 系统要求信息仓库系统能够工作于多个公司、多部门、多计算环境中，具备跨公司的数据追溯能力和数据访问控制能力。技术厂商往往采用云计算相关技术，独立提供或者以集成第三方数据安全（加密）产品的方式提供数据保护。它是产品以及工作流结构定义模块，用于定义产品结构和工作流程，并将其组合形成工艺流程。根据不同行业，包括了成分说明、服饰面料、装配图、零部件图纸、数控程序、用户手册等。产品结构和工作流程紧密联系，贯穿产品生命线始终。由于企业诸多因素导致 PDM 具有强烈的定制化特征，一些企业纷纷采用无代码/低代码技术支持系统敏捷交付。例如思普软件采用模型驱动架构解决产品标准化与企业需求定制化的矛盾，形成了实施公司与研发公司的协作关系，具备了高质量、低成本、快速交付的能力。

四是流程控制。一旦流程和产品结构被确定，就需要通过机制建立产品活动的协调通信。目前厂商多采用基于事件驱动的消息机制，完成设计变更请求与变更响应。而对于着眼于打通生产上下游供应链的行业企业来说，其消息系统的集成能力、消息的派发与响应机制尤为重要。

五是可视化交互。PDM 最复杂的功能莫过于其交互系统。产品在设计、制造、测试过程中，人们需要通过图形化手段直观地对产品零部件进行对比，查看作业指导书，理解工艺步骤，对比测试。目前的 PDM 产品按其行业不同，大多提供了包括 CATIA、UG、Creo、SolidWorks、Solid Edge、Adobe

Illustrator 等用于制造、服装行业设计的软件集成，如图 3、图 4、图 5 所示，基于图形化的 PDM 交互系统，能够让工作人员高效的复用设计、设计审核，并为生产人员提供直观的作业指导。

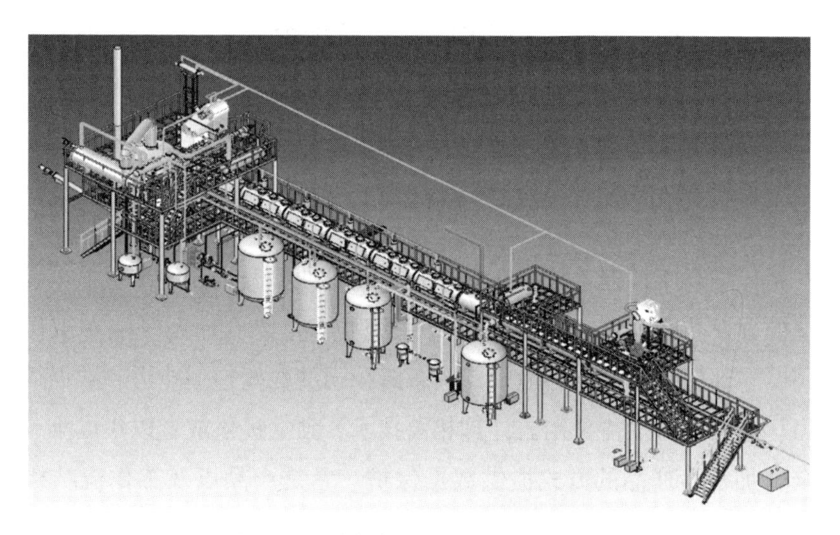

图 3 通过集成 CAD 实现设计复用

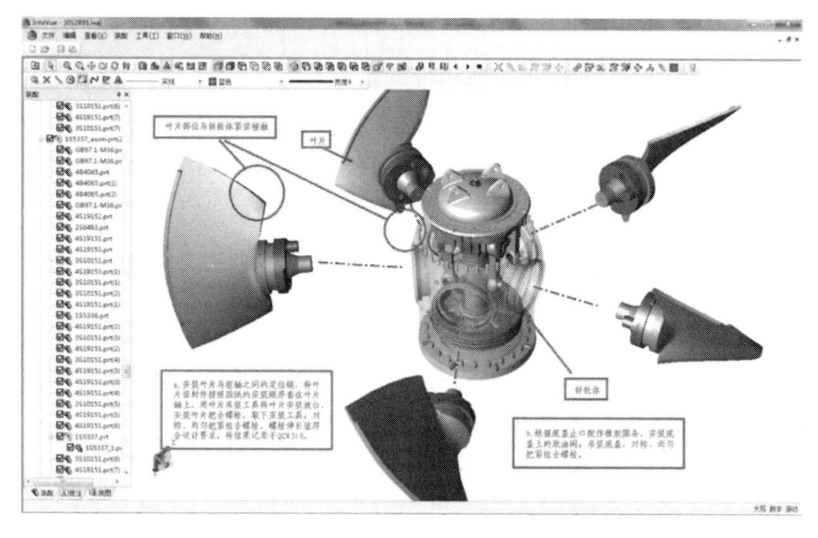

图 4 基于可视化技术实现零部件标注

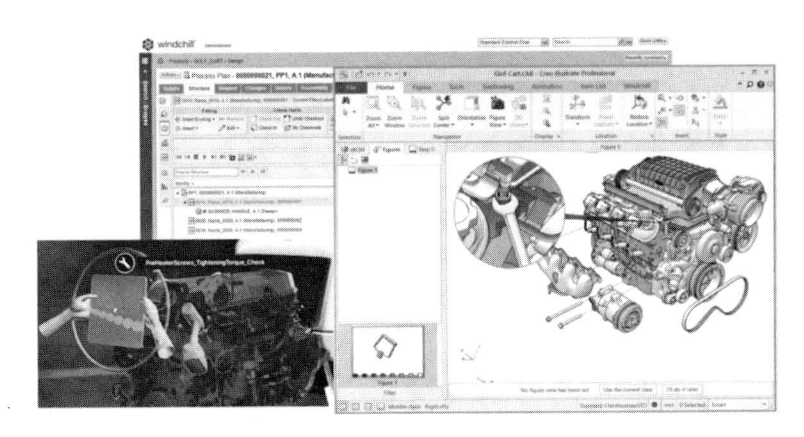

图 5　基于三维可视的作业指导

在 PDM 系统基础上，完善的 PLM 系统还需要实现项目管理功能，与 MES、ERP、SCM、CRM 等系统集成，实现配方变更、设计变更、生产变更的协作关系，从而搭建出完善的行业企业数字化解决方案。

（二）BOM 是 PLM 的数字核心

BOM 的管理是企业数字转型的关键。BOM 将产品结构、涉及的物料以数字化呈现，用于确定产品订单规格、设计、工艺编排、指导生产、引导采购、质量保证、整体/零部件销售、维护服务、成本控制等不同目的。根据使用目的不同，也大致分为设计 BOM（EBOM）、工艺 BOM（PBOM）、制造 BOM（MBOM）、销售/服务 BOM（SBOM）等，并且随产品信息管理的细致程度分为需求 BOM、装配 BOM、包装 BOM、运营 BOM 等。早期的 BOM 是离散在 MRP/MRP II、ERP、MES、SCM 等系统之中的，随着以产品为中心的企业管理思想逐渐深入，企业对 BOM 全面贯通的需求愈发强烈。而原有的 BOM 管理功能也逐渐从 ERP 系统下沉，归并到 PLM 系统中去，以概念 BOM（需求 BOM）为源头，对 BOM 不断衍生并分发到不同的系统中，最终形成了企业的 BOM“数字河流”。图 6 展示了产品生命周期管理过程中的 BOM 活动。

BOM 管理也是 PLM 系统提供的核心功能之一。典型的 PLM 系统需要具

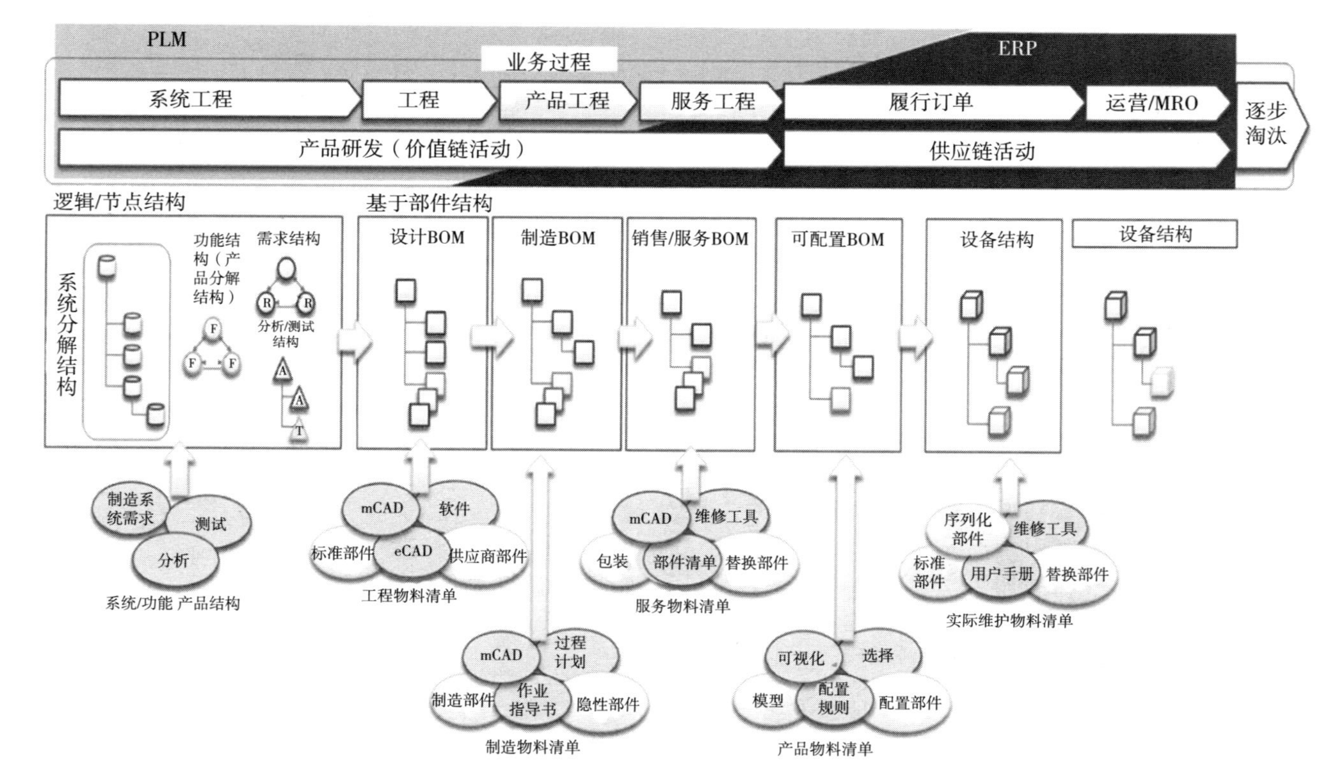

图 6 制造企业中的 BOM 演化

备在计算机辅助工具中从产品设计、产品配方等环节提取 EBOM 的功能；需要提供 BOM 编辑工具，具备其他功能 BOM 的演化能力；实现与包括 ERP、MES、SCM、DMS 等多种系统完成 BOM 数据对接；具有标准化手段，能够演绎出设计/配方的标准零件/组件库，能够基于唯一编码构建产品数据系统，并提供物料检索能力；提供版本控制以及比较工具，具有直观分析对比反映生产、设计变化的能力；具备不同 BOM 组合能力，具有可通过参数控制和公式演变可生成产品 BOM（超级 BOM）的能力。随着云计算、物联网技术的普及，一些 PLM 系统具备跨企业零件或者物料的追溯能力，随着 PLM 系统的不断延展，更多的 ERP 的 BOM 管理功能将逐渐迁移至 PLM 系统中。

在不同的管理思想和企业环境的影响下，企业对于 BOM 的业务流程各不相同。如图 7、图 8 所示，同样是采用天喻软件 InteBOM 的汽车制造企

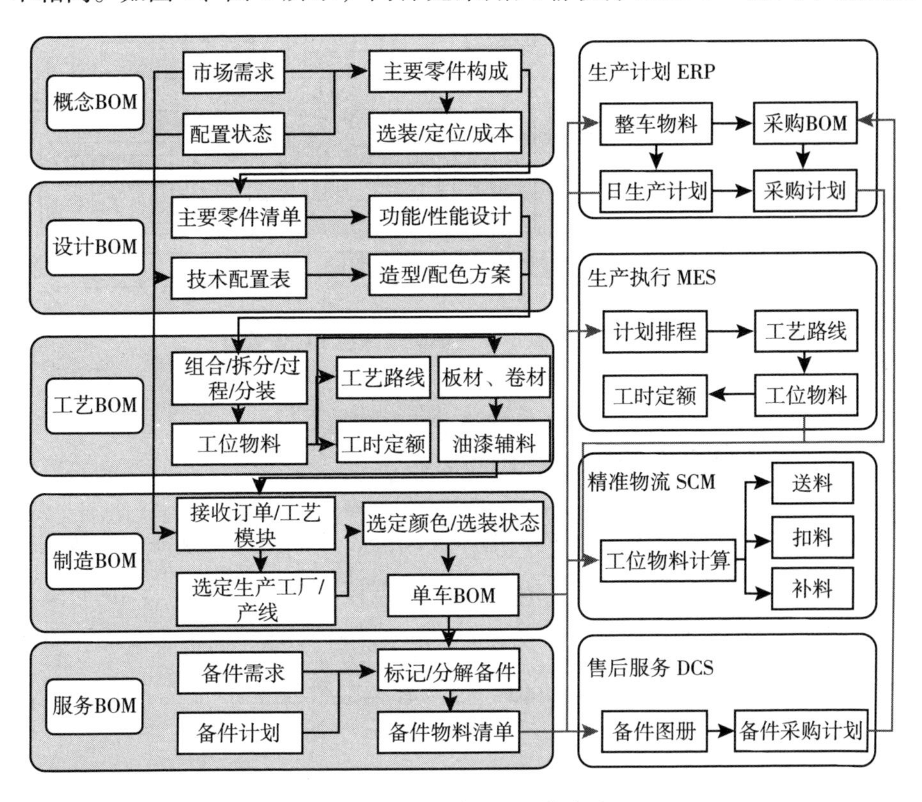

图 7　东风柳汽 BOM 数字流

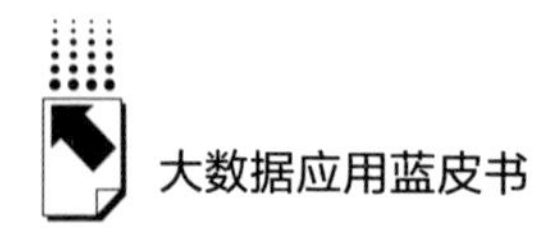

业，东风柳汽①基于 BOM 实现了产品研发与 ERP、MES、SCM、DCS 系统贯通，江淮汽车基于统一零件编码规范的 BOM 管理完成了设计变更与生产变更的业务流程集成，其业务特征呈现了显著差异。

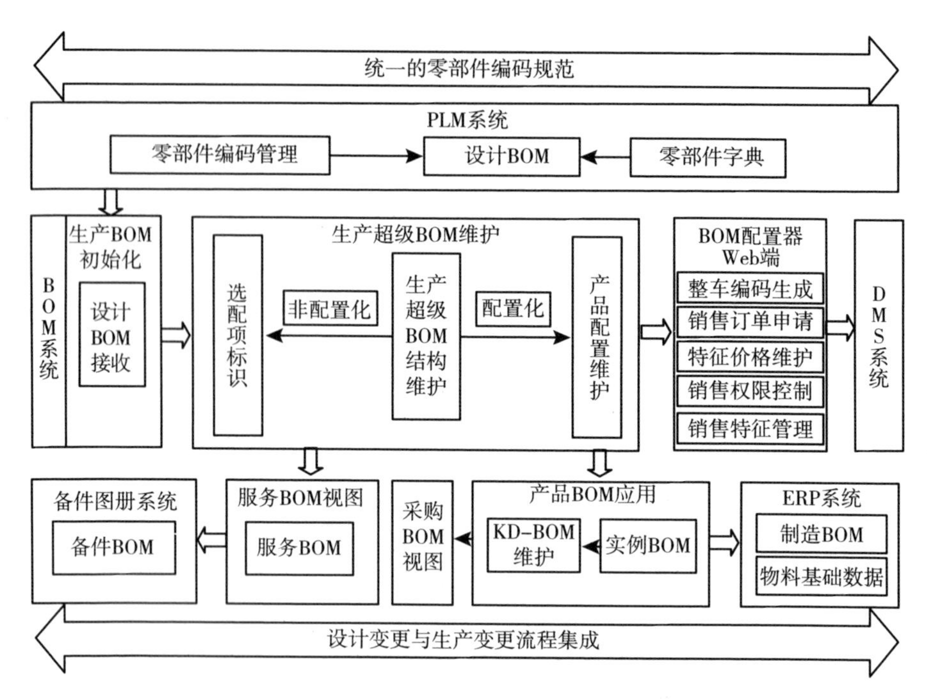

图 8　江淮汽车基于统一编码规范的 BOM 管理

（三）PLM 系统的数字孪生视角

随着不同行业的企业数据能力的不断增强，产品生命周期海量的数据被汇集起来，然而数据孤岛、数据碎片化、数据停滞却无法消弭。不同行业的企业期望通过数字孪生（Digital Twins）技术无缝地将数据整合起来，直观地展现数据意义，挖掘更多的价值。围绕着不同行业企业的数字孪生建设，

① 《PLM 系统助力东风柳汽实现产品协同设计》，e-works 数字化企业网，https：//articles. e-works. net. cn/pdm/article143160. htm，2019 年 2 月 20 日。

大量学者做出了相关研究，众多的供应商给出了解决方案。实施 PLM 的企业和 PLM 系统厂商则着眼于数据孪生的连接，以数字线程（数字主线，Digital Thread）实现了数字孪生的贯通。

迈克尔·格里夫斯（Michael Grieves）[①] 将数字孪生定义为可以作为设计、制造、维护的产品、服务、流程的虚拟表示。其支柱在于：第一，真实空间中的物理产品；第二，虚拟空间中的虚拟产品；第三，结合数据和信息，将虚拟和真实产品连接在一起。

塔塔公司[②]认为以上数字孪生的实施是通过 PLM 系统实现的，PLM 系统提供了统一的数据库，将虚拟产品与物理产品链接在一起。数字线程创建和使用物料系统的数字表示，跨接企业产品创新链条、价值链条、资产链条的各个领域，能够对系统当前和未来的能力进行动态展示、评估、提供决策信息（见图 9），将各种数字孪生体连接起来，为各端提供反馈优化的机会，实现数字线程的数据对齐、可追溯以及优化。数字线程有四个关键组成部分：一是在不同行业的企业全价值链中吸收 MBE 的实践经验；二是推进前向连接并建立反馈，形成闭环；三是部署智能创新平台；四是分析获得带有背景的业务洞察等活动为企业获得竞争能力。

数字线程的实施并非朝夕之功，需要不同行业的企业深厚积累具备一定水平的 PLM 成熟度，需要在包括数据管理、BOM 等配置管理、产品规划、供应链管理、产品可追溯、企业变更、安全协作等诸多方面做好充足准备。

（四）PLM 成熟度是企业产品生命周期管理实施的重要工具

对于 PLM 系统的实施，评估企业生命周期管理现状是极其重要的。作为参

---

① M. Grieves，“Digital Twin：Manufacturing Excellence Through Virtual Factory Replication”，Executive Summary（3ds. com），2014.

② “Digital Thread：From Digital Twins to Predictive Twins and Process Intelligence”，塔塔科技，https：//www. tatatechnologies. com/us/72351-digital-thread-digital-twins-predictive-twins-process-intelligence/，2018 年 6 月 5 日。

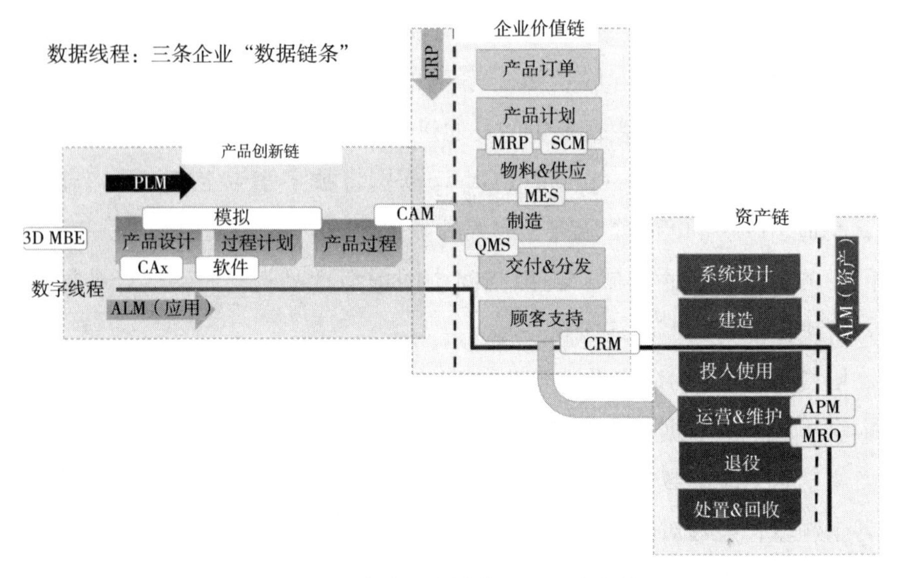

图 9　数字线程连接企业“三条链”

资料来源：塔塔科技。

考模型，大量 PLM 成熟度模型和相关观点被陆续提出。例如：R. Batenburg[①] 提出基于“战略策略、监控、组织过程、人文、信息技术”五维度，“初始阶段、部门阶段、组织阶段、跨组织阶段”的成熟度模型以及实施线路。Saaksvuori 和 Immonen[②] 结合 CMM 和 COBIT 提出了 PLM 成熟度模型。John Stark[③] 提出“传统、PLM 群岛、跨 PLM 边境、全企业范围、全企业范围跨接、深度企业贯彻、PLM 全球化”成熟度等级。针对 PLM 成熟度的研究一直持续，新的评估方法被陆续提出，包括 PLM 在中小企业中应用的研究[④]

① Batenburg R，Helms R，Versendaal J，“PLM roadmap：stepwise PLM implementation based on the concepts of maturity and alignment”，*International Journal of Product Lifecycle Management*，第 4 卷第 1 期，2006，第 333 页到 351 页。

② Saaksvuori A，Immonen A，*Product Lifecycle Management*，Springer，2004。

③ Stark J，*Product Lifecycle Management*，Springer，2001。

④ Bas Koomen，“PLM in SME，What Are We Missing? An Alternative View on PLM Implementation for SME”，15th IFIP International Conference on Product Lifecycle Management（PLM），2018 年 7 月，意大利图灵，第 681 页到 691 页，编号：ff10.1007/978-3-030-01614-2_ 62ff. ffhal-02075627f。

和一些基于性能指标的评估方法[①]。相对于学术的复杂研究方法，一些咨询机构提出了简易的评估模型，用于企业组织快速定位，CGS[②] 和 WhichPLM[③] 均提出 PLM 成熟五阶段模型：

- 第一，初始阶段，采用了 BOM 及技术图纸管理的 PLM 系统以提高劳动效率，节省时间。
- 第二，部门级应用，单独的一个内部部门使用 PLM 系统以降低错误/重复劳动。
- 第三，组织级应用，各部门采用 PLM 系统相互协作以加快新产品市场化速度、提高各部门透明度、培养部门间协作。
- 第四，组织间合作，基于 PLM 系统协作供应链伙伴以获取供应链价值，包括减少的循环时间，更稳固的工作流/关键路径管理，供应链的可视化与可控性。
- 第五，数字化转型（长远图景），集成所有产品生命周期数据，采用包括 3D、电子商务、商业智能、数字打印、区块链、物联网等技术，以获得数字转型带来的竞争优势。

尽管对 PLM 成熟度的研究成果较多，但由于各个行业之间差异较大，还无法产生一个公认的参考标准。参与 PLM 实施的咨询评估公司仍将各自摸索的调研方法和评估手段视为行业竞争的制胜武器和竞争法宝。

四　国内 PLM 发展

（一）中国 PLM 市场具有发展潜力

我国 PLM 行业经过二十年发展，逐渐进入高速增长阶段，但与国际同

① Vezzetti Enrico, Violante M, Marcolin Federica, "A benchmarking framework for product lifecycle management (PLM) maturity models.", 2014。

② "Moving Up the Plm Maturity Curve", CGS, https://www.cgsinc.com/sites/default/files/media/resources/pdf/PLM%20Maturity%20Report_FINAL_0.pdf.

③ Mark Harrop, "Maturity: Level 1 PDM to level 5 PLM", https://www.whichplm.com/maturity-level-1-pdm-to-level-5-plm/.

类行业相比，整体仍有较大差距。据 CIMData[1]2020 年统计，全球 PLM 市场为 533 亿美元，市场增长率为 3.5%，中国市场为 29 亿美元，增长率为 9.4%。中国 PLM 企业面临国外企业竞争优势和国内市场不饱和双重压力。

PLM 行业呈现集中趋势。Apps Run The World[2] 将从事工程相关领域的前 10 位 PLM 厂商做了统计，2020 年，全球市场份额为 209 亿美元，全球前 10 位 PLM 厂商瓜分了其中的 85.9%。如表 2 所示，很多国际 PLM 厂商均在专属行业领域拥有计算机设计、仿真、传感器、工程技术的绝对优势，具备 CAx 集成先天优势，构成强大的技术市场壁垒，国内的 PLM 厂商缺乏相应能力。

表 2　工程领域前 10 位 PLM 厂商

排名	供应厂商	年增长率	PLM 系统产品名称	公司背景
1	Dassault Systemes	7.20%	ENOVIA PLM	达索系统（Dassault Systèmes S.A.）是一家法国软件公司，从事 3D 设计软件、3D 数字化实体模型和 PLM 解决方案，为航空、汽车、机械、电子等各行业提供软件系统服务和技术支持。
2	Autodesk	18.50%	Fusion Lifecycle	Autodesk 是世界领先的设计软件和数字内容创建公司，其产品用于其产品建筑设计、土地资源开发、生产、公用设施、通信、媒体和娱乐。
3	Siemens PLM Software	34.10%	Simcenter™	德国西门子股份公司是全球电子电气工程领域的领先企业，是世界上最大的工业自动化以及楼宇科技领域的产品、系统、解决方案和服务的供应商。

① 《中国 PLM 研究报告（2020～2021）》，CIMdata，https://articles.e-works.net.cn/pdm/article148915.htm，2021 年 7 月 23 日。

② "'Apps Run The World', Top 10 PLM and Engineering Software Vendors, Market Size and Market Forecast 2020-2025"，https://www.appsruntheworld.com/top-10-product-lifecycle-management-engineering-software-vendors-and-market-forecast/，2021 年 12 月。

续表

排名	供应厂商	年增长率	PLM 系统产品名称	公司背景
4	Synopsys	9.60%	SiliconMAX	新思科技股份有限公司(Synopsys Inc.)是一家美国电子设计自动化公司、IC 界面 IP 供应厂商,专注于芯片设计和验证、芯片知识产权和计算机安全。
5	Ansys Inc.	11.00%	Ansys Minerva	ANSYS,Inc.(NASDAQ:ANSS)成立于 1970 年,致力于工程仿真软件和技术的研发。其标志产品 ANSYS 软件是融结构、流体、电场、磁场、声场分析于一体的大型通用有限元分析软件。在全球众多行业中,被工程师和设计师广泛采用。
6	Cadence Design Systems	15.70%	Cadence Allegro	楷登电子(Cadence Design Systems, Inc)是一家专门从事电子设计自动化(EDA)的软件公司,由 SDA Systems 和 ECAD 两家公司于 1988 年兼并而成,是全球最大的电子设计自动化(Electronic Design Automation)、半导体技术解决方案和设计服务供应商。
7	PTC	15.40%	Windchill	PTC 是一家电脑软件及服务公司,创立于 1985 年,总部设立于美国麻州波士顿市郊,于 1988 年率先开发参数固态电脑辅助设计模型软件(CAD),并在 1998 年推出基于互联网的产品生命周期管理(PLM)系统。
8	Hexagon	-2.10%	Hexagon PPM	Hexagon AB 是一家上市的全球信息技术公司,专注于硬件和软件数字现实解决方案,成立于 1992 年,总部位于瑞典斯德哥尔摩。

续表

排名	供应厂商	年增长率	PLM 系统产品名称	公司背景
9	Bentley Systems	14.00%	PlantSight	Bentley Systems 是一家软件开发公司,其开发、制造、许可、销售和支持用于基础结构的设计、构造和运行的计算机软件和服务,总部位于美国宾夕法尼亚州的埃克斯顿,核心业务是满足负责建造和管理全球公路、桥梁、机场、摩天大楼、工业厂房和电厂以及公用事业网络等基础设施领域专业人士的需求,其开发的软件为建筑、工程、施工和运营领域的建筑、工厂以及民用土地市场提供服务。
10	AVEVA Group	-1.70%	AVEVAs Open PLM Platform	英国计算机软件制造商,为造船和海洋工程、石油和天然气、造纸、电力、化工和制药等工业领域提供全生命周期解决方案及服务。

国内企业凭借本土实施优势、价格优势以及对中国制造业业务流程操作细节的谙熟在特定行业领域占据一席之地。例如，如图 10 所示，思普软件 PLM 系统已经覆盖了我国汽车制造的各细分行业。尽管如此，面对 SAP、西门子、达索、PTC 等强力挑战，中国 PLM 企业整体竞争能力仍然较弱。与国际企业相比，中国 PLM 业务领域主要集中在大中型汽车制造、工业设备、航空航天和国防以及高科技工业部门等。对于建筑、零售、服饰等行业领域以及小规模行业企业较少涉足，市场仍存在空白。我国的 PLM 企业国际影响力不足，很少有国际客户，国际 PLM 实施案例较少；国内缺乏类似 CIMData、WhichPLM 这样的独立咨询公司，对企业影响力较弱；缺乏独立自主的 CAD、CAM、EDA 等辅助设计，仿真软件也是中国 PLM 企业的技术短板。这些差距与我国不同行业的企业整体现状有关，随着我国在高端制造、工业互联网领域的整体布局，企业数字化转型的持续推动，在自主核心仿真、设计系统领域的积极发展，国内 PLM 厂商有着较大的发展前景和机遇。2021 年我国国内主要 PLM 厂商以及排名如表 3 所示。

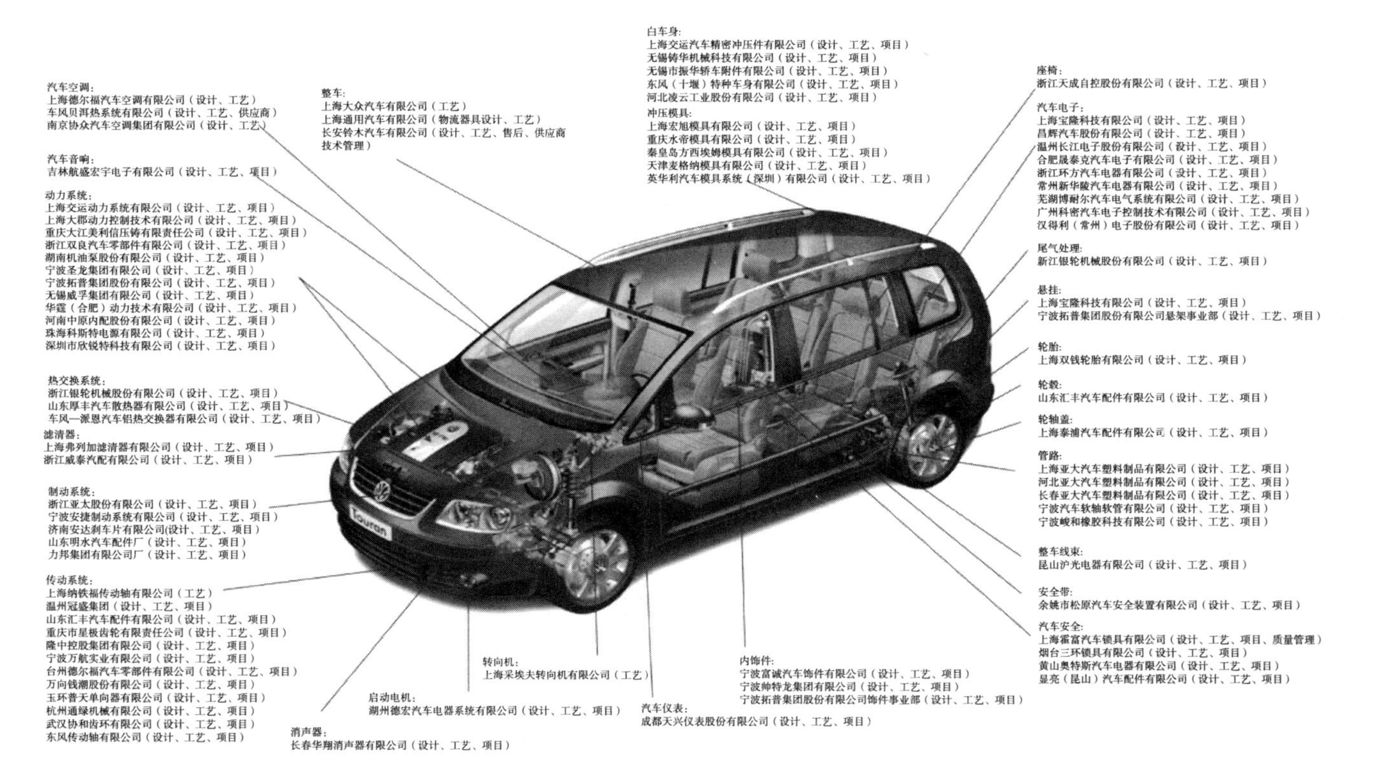

图 10　思普覆盖了中国汽车制造从整车到零部件的各行业

资料来源：思普软件。

表 3 国内 PLM 主要厂商

排名	产品标志	公司名称	PLM 产品名称
1	SIPM 思普软件	思普软件	SIPM/PLM
2	CAXA	CAXA	CAXA PLM
3	天喻软件 TIANYU SOFT	天喻软件	天喻 PLM
4	用友 yonyou	用友	用友 PLM
5	KMSoft	开目	开目 eNORM
6	华天软件 HOTEAM SOFTWARE	华天软件	华天软件 Inforcenter PLM
7	RDM	华成研发	青铜器 RDM 研究管理平台
8	鼎捷软件	鼎捷	鼎捷 PLM
9	Pi PLM	湃睿科技	Pi-PLM
10	Extech	艾克斯特	Extech PLM

（五）中国企业的 PLM 应用水平有待提高

我国 PLM 系统应用水平整体偏弱。我国采用 PLM 系统的企业目前主要用于企业内部提高设计效率、实现设计部门的协作，部分已经实现了 PLM 指导生产、采购、销售和质量管理，完成了企业内部信息系统的整合，但是没有形成以产品为中心的跨接行业上下游，构建延伸性企业（Extended Enterprise）的生态链关系。

我国不同行业的企业正谋求竞争优势，一些企业逐步考虑引进 PLM 系统以促进企业竞争力，却在具体实施过程中仍顾虑重重，实施的结果和预期仍有差距，其中原因众多，列举部分如下。

- 第一，PLM 首先服务于设计、工艺等研发部门，涉及专项技术，因此企业既往的顶层规划、逐层执行的规划方式显得力不从心。
- 第二，我国不同行业的企业分布广泛、水平参差不齐，缺乏具备参考意义的案例；缺乏独立性的咨询评估机构，企业面对众多的供应商挑选对象，难以做出合适的选型抉择。
- 第三，对于产品生命周期管理建设，系统软件的选型采购是一个重点，更为重要的是 PLM 系统的实施，现实中实施过程却是因企业而异，过程质量与绩效难以确定。
- 第四，PLM 系统的首要作用是作为企业持续创新能力的基础设施，其效益无法评估。

综上，考虑到我国不同行业的企业信息化人才短缺等诸多原因，我国中小企业对于 PLM 系统望而却步，转而把精力投入 MES 等其他系统的建设。这种企业信息化建设路径能够降低当期信息系统实施难度，提高企业自动化水平并带来明显效益，随着信息系统复杂程度的增加，将会进一步加剧 PLM 系统实施的困难。

针对上述问题，结合我国一些企业 PLM 系统实施经验，提供以下参考。

- 第一，不同行业企业的 PLM 系统实施应该按照总体规划，多期实施，采用循序渐进方式进行。由于国内大部分企业 PLM 应用还处于初级阶段，没有形成多部门密切相关格局。其组织方式一般采用集团牵头，设计、研发部门主导，IT 部门支撑，生产、销售、采购、质检等其他部门配合的组织方式，围绕公司产品生命周期管理既定长期战略，与 PLM 系统供应商共建实施组织，共同完成当期策划、蓝图设计与实现、验收、保障维护过程，并为下期建设留有充分余地。
- 第二，PLM 系统选型应该契合企业细分行业和上下游关系等特征。例如医药化工企业，在选型时应着重考察 PLM 系统对于多批次配方的研发协同、比对、版本跟踪管理能力。对于具备设计能力的制造企业，其考察重点往往是与 CAx 系统集成能力，企业内、企业间变更协同与追溯能力，设计内容的保密控制能力等。来图加工企业则需要考虑与上游企业的设计资料共享，与 MES 等执行系统的配合能力。零售、鞋类和服装（RFA）以及时尚用品企业[①]大多观察 PLM 系统如何实现供应链与产品艺术设计之间的平衡以及对供应链的控制能力。在选型中，PLM 厂商是否具备本地实施保障能力也是考察的重点。

- 第三，为保证 PLM 系统实施过程顺利，企业需提前做好系统集成准备、数据准备、流程准备。PLM 系统和 ERP、MES 等多个系统存在功能重合，企业需要通过调研、培训、讨论等多种方式明确各信息系统功能定位，确定系统边界并寻找相关系统技术集成商支持。数据准备往往围绕主数据管理过程进行，重点围绕与产品相关的工艺路线、BOM 等动态数据，对数据架构、参考数据及元数据等做好管理准备，并提前准备好数据导入、备份工具。企业跨部门的 PLM 系统实施时，沿企业设计、研发业务主线，书面整理业务流程与协作关系，将其作为 PLM 系统流程定义的依据。
- 第四，尽管有 ISO14000 等标准以及大量评估方法研究[②][③]，然而行业企业间差距较大、缺乏统一的成熟度模型，企业难以开展比较客观准确的效益评估。我国企业往往遵循其既定战略目标，采用企业内部评估、同行参考、行业机构咨询、相关领域专家评审等方式实施前后评估。

五　PLM 行业发展的新机遇

数字转型形势下，PLM 系统在行业领域、功能范围以及应用深度几个

① PLM-Buyers-Guide-2021，WhichPLM，https：//www. whichplm. com/download/80825/.

② 张明静、王清华、莫欣农、张力：《产品全生命周期管理效益评价方法》，《计算机集成制造系统》2011 年 17 卷第 2 期，第 7 页。

③ 陈诗江：《产品全生命周期评估与管理——基于多种理论融合视角》，《企业管理》2020 年第 5 卷第 1 期。

维度上持续扩展，包括云计算、大数据、区块链、物联网、人工智能等新技术被逐渐应用。在建筑行业[①]，制造业与建筑业边界逐渐模糊，BIM 与 PLM 系统的边界正待界定和打通，包括宾利、达索、Autodesk 等供应商正在此方向努力拓展。在零售、时装等行业，企业正寻找设计、供应链、成本控制之间的均衡，CGS、PTC 等致力于提供相关解决方案。包括食品饮料、造船、能源和公用事业、化学品、医疗设备在内的其他行业也逐渐采用 PLM 系统。国内众多中小企业也不止步于 PDM/EDM 的设计文档管理功能，逐渐向 PLM 系统过渡。2021 年，IFIP 发布了名为《产品生命周期管理：绿色和蓝色技术支持智能和可持续组织》的会议论文合集，PLM 运用信息技术在绿色环保、节能降耗领域的研究正持续展开。随着我国包括工业互联网等制造业在内的现代化进程全力启动，一些新的行业方向、技术应用与业务模式开始出现，PLM 行业将迎来蓬勃发展。

① Oleg Shilovitsky，"Why Digital Transformation Brings AEC and PLM Together"，https：//aecmag.com/opinion/why-digital-transformation-brings-aec-and-bim-and-plm-together/，2021 年 3 月 25 日。

案 例 篇

Cases

B.6

“交通超脑”在合肥市的实践应用

谭 昶 徐俊竹 陈康平 唐俊峰*

摘 要： 自2018年中国（合肥）大数据产业发展峰会暨“合肥之夜”数字经济颁奖典礼发布《合肥交通超脑计划》以来，合肥市持续推进“交通超脑”建设，在推进跨部门资源整合应用、提高交通治理精细化水平、完善交通服务精准性等方面再上新台阶。“交通超脑”结合交通业务特点构建了大数据平台，包含十二个子平台，搭建了面向交通实战业务的数据算法体系，深度挖掘数据的潜在价值。从合肥市实践来看，“交通超脑”在实践运用中成果显著，为合肥市交通领域发展带来了全新面貌。本文以合肥市综合交通管理为例，介绍“交通超脑”大数据平台和数据算法体系的构建及其实践应用。

* 谭昶，中国科学技术大学计算机专业博士，系统架构师（高级），科大讯飞股份有限公司智慧城市事业群副总裁兼大数据研究院院长，负责智慧城市、计算广告和个性化推荐等方向的大数据核心技术研发及推广应用，担任中国计算机学会大数据专家委员会常委、《大数据》学术期刊编委会委员；徐俊竹，飞友科技有限公司总裁办公室高级专员；陈康平，科大讯飞股份有限公司高级软件开发工程师；唐俊峰，科大讯飞股份有限公司大数据工程师。

关键词： 交通超脑　大数据平台　数据算法体系

一　合肥市交通大数据应用概述

依托合肥"城市大脑"，合肥"交通超脑"构建"五个一"智慧交通管理应用体系，实现交通感知"一屏显"、信号优化"一灯行"、事件监测"一点通"、情指勤督"一键呼"、交通业务"一指办"，在交通拥堵缓解、交通违法治理、交通便民服务等方面取得显著成效。在公交方面，构建幸福公交、平安公交、智慧公交、绿色公交保障体系，打造"新营运、新技术、新服务、新管理"的新公交服务体系。在机场交通方面，合肥市新桥机场依赖智慧孪生技术打造平安机场、"一干两支"航空网络，"软硬兼施"服务乘客，"绿色机场"打响蓝天保卫战成果显著。在城泊方面，以"科技、创新、智慧、品质"为目标，盘活停车资源，提高利用率，打造一体化城泊体系。

合肥市经济的蓬勃发展带动了内需的增长，但人民日益增长的交通需求与日趋落后的交通结构形成矛盾。例如，《合肥统计年鉴》中指出2013~2019年合肥市城镇人口总数复合增长率为9.05%，机动车保有量复合增长率为19.01%，但交通供给方面，2013~2019年公路里程复合增长率只有1.95%，道路车辆密度在不断提高，交通压力不断增加。

二　"交通超脑"大数据平台建设

"交通超脑"大数据平台围绕着数据资源"汇聚、存储、管理、治理、开发、共享、可视化"主线，"交通超脑"大数据平台包含了存储、计算、调度等十二个子平台，具有六大显著特性，以消除数据孤岛、规范数据标准、提高数据质量、推动数据流通、挖掘数据价值为目标。

（一）“交通超脑”大数据平台的十二个子平台

1. 大数据存储与计算平台

基于 Hadoop 框架的私有化平台，提供高可靠、安全、容错、易用的集群管理能力，对一系列组件进行封装和增强的标准化性能指标。处理海量数据存储、计算和查询，支撑离线计算、实时计算、实时检索、机器学习和可视化分析。

2. 大数据调度平台

能够实现融合平台任务、大数据任务和本地任务等多类型任务的调度，实现任务和作业的可视化编排、调度、监控和告警的一站式管理平台。

3. 数据集成平台

由集成来源、集成目的、任务管理、监控分析和系统管理五个部分组成，构建高效、易用、可扩展的数据传输通道。

4. 数据治理平台

此平台要能发现问题数据、清洗转换数据，达到规范数据的生成、持续改进数据质量、最大化数据价值的目标。数据治理平台包括数据规整、数据质量、脚本管理、数据建模四部分。

5. 实时计算平台

实时计算平台是一套轻量级的流式数据处理引擎，提供流式数据分析、处理、存储等一站式开发工具。适用于实时性要求高、吞吐量大的业务场景。

6. 目录管理平台

交通信息资源目录管理系统是通过编目、审核、发布和维护交通信息资源目录内容，实现具备清单式的交通信息资源管理、发现与定位的系统。主要具有目录分类、目录编制、目录审核、目录上线、目录维护等基本功能。

7. 数据资产管理平台

基于数据目录盘点数据资源，以统一数据标准为基础，规范元数据和主数据管理。围绕数据资源管理、数据标准管理、元数据管理、主数据管理等核心功能，实现“盘点数据资源，规范数据资产，发挥数据价值”的数据管理目标。数据资源是整个平台的核心资产，资源平台建设内容包括归集各单位数据资源，对归集的数据开展数据治理，通过数据建模技术构建各类原始库、标准库、主题库、专题库及指标库。

8. 数据开发平台

基于大数据的数据资源和计算存储能力，结合服务资源层的各类后台服务，可以为后续各类大数据应用的开发提供一站式数据开发的平台。

9. 数据共享平台

交通信息共享平台通过交通信息资源目录管理系统将各业务单位信息进行整编，形成统一的资源目录信息，通过数据交换实现各业务系统之间的共享传输，基于交通信息共享交换门户对外统一展现。

10. 数据安全平台

数据安全平台聚焦数据采集、数据存储、数据使用、数据共享等阶段的全生命周期的数据安全要求，为应用系统提供安全能力和安全监控。实现“可防、可视、可控”的安全目标。

11. 可视化分析平台

可视化分析平台支持通过所见即所得的可视化拖拽，通过拖拽、配置、右键菜单和工具条，利用丰富的组件库、事件库等，通过熟悉且直观的交互方式，快速构建可视化展现功能。

12. 数表旷工平台

数表旷工平台具备高效灵活的数据交互与数据分析能力，全面满足行业应用软件的数据分析需求。平台同时具备多源数据整合、报表统计、数据报告等功能，满足 IT 和业务部门统计分析数据以及分享成果的需要。

（二）“交通超脑”大数据平台十二个子平台共同协作的特点与优势

1. 全量接入，共享交换

充分的行业数据交换是凸显数据深度价值的前提，大数据平台不仅实现行业数据全量接入，同时实现建立数据共享平台，实现全域行业大数据跨部门共享交换；构建行业对内、外不同的信息资源目录，并通过系统自动完成数据交换和同步，使得各部门的数据“底数”明确，“资源”清晰。通过全量行业数据资源接入及共享交换，建成具备高度适应性的全市统一的信息共享交换机制。

2. 一数一源，实时归真

来自多单位多系统的同一物理含义的数据互不相同、产生冲突时，按照其反映的实际情况，制定一数一源的原则；数据清洗过程中剔除过期数据、有残缺项的数据、不符合定义语法的数据、人工输入的测试性数据等，避免对实际系统使用造成干扰。在信息资源目录设计过程中，对一定形式记录、保存的文件、资料、图表和数据等各类信息资源进行整理和划分。划分公有字段和私有字段，制定字段命名规则，并对每个字段的命名和备注进行评审，确保字段命名规范合理。

3. 全域标准，规范统一

在信息化建设过程中，各职能部门常根据自身的情况和需要，建立自己的信息系统或业务应用系统。这些系统是在不同时期、由不同公司采用不同技术和体系结构、在不同开发平台上开发出来的，并且运行在不同的操作系统和数据库平台之上，从而形成了众多的信息孤岛。对不同来源的数据，统一采取前置交换系统进行数据交换，采取不同的桥接和传输策略，统一输入输出接口标准规范，提供统一数据访问接口 API，实现不同位置、不同格式信息采集的数据存储到大数据平台，进而提供统一的服务。

4. 智能分析，深度挖掘

大数据平台中的数据开发平台，集成机器学习算法库 SparkMLlib，包含聚类分析、分类算法、频度关联分析和文本分析在内的常用机器学习算法。满足批预处理、统计分析、规则建模、实时流处理等多方位需求。可帮助企业建立从数据源管理、数据预处理、模型构建、模型评估、模型应用和服务发布的一站式数据平台，深度挖掘数据的潜在价值。

5. 应用牵引，效果证明

不同的行业具有不同的应用需求，对于数据的种类、体量、更新频率都存在不同的要求，需要采取不同的信息挖掘手段和路径，并将数据分析成果嵌入具体的事务流程中。大数据平台充分调研各行业领域的实际应用，设定若干常见的应用需求，通过对跨部门行业数据的融合分析实现支撑，通过实际应用效果来证明数据共享交换和融合挖掘后产生的实用价值。

6. 高效集成，实时监控

数据集成平台提供大容量的数据集成、转换、加载等功能。将分布异构数据源中的数据抽取到临时中间层后进行清洗、转换、集成，最后加载到数据集市中，作为数据分析处理、挖掘的基础。集成平台通过可视化的图形配置，创建、管理集成任务，简化了操作。数据集成过程可实时监控，及时展示获取的数据量、写入的数据量、集成速率、集成失败的数据量，并提供监控日志等信息，协助用户运维。

三 “交通超脑”数据算法体系建设

借鉴大数据平台体系，并以城市道路交通管理为例，“交通超脑”数据算法体系建设如图 1 所示。

（一）数据体系建设

数据是“交通超脑”的根本，只有立足于建设好数据体系，才能突出算法在实际应用上的显著效果。图 2 所展示的是数据体系中几大库的建设。

1. 原始库建设

原始库是指来源于各类前端感知设备、采集系统及业务系统产生的数据集合，其中存放原始数据，直接加载原始日志和数据，数据通常保持原貌不做处理。原始库提供基本的数据支撑，为数据融合和进一步增值完成数据准备，并支持数据溯源、原始场景回溯等业务需要。按来源，原始库数据主要分为交警数据、互联网数据、政务数据、公安数据、气象数据和其他行业数据。

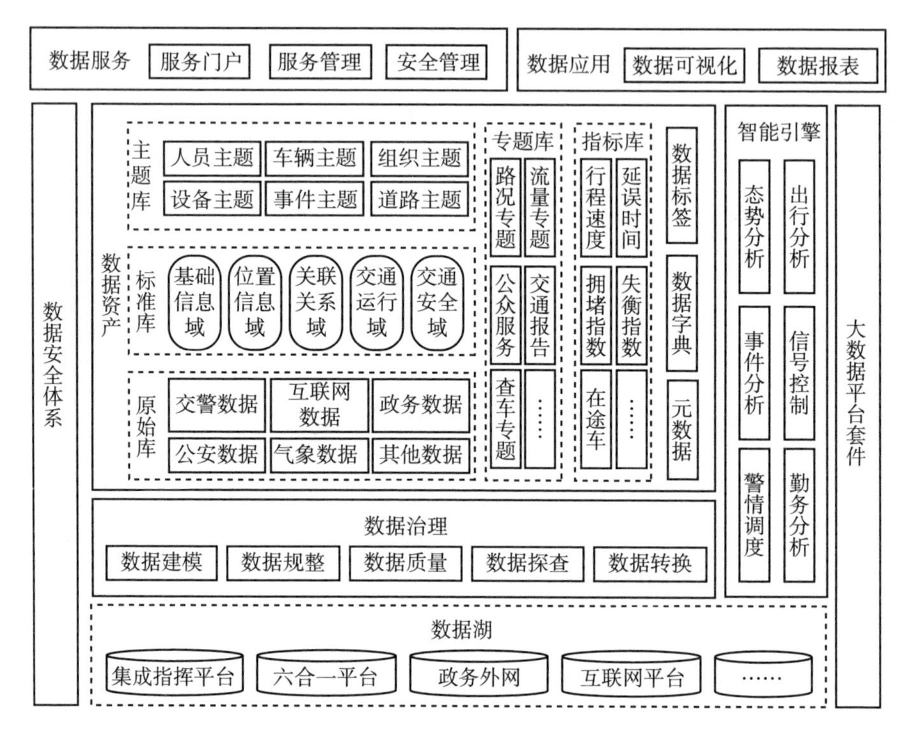

图1 “交通超脑”数据算法体系

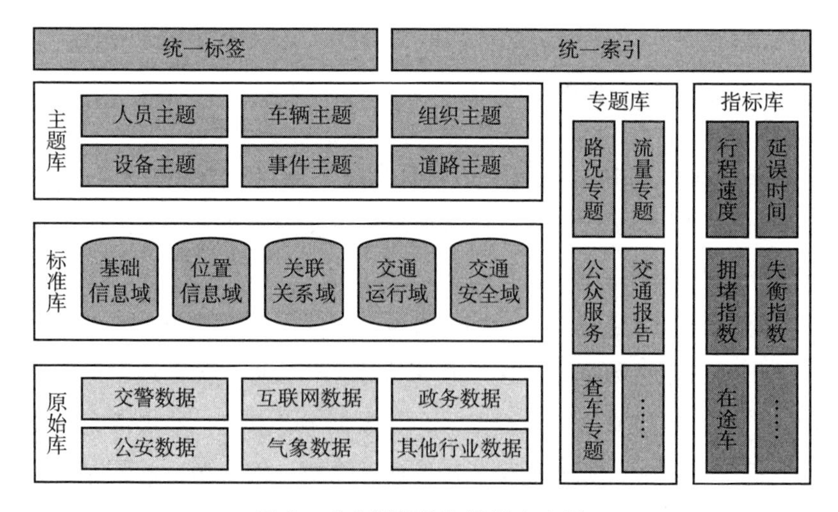

图2 “交通超脑”数据库建设

2. 标准库建设

如表 1 所示，标准库是指数据资源建立的城市道路交通管理要素（人、车、路等）以及要素之间关联关系的数据集合，是实现数据的标准化和价值增值，为各类应用提供直接和间接的数据支撑。标准库主要包括基础信息域（basic）、关联关系域（relation）、交通运行域（operation）、交通安全域（safety）。

表 1　标准库

域名称	内容
基础信息	link 信息表、路段表、路口表、区域表、卡口表、点位表、断面表等
关联关系	路段与 link 关系表、区域与 link 关系表、区域点位关系表、路口与卡口关系表等
交通运行	过车记录表、实时路况表、突发堵点表、常发堵点表、失衡路段表、区域指数、OD 分析表、道路路况等
交通安全	交通事件-道路、交通事件-路口等

3. 主题库建设

主题库是指融合各类原始数据和资源数据而建立的能标识人员、车辆、事件等的主题对象，长期积累形成的多种维度的数据集合。主题库从更高层次对主题对象进行抽象，形成了跨业务领域人、车、组织等的统一视图，为数据统一分析、统一服务提供了基础，从而对数据价值有了更高层次的利用。包括人员主题、车辆主题、组织主题、设备主题、事件主题、道路主题。（见表 2）

表 2　主题库

主题名称	内容
人员主题	驾驶员姓名、身份证号、车牌号、警号、姓名、所属组织等
车辆主题	车牌号、车牌颜色、车牌类型、出行轨迹等
组织主题	组织或企业名称、统一社会信用代码等信息
设备主题	设备编码、设备名称、设备所属组织、设备厂商等
事件主题	拥堵类、事故类、违法类、管制类、故障类、其他
道路主题	区域、道路、路段、路口、车道属性及其关系，道路交通运行等

4. 专题库建设

专题库是指围绕交通管理业务单元的数据集合，主要包括路况专题、流量专题、公众服务专题、交通报告专题。

路况专题。路况专题是通过浮动车速度基本参数，运用交通专业理论和相关规范计算出交通拥堵指数，将不同交通实体（区域、道路、路段）的运行状况用量化的拥堵指数、颜色值来清晰表达。

流量专题。流量专题是将各个点位的交通流量，按照不同交通实体、不同时间粒度、不同车型、不同车牌归属地进行标准化统计，并进行统一服务。(见表3)

表 3　流量专题库

主体	内容
交通实体	车道、路段、路口
时间粒度	15min、1h
车型	大型车、小型车
车牌归属地	本市、省内外市、省外

交通报告专题。交通报告专题是基于交通运行的量化指标，按照一定的格式和维度进行组织，得出日、周、月、季 4 种不同时间跨度的交通分析报告。

5. 指标库建设

指标库是指交通行业的可具体量化的指标数据集合，主要包含交通状态与评价、交通安全与秩序两大方面。

交通状态与评价。如表 4 所示，交通状态是指道路或者道路网交通运行的畅通与拥堵状态。为全面刻画城市路网或者特定区域的交通拥堵程度、时间和空间范围以及发展区域，实现对交通拥堵的立体描述，便于多层面把握交通系统的总体运行状况，明确交通拥堵的变化区域和时空演化规律，了解道路网的薄弱环节。

表 4　交通状态与评价指标

指标名	指标含义
交通流量	交通流量是指某横断面、车道或者车道组通过的车辆数,简称流量
自由流速度	自由流速度是指路段在畅通无阻下的速度
平均速度	路段的平均速度,简称路段速度,通常计算间隔不宜低于 5min;道路/路径的平均行程速度,简称道路/路径速度;区域的道路网平均行程速度,简称区域速度,与道路速度的计算方式相同。
延误时间	实际行程时间与自由流行程时间的差
行程时间比	指实际行程时间与自由流行程时间的比值,行程时间比值越大表示交通运行状况越差,即越拥堵
交通运行指数	反映道路或道路网交通运行状况的无量纲数值。根据不同运行状况分为 5 个等级,分别为畅通、基本畅通、轻度拥堵、中度拥堵、严重拥堵。
运行状况等级里程比例	指道路中处于不同交通运行状况等级的路段里程与道路总里程的比值
排队长度	指信号控制路口,车道末尾停车车辆与停车线的距离
饱和度	指实际交通流量与通行能力的比值,即 v/c,反映的是实体对象的负荷水平,用于评估进口车道或交叉口交通运行的拥挤程度

交通安全与秩序。如表 5 所示，主要包含以下指标：

表 5　交通安全与秩序指标

指标名	指标含义
机动车守法率	区域内城市道路上通行的机动车中没有违法行为的机动车数量与通过的机动车总数的比值
非机动车守法率	区域内城市道路上通行的非机动车中没有违法行为的非机动车数量与通过的非机动车总数的比值
行人守法率	区域内城市道路上通行的行人中没有违法行为的行人数量与通过的行人的总数的比值
城市主干道违法停车率	区域内城市主干道上(双向)违法停车的机动车数量与对应的道路长度的比值
让行标志标线守法率	区域内在设有停车或减速让行标志、标线的路口,遵守让行规则的机动车数量与通过的所有机动车总数的比值
万车事故率	区域内当年道路交通事故起数与机动车保有量的比值
万车死亡率	区域内当年道路交通事故死亡人数与机动车保有量的比值
十万人口事故率	区域内当年道路交通事故起数与人口总数(包括暂住人口)的比值

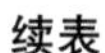
续表

指标名	指标含义
十万人口死亡率	区域内当年道路交通事故死亡人数与人口总数(包括暂住人口)的比值
交通事故死伤比	区域内当年道路交通事故死亡人数与受伤人数的比值
较大交通事故起数	区域内当年一次死亡3人(含)以上的较大道路交通事故起数
百公里事故率	区域内当年道路交通事故起数与道路总里程的比值

（二）算法体系建设

“交通超脑”利用标准化数据及算法引擎模型，对城市道路交通进行运行状态的监控、分析和预警。“交通超脑”算法体系是基于大规模数据利用算法引擎模型进行分析的利器，可以评估城市道路交通运行状况。依靠互联网数据、公交车、出租车等浮动车数据，利用“交通超脑”平台发布交通指数、运行指数等指标，实现对城市路网交通运行状况的实时监测和评估，对城市道路交通的宏观状况和纵向发展趋势等做出研判。

“交通超脑”中包含五大类引擎，四十余项算法模型，五大类引擎分别为态势分析引擎、出行分析引擎、事件分析引擎、信号控制引擎、警情勤务引擎。以下介绍五大类引擎及主要算法模型。

1. 态势分析引擎

态势分析引擎主要分为路况分析及预测、拥堵分析两类。

路况分析及预测是第一类，其中包含多源数据融合的实时道路路况计算模型、基于深度学习的短时路况预测算法、交通运行健康指数模型、自由流车速及拥堵感知模型、交通流量预测模型等。自由流车速是以路段为单位，将平均车速从大到小排序，取前10%车速求平均，得到结果即为自由流车速，如果该自由流车速超过道路限速，则用限速作为自由流车速。拥堵感知模型则是利用自由流车速估算道路畅通状况下的通行时间，针对每个路段自动化生成拥堵标准，实现智能化、精细化的拥堵感知。

拥堵分析是第二类，其中包含基于无监督学习的拥堵时空模式挖掘模型、路网堵点挖掘和分析模型等。基于无监督学习的拥堵时空模式挖掘模型，通过路网拓扑结构和道路路况数据、平均车速、拥堵指数等指标，基于聚类算法发现典型堵点以及不同种类的拥堵模式，采取相应治堵防范措施。对于合肥市上万个不同路段，进行全天候挖掘分析，利用算法总结归纳出拥堵情况，再由人工制订详细疏导方案。

2. 出行分析引擎

出行分析引擎主要包含车辆迁徙分析模型、交通出行 OD 分析模型、交通出行时间分析模型等。以下主要介绍交通出行时间分析模型。

交通出行时间分析模型是按不同时段、不同出行目的分析出行所需时间。根据用户位置数据构建行程轨迹，将轨迹进行时间切分，得到不同时段；计算每条轨迹时间，将所有轨迹根据相似度进行聚合，得到每条轨迹的平均行程时间；将轨迹根据目的地进行聚合，得到不同目的地的行程时间。

3. 事件分析引擎

事件分析引擎主要包含四大类，违法、事故、恶劣天气、特殊事件分析。其中包含了交通违法人群画像模型、交通违法时空分析模型、道路交通事故分析模型、交通事故特征模型、事故多发地段聚类分析模型等。以下主要介绍交通事故特征模型。

交通事故特征模型是指利用事故密度（单位面积事故数量）、区域面积、路网密度、早高峰出行量密度、事故发生地与交叉口的距离、工作日事故数量占全部事故数量的比例、白天事故数量占全部事故数量的比例等，分析挖掘事故发生地点的地点特征，将已发掘出来的特征运用在交通道路建设和道路行驶提示方面，降低特定易发事故点发生事故概率。

4. 信号优化控制引擎

信号优化控制引擎主要分为单点、干线、区域优化模型。其中包含子区划分模型，基于 TRRL 法、HCM 法等方法的信号优化模型，基于强化学习的信号优化模型，基于警保卫优先控制的信号优化模型等。以下主要介绍基于 TRRL 法、HCM 法等方法的区域信号优化模型和基于强化学习的区域信号优化模型。

基于 TRRL 法、HCM 法等方法的区域信号优化模型的特征如下：根据区域内各路口路网渠化数据、卡口流量数据，计算各路口各方向、各转向车道级别的实际流量，计算该路口各方向饱和流量等指标；运用 TRRL 法、HCM 法方程结合实际流量与饱和流量计算各路口最优周期时长，根据各路口各方向实际车流比分配各相位绿信比，计算相位持续时长信息，综合区域内主要干线路口各周期时长并计算干线共有周期，并严格按照各路口相位绿信比重新分配相位时长，适当微调实现周期协调；选定协调相位，并根据路段长度以及平均车速计算各路口间协调相位差。

基于强化学习的区域信号优化模型的特征如下：结合区域路网静态数据，通过仿真软件调用区域卡口过车数据以及区域内路口信控相位方案，启动仿真运行程序实现区域交通流仿真；仿真过程通过数据接口实现秒级提供区域内车辆位置信息、速度信息、排队长度等指标，经过数据整合传递给强化学习网络，网络侧通过 CNN 卷积操作提取区域内交通状态信息，并以最小排队长度为回报函数训练网络参数，同时给出区域内各路口相位状态切换动作值，控制仿真下一步运行操作；通过仿真与网络之间的不断迭代交互，实现区域协调信号控制策略。

5. 警情勤务引擎

警情勤务引擎主要分为警情调度与勤务分析两类。其中包含城市应急出警智能调度模型、基于 GIS 的警力资源动态调度模型、基于知识引导算法的出警人员调度、警情闭环率模型等。以下主要介绍城市应急出警智能调度模型和警情闭环率模型。

城市应急出警智能调度模型是指由北斗/GPS 定位系统、警用手持定位终端和应急出警指挥调度中心组成调度模型，能根据历史路况、警情、违法、事故等数据，对数据进行聚合及特征提取，分析事件特征并得到事件分类模型，根据模型结果确定应急出警调度方式。

警情闭环率模型的特征如下：在警情反馈时，将当前北斗/GPS 位置信息、现场图片、视频录像进行采集后并上传，自动与警情关联，方便后期对处置过程进行追溯。对于事故类的警情进行二次反馈，便于接处警事故数据与公安交通管理综合应用平台的事故信息进行比对，通过计算签收的警情和处理完成的警情计算警情闭环率。

四　“交通超脑”在合肥市的实践应用

如图 4 所示，“交通超脑”在合肥市的实践应用，已取得显著成效并获得社会各界认可。以城市道路交通管理为例，取得成效如下。

（一）交通态势融合一屏化展示

“交通超脑”汇聚整合公安交警、公交、城泊、运管、互联网等多源异构数据，利用 AI 算法计算交通参数、全市拥堵指数等，用于交通信号优化、发布诱导屏显示实时交通状况。

（二）交通拥堵路况精准化研判

交通堵点分析研判系统以全市过车为元数据，结合各路段及路口过车数据，利用统计分析方法及算法模型，实时展示交通拥堵概况、服务水平等，并可准确分析路况拥堵里程、延误时长及路段平均车速。（见图 3）

（三）利用信号优化提升路口路段通行能力

2021 年，信号优化服务模块已对 1121 个重点路口进行诊断并形成分析报告、对 1100 多个路口进行合理路口时段划分，1000 多个路口已经完成单路口信号优化、17 条合肥市进出城干线已进行优化，已形成绿波带、对 5 个重点区域进行信号优化、对 800 多个信号舆情系统进行了处理。

单路口优化后饱和度平均下降 9.3%，干线优化后行程时间平均下降 14.5%以上，区域优化后关键路口排队长度降低 18.3%以上。

（四）区域联动出行分析，缓解经开区通勤高峰

合肥市经济技术开发区通勤车流较大，多条主干道路交织，且路段距离

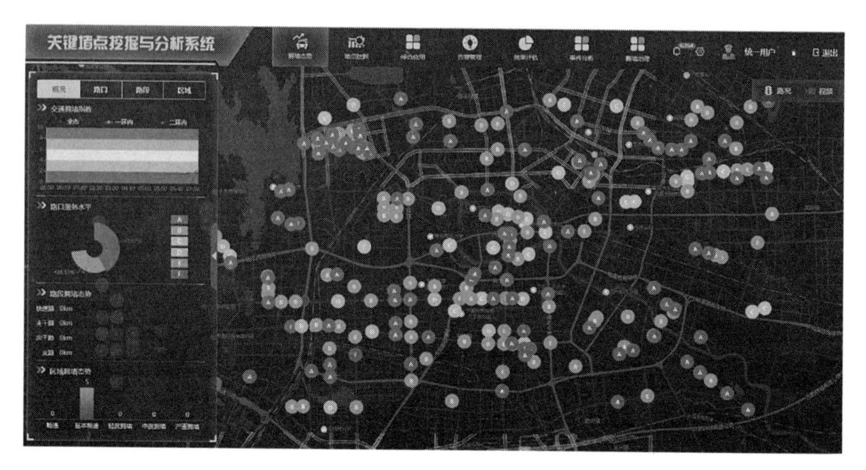

图 3　堵点挖掘概况

资料来源：《合肥城市大脑·城市立体交通数据分析报告·2021》。

较近，周边大型商超、广场、高校集聚，尤其在早晚高峰期间，主干线路如金寨路南段、繁华大道中段、芙蓉路中段经常出现拥堵、溢出现象。

重点分析四条主干线路（金寨路沿线、繁华大道沿线、莲花路沿线、芙蓉路沿线）车流运行数据，优化协调路口数共计 21 处，实现关键节点的流量合理控制，关键路段采取快出缓进策略，保障主城区车流快速出城。优化后金寨路繁华大道南侧、东侧排队长度分别降低 15%、16%，整体区域拥堵程度明显降低。（见图 4）

（五）高架道路设备管控

合肥“交通超脑”已完成马鞍山路高架、合作化路高架、金寨路高架等 9 处信号控制灯、16 处流量检测设备、16 处微波雷达的增设。截至 2021 年 12 月 24 日，高架快速路智能管控平台已精准感知流量 1871003 辆、识别违法违章行驶数据 230687 条。经测算，三大高架早晚高峰的通行平均车速由 40.5km/h 提升至 45.4km/h，通行效率提高了 12%；平峰时段则由 63.9km/h 提升至 68.5km/h，通行效率提高了 7.1%。

繁华大道与金寨路南向北

2021年3月18号16：00　　　　2021年3月25号16：30

图4　合肥市经开区金寨路与繁华大道出行分析优化前后排队长度对比

资料来源：《合肥城市大脑·城市立体交通数据分析报告·2021》。

（六）车道分时智能管控

依托路口摄像设备，通过“深度学习视频识别+大数据算法与模型”开发智慧可变车道控制系统，建设了22个路口的可变车道，系统从前端摄像设备传输的视频中获取车道级交通流数据，研判可变车道各转向进口道交通流量周期性变化规律，同时与信号配时联动优化，进而形成可变车道转向分时段智能管控。例如，通过对铜陵路与裕溪路交叉口、长江东路与龙岗路、北二环与四里河路、芜湖路与马鞍路等可变车道进行智能管控，灵活调配了路口通行资源，缓解了高峰时期路口拥堵，左转与直行的平均排队长度降低了21%。（见图5）

图5　合肥市铜陵路与裕溪路交叉口北进口可变车道管控+信号配时调优效果

资料来源：《合肥城市大脑·城市立体交通数据分析报告·2021》。

（七）关键堵点挖掘改造

2021年，合肥市拥堵治理领导小组参考“交通超脑”关键堵点挖掘与分析系统计算的堵点列表，对全市常态化拥堵点进行了摸排梳理并结合交通实际及工程改造可行性，完成了26个拥堵点改造计划。

此外，依托“城市大脑”、“交通超脑”，合肥市在机场交通、公交、城泊等方面也取得了显著的成效。

在机场交通方面，合肥新桥机场已经实现了行李状态的实时追踪，还计划在航站楼内构建起智能视频人脸识别追踪系统、安检排队预警系统等，建立起较为完整的人脸识别航站楼应用体系，最大限度为旅客节省时间，提供高效有序的机场服务。

在公交方面，2021年全年，合肥公交共计开通地铁接驳线路11条，利用大数据技术优化186条次。全年为社会各界提供免费公交出行客运量7807.08万人次，优惠公交出行客运量18929.86万人次。（见图6）

在城泊方面，2021全年利用大数据技术实现了平均泊位周转率3.73，目前城泊在运营管理的路内泊位有22557个，相当于每天可以满足8.4万次的停车需求。

图 6　智慧公交

资料来源：《合肥城市大脑·城市立体交通数据分析报告·2021》。

五　总结与展望

在合肥市“交通超脑”顶层规划中实行了可持续发展战略，加强了城市整体规划与交通基础设施建设、交通管理之间的互动，遵循城市发展规律，立足城市的整体性、统一性、成长性，健全大数据发展底座，发挥了数据在记录和检测城市发展动态上的重要作用，统筹城市功能和道路布局，科学制定和实施城市综合交通体系。通过高效合理的交通规划促进了企业落地、产业发展，让城市绽放活力；通过全面完善的城市规划引领交通配套、道路建设、出行离散需求，从而带动了“交通超脑”迭代升级。

伴随新型技术及算法的不断发展，“交通超脑”也在不断进步、成长。推动先进信息技术与城市交通深度融合，以数据赋能交通及关联行业，构建智慧交通大数据治理体系势在必行。未来，要加快 5G、区块链、物联网、量子计算、人工智能、大数据等新技术在交通运输行业的应用，构建城市立体交通体系。要加强行业数据资源的整合共享与社会信息资源的综合利用，实现“多元数据汇集→智能分析研判→实时管控诱导”的应用闭环，通过对合肥市交通业务信息的高度集成，建立质量高、成规模、成体系的交通基础数据库群，实现数据资源“一网通享”，强化数据赋能交通。运用数据通信技术、传感器技术、自动控制理论、人工智能等，加强车辆、道路、使用者三者之间的联系，推进智能交通系统在交通管理、道路安全、卫星应用、智能网联等多个领域的推广，从而构建高水平数字化交通服务体系。

B.7

整体性数字政府构建要素研究

——基于安徽省“皖事通办”的实践与探索

龚 炜 干 萌*

摘 要： 近年来，信息化技术不断发展，在改变人们日常生活的同时，也推动了政府的数字化转型。安徽省贯彻落实习近平总书记讲话精神，以“皖事通办”为抓手，从服务入口、应用资源、能力组件、业务应用、多元生态、评价机制等6个要素入手，探索出构建整体性、服务型数字政府的实施路径。

关键词： 数字政府 低代码 能力组件 精准评价

一 引言

以习近平同志为核心的党中央高度重视信息化、数字化发展，提出网络强国的重要思想，将“数字中国”上升为国家战略。“十四五”时期，我国信息化进程进入了加快数字化发展、建设数字中国的新阶段。在“十四五”规划和2035年远景目标纲要中，“加快数字化发展，建设数字中国”单独成篇，提出“迎接数字时代，激活数据要素潜能，推进网络强国建设，加快建设数字经济、数字社会、数字政府，以数字化转型整体驱动生产方式、生活方式和治理方式变革”。[①]

---

* 龚炜，安徽省大数据中心副主任、正高级工程师，研究方向为数字政府、政务服务等；干萌，安徽省大数据中心助理工程师，研究方向为数字政府、大数据等。

① 《中共中央关于制定国民经济和社会发展第十四个五年规划和二〇三五年远景目标的建议》，中华人民共和国中央人民政府网。

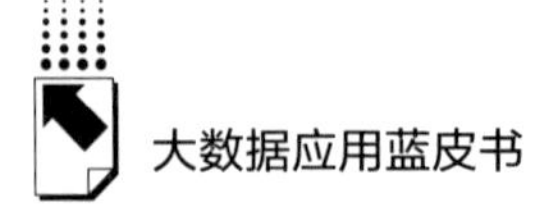

近年来，大数据、人工智能、工业互联网等信息技术不断发展，不仅便利了人们的生活，提升了生产效率，也深刻改变了政府的运作方式，推动政府治理能力和治理水平不断提高①。在此背景下，安徽省贯彻落实习近平总书记考察安徽时的重要讲话指示精神和关于数字经济和数字中国的重要论述，积极探索整体性、服务型数字政府实施路径②，以集约化、智能化建设模式降本增效，数字政府建设不断取得新成效③。2017 年 11 月，安徽政务服务网正式上线；2018 年 6 月底，安徽省全省政务服务“一张网”实现省市县乡村五级全覆盖；2019 年，安徽省启动智慧政务平台建设，推行“慧办事、慧审批、慧监管”，让群众办事更便捷、窗口审批更高效；2020 年，安徽省人民政府印发《安徽省“数字政府”建设规划（2020—2025 年）》，提出通过“全面推进行政办公、经济调节、市场监管、社会治理、公共服务、生态环保、区域协同等 7 个方面的数字化转型”，通过全国一体化政务服务平台，实现“一个通道连国网”，建成“线上政府、智慧政府”④；2020 年 12 月，江淮大数据中心总平台建设启动，作为全省数据治理和服务的“总枢纽”、“总调度”和“总出口”，构建起“以数据为输入，以服务为输出”的数据资源共享应用新模式。2021 年，《安徽省政务数据资源管理办法》和《安徽省大数据发展条例》先后出台，政府数字化发展进一步加快。

当前，安徽省以“皖事通办”为抓手，以“政府一个平台推服务、群众一个平台找政府”为目标，积极探索整体性“数字政府”建设模式，为数字中国打造安徽样板。“皖事通办”立足当前资源复用率低、部门地市之间协调不畅、办事流程复杂、信息化程度低等问题，着重从服务入口、应用资源、能力组件、业务应用、多元生态、评价机制这 6 个要素入手，提出优

---

① 赵敬丹、李志明：《从基于经验到基于数据——大数据时代乡村治理的现代化转型》，《国家行政学院学报》2020 年第 1 期。傅建平：《新技术在电子政务中的创新应用及对中国的启示——〈2018 联合国电子政务调查报告〉解读之五》，《行政管理改革》2019 年第 5 期。

② 胡税根、杨竞楠：《发达国家数字政府建设的探索与经验借鉴》，《探索》2021 年第 1 期。

③ 李阳晖、罗贤春：《国外电子政务服务研究综述》，《公共管理学报》2008 年第 4 期。

④《安徽省人民政府关于印发安徽省“数字政府”建设规划（2020—2025 年）的通知》，安徽省数据资源管理局网，http：//sjzyj. ah. gov. cn/public/7061/40379180. html。

化方案，解决实际问题，探索建立面向全省的整体性“数字政府”平台体系。

二 “数字政府”的由来与内涵

“数字政府”这一概念源于“电子政府”，美国在1993年发布的“信息高速公路计划”中首次提出了“电子政府”概念。1998年1月，美国前副总统戈尔在加利福尼亚科学中心发表演讲《数字地球——新世纪人类星球之认识》（*Digital Earth：Understanding Our Planet in the 21st Century*），此后，“数字政府”“数字社区”等概念相继在人们的视野中出现，学术界对“数字政府”的研究也日渐深入。在国内，对于“数字政府”的关注和研究主要聚焦在“数字政府”涉及的信息化发展趋势是否为政府管理体制带来改变①，以及是否能有效预防政府权力滥用②。随后，陆续有学者将国外“数字政府”建设的经验介绍到国内。③ 在该阶段，“数字政府”多被定义为实现政府信息化和电子政务外网的建设工作。

学术界对“数字政府”的研究侧重概念、原则、特征以及治理理念等，主要研究视角有形态视角、比较视角、公共治理视角等。形态视角认为“数字政府”是“信息技术革命的产物，是工业时代的传统政府向信息时代演变产生的一种政府形态”④，可分为社会形态视角和政府形态视角。在社会形态视角看来，“数字政府”是政府利用信息技术治理社会侧信息空间，向公众提供优质服务，改善群众办事体验、提高政府服务满意度的重要途径；在政府形态视角看来，“数字政府”是政府进行数字化转型的结果形

① 梁木生：《略论“数字政府”运行的技术规制》，《中国行政管理》2001年第6期。

② 戴长征、鲍静：《数字政府治理——基于社会形态演变进程的考察》，《中国行政管理》2017年第9期。

③ 黄璜：《中国“数字政府”的政策演变——兼论“数字政府”与“电子政务”的关系》《行政论坛》2020年第3期。

④ 吴韬：《我国数字政府与数字治理的理论研究和实践探索》，《云南社会主义学院学报》2021年第3期，第108~114页。

态，意味着一种全新的政府治理模式的诞生和发展，这种新模式比传统政府更加注重数字技术和其涉及的数据资产在经济社会、环保创新、公共服务等领域的应用以及在这个过程中创造的公共价值。从比较视角来看，“数字政府”概念的界定存在争议，主要表现在与“电子政务”“智慧政府”等概念在治理对象、治理理念、治理范围、治理技术等多个层面存在一定的区别。大多数学者认为“数字政府”与“电子政务”这两个词的概念较为相近，都是政府借助数字技术以更高效的方式分配信息，都是对特定历史时期的政策目标和手段的概括与总结；二者只是在使用环境和学科背景上存在差异，在学术研究中不必严格区分二者，大部分情况下可以互换使用。从公共治理视角来看，“数字政府”的根本目标是捍卫公共价值，公共部门利用数据和信息化技术创新公共服务方式、提升公共服务质量，其最终目的是最大化创造公共价值。

政府是“数字政府”建设的主导者和使用者，聚焦其工具价值，注重解决“如何建、建什么、怎么用、用得如何”的问题，围绕中央“放管服”改革，聚焦优化营商环境和改善政务服务，统筹市场监管、环境保护、公共服务等政府履职领域，同时根据需求筹备数据中心、云网建设等项目基础建设工作。2019 年，党的十九届四中全会通过的《中共中央关于坚持和完善中国特色社会主义制度　推进国家治理体系和治理能力现代化若干重大问题的决定》在“坚持和完善中国特色社会主义行政体制，构建职责明确、依法行政的政府治理体系”中明确指出要“优化政府职责体系”。[①] 其中，“建立健全运用互联网、大数据、人工智能等技术手段进行行政管理的制度规则”和“推进数字政府建设，加强数据有序共享，依法保护个人信息”是优化政府职责体系的重要内容。这是首次将“数字政府”正式写入党中央政策文件，标志着“数字政府”的建设任务成为构建新时代政府治理体系的关键内容，至此，国内对此问题的关注度骤然增加。党的十九届五中全

① 《中共中央关于坚持和完善中国特色社会主义制度　推进国家治理体系和治理能力现代化若干重大问题的决定》，求是网，2019 年 11 月 7 日，http：//www.qstheory.cn/yaowen/2019-11/07/c_1125202003.htm。

会通过的《中共中央关于制定国民经济和社会发展第十四个五年规划和二○三五年远景目标的建议》[①] 进一步明确了建设“数字政府”的重要性，提出“加强数字社会、数字政府建设，提升公共服务、社会治理等数字化智能化水平”。“数字政府”是数字中国战略的重要组成部分，是推动国家治理体系和治理能力现代化的重大举措，是提升政府行政效率的必要条件，是创建人民满意的服务型政府的重要支撑。[②] 目前，如表1所示，“数字政府”在国内部分省份已经从建设理念走向了落地实践，如广东省的“数字政府”、上海市的“一网通办”[③]、浙江省的“最多跑一次”[④] 等，这些案例为数字政府建设提供了宝贵经验。[⑤]

表1　部分省份对“数字政府”的认识和落地情况

省份	文件	认识
浙江省	《浙江省深化“最多跑一次”改革推进政府数字化转型工作总体方案》	政府的数字化转型是在新时代数字化高速发展背景下，政府为了适应新形势，引进数字化技术并进行系统性全局性的研究，通过了解和学习新兴技术来对政府内部的施政理念、办事流程进行系统性根本性重塑，从而实现治理体系现代化的过程。
广东省	《广东省“数字政府”建设总体规划(2018-2020年)》	“数字政府”通过对传统政府工作方式——包括技术架构、业务架构、管理结构等的重塑——进行改革，构建起政府在公共服务、社会治理、经济调节、市场监管等履职领域的全新的数据启动模式，实现由封闭到开放、由单部门办理到多部门协同、由管理到服务、由分散到整体、由单项被动到双向互动的全方位转变。

① 《中共中央关于制定国民经济和社会发展第十四个五年规划和二○三五年远景目标的建议》，中华人民共和国中央人民政府网，http://www.gov.cn/zhengce/2020-11/03/content_5556991.htm。

② 李维森：《数字中国的建设与智慧城市的探索》，《地理信息世界》2013年第2期。

③ 谭必勇、刘芮：《数字政府建设的理论逻辑与结构要素——基于上海市“一网通办”的实践与探索》，《电子政务》2020年第8期。

④ 江胜蓝：《政府数字化转型的浙江探索与实践》，《社会治理》2020年第10期。

⑤ 杨书文：《我国电子政务建设：从不平衡低水平向一体化智慧政务发展——以36座典型城市为例》，《理论探索》2020年第3期。

续表

省份	文件	认识
广西壮族自治区	《广西推进数字政府建设三年行动计划（2018-2020年）》	所谓“数字政府”，侧重于由数据驱动业务、推动政府侧的数字化转型，从而优化政务服务供给、规范内部办公及办事流程，利用大数据技术的辅助作用，全面提升政府的履职能力和服务效果。
湖北省	《省人民政府关于推进数字政府建设的指导意见》	通过构建一体化在线政务服务平台，链接人工智能、物联网、云计算、区块链、数据链等技术，以开放共享和数据化智能化的思想，推动政府建立起治理精准、服务高效、决策科学的变革性的新型运作模式。

企业是“数字政府”的承建者，更加注重建设过程中的技术标准、技术设备和技术体系。如腾讯依托多年的用户运营经验，强调用户中心，侧重从顾客体验的角度构建“数字政府”，配合广东省政府打造的“3+3+3”数字政府平台成为典型案例；阿里巴巴注重数据化运营，参与建设的“杭州城市大脑”领先全国；华为则侧重终端设备的建设工作，在水务、交通、环境等领域布局，动态感知城市生命，建设“万物感知-万物联接-万物智能”的神经系统。①

三　安徽“数字政府”构建要素分析

随着改革范围越来越广、群众需求越来越多样化、涉及领域越来越多②以及信息化技术不断发展③，针对新时期出现的问题④，以及智能化、多样

① 《从电子政务到数字政府的量变与质变》，微博，https：//weibo.com/ttarticle/p/show？id=2309404615365148934523，2021-03-16）。

② Caroline Tolbert，Karen Mossberger，“The Effects of E-Government on Trust and Confidence in Government”，*Public Administration Review*，vol. 66，no. 3，2006，pp. 354-369.

③ Patrick Dunleavy，Helen Margetts，Simon Bastow et al.，*DigitalEra Governance*：*IT Corporations*，*the State*，*and E-Government*，Oxford University Press，2006.

④ 谢思淼、董超：《我国地方数字政府建设存在问题及对策建议》，《财经界》2021年第34期。

化的新要求[1]，安徽以推进“皖事通办”为抓手，全面升级打造整体协同、高效运行、精准服务数字政府框架体系，推动“皖事通办”实现“皖（万）事如意”。“皖事通办”是安徽“数字政府”理念转变和重要改革创新实践，通过全面推进数据共享、系统对接、业务协同、流程再造，将各部门孤立运行的业务“小系统”重构为标准统一、整体联动的“大应用”，推进服务从“物理聚合”到“化学反应”的转变。有效支撑跨地区、跨部门、跨层级的业务协同，支撑政府服务管理数字化运行，打造整体性、服务型、协同化的平台框架体系，实现“政府一个平台推服务、群众一个平台找政府”。

打造整体性的平台框架体系需要围绕构建整体高效、优质便捷的“数字政府”体系，通过共建共享整合集成各部门公共业务能力，促成能力共享一体化，避免重复建设，支撑全省政务信息化应用规范开发、高效集成、稳定运行。对各地各部门已建设、可复用的功能模块和共性应用，向全省输出并复制推广，形成“一地创新、全省受益”的信息化建设新格局。

打造服务型的平台框架体系需要以一体化政务服务平台为基础，构建完善上接国家、横向到边、纵向到底的服务体系，汇聚与群众日常生产生活需要和企业创新创业需求密切相关的全领域服务事项，以“皖事通”App 为主入口，“推进政府一个平台推服务、群众一个平台找政府”。

打造协同化的平台框架体系需要围绕审批服务、行政办公、监管执法、基层治理、科学决策等业务场景，打造“皖政通”协同办公平台，支撑政府机关内部和跨部门、跨层级信息互通与业务协同，打破部门业务隔阂，以信息系统整合共享促进政务工作高效运行，形成多部门联动、跨部门协作、一体化运行的工作机制。

总的来说，“皖事通办”主要针对现有问题，在一体化政务服务平台的基础上，以整体性、服务型、协同化为出发点，着重从服务入口集成统一、应用资源统一管理、能力组件共建共用、业务应用快速构建、多元生态合作共赢、评价机制精准高效等 6 个关键方面进行优化推进。

---

① 石菲、冯锡平：《政务 App 走向何方?》，《中国信息化》2020 年第 8 期。

（一）服务入口集成统一

“皖事通办”通过调查问卷、实地考察等方式，调研了各部门地市现有服务平台及办公系统的建设情况。主要存在信息化覆盖率不高、部门地市之间协同困难、建设内容重复率高等问题。通过梳理已建系统和未建系统，以及各厅局地市对外对内的主要业务，“皖事通办”提供了“皖事通”和“皖政通”两大移动端主入口，分别面向互联网群众和政府内部办公（见图1）。

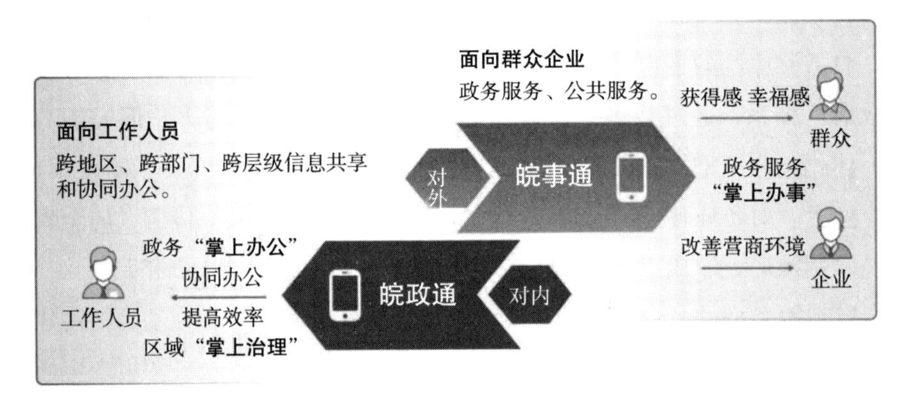

图1　移动端主入口

“皖事通”是侧重于面向企业群众，集成汇聚全省的政务服务、城市生活、社区治理等领域的场景化应用，为群众提供全方位、全渠道、便捷高效、便民惠民的服务，使政务服务随时可办、随处可办。“皖事通”通过搭建全省统一平台框架，省、市分级运营模式，为全省各级移动端应用提供一站式研发、测试、发布、监控、管理能力，为各分厅建设和应用开发提供能力支撑，支持分厅技术创新和多端发布等功能，提升系统的稳定性、开放性、安全性和易用性。各市和部门能够更加自助灵活地建设分厅应用，实现分级开发、分级管理、分级运营，全方位打造更优质的移动应用为老百姓服务，及时解决用户申办事项时遇到的困难和困惑。“皖事通”以精细化运营提升用户黏性，向不同用户群体推荐高频、热点和精准的个性化服务；以高质量互动活动提升影响力，定期开展周年庆、传统节日活动，随时跟踪重点服务和活动应用；以智能化技术提供贴心服务，进行适老化改造，深化用户服务体验，全面覆盖各类用户，为办事群众提供“沉浸式”服务。“皖事通”App上线以来，提供各类服务9100余项，访问量突破100亿次，在中国科学院等多家机构评选中，访问量居全国同类政务应用前列（以上数据截至2021年12月）。

“皖政通”侧重于面向机关工作人员，集成汇聚全省决策、执行、监督、评价、办公等数字化应用，与各市各部门共建应用生态，推动党政机关内部业务协同、沟通协同和数据协同，切实为公务人员松绑减负，为政府内部提供办事办文、精简流程等提升政府履职效率的服务。“皖政通”接入各单位各业务系统，集中推送各系统中的待办事宜，各部门各业务系统待办事务汇聚到“皖政通”统一门户，一窗办理，由“人找事”到“事找人”，提升办事效率；建设全省统一电子公文交换系统，全量互通，实现跨区域、跨部门流转，公文秒达，有效提高政府工作人员办文、审批的效率；建设统一的智能化管理会议，规范政府日常会议管理中的会议计划、会议方案、会议通知、会议资料、决策执行等业务，实现会前、会中、会后的一体化管控；探索“机关内部一件事”集成协同场景，实现跨部门跨层级的在线业务协同，以流程的标准化、精细化推动机关内部运行的规范化、高效化；提供的集成开放能力，依托大数据平台实现跨层级、跨部门之间的数据共享、业务协同、API接口服务的统一管理和服务，实现“全域协同、全局统管”。

（二）应用资源统一管理

在传统的电子政务系统开发模式中，应用资源由各部门、各地市自行建设保管，相对较为分散，难以形成有机整体。部门和地市之间的协调也较为有限，造成办事流程繁杂冗余，效率低下，开发成本整体较高，形成“信息孤岛”，资源浪费严重。“皖事通办”通过构建统一的应用开放门户，集合各类应用资源，打破部门和地市的限制，可以让系统根据各部门和地市对应用资源的需求进行统一调度分配，以提升资源利用率，节省建设和时间成本。整合“信息孤岛”不仅可以梳理清楚各个业务部门之间的数据和信息

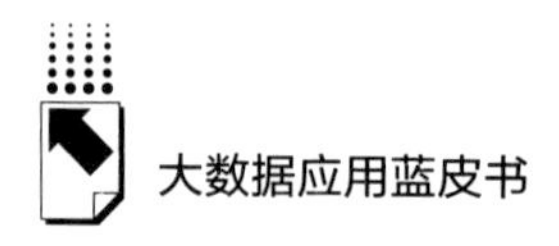

流向、简化流程，还可以充分发掘这些数据的价值，促进其在社会、经济、民生等方面发挥关键作用，并辅助政府进行决策。应用开放门户的功能架构如图2所示。

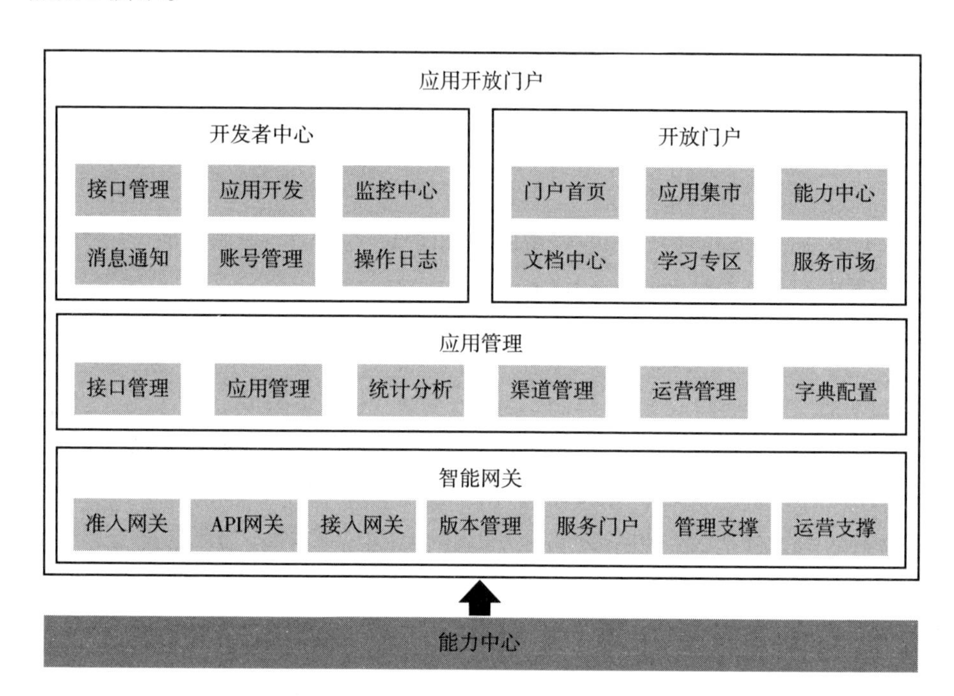

图2　应用开放门户功能架构

应用开放门户包括开发者中心、开放门户、应用管理和智能网关系统，旨在提供统一规范标准的服务，全生命周期管控能力和服务的持续运营服务能力，实现业务协同，部门间互联互通。其中，开发者中心主要面向开发者提供应用开发全流程服务；开放门户是一个面向开发者的引导门户，主要用于引导开发者快速了解应用开放门户的核心功能及接入流程；应用管理是面向系统管理员的管理系统，对门户中的应用进行统一管理；智能网关为整个平台提供API全生命周期管理。

“皖事通办”通过应用开放门户为各类政务业务系统提供能力聚合开放、应用快速交付、全流程服务支撑一体化解决方案，赋能各部门、各地市快速开发和接入应用。同时，统一接入全省各地市部门政务业务系统，将全省的优质应用系统整合起来，可以最大限度地促进科技成果的扩散与转化，让数据服务、AI 能力、组件共享开放，供需双方可以快速选购、集成与应用，为构建大中台、小前端、富生态服务模式及形成开放、合作、共赢的生态体系提供支撑。应用开放门户的开发和推广构建了一种全新的开发模式。从开发者的角度来看，极大地节省了开发时间，降低了开发难度，避免了重复开发浪费时间和人力；从政府的角度来看，借助开放门户，可以根据需求灵活变动提供的服务，提高办事效率，提升政务服务水平。

（三）能力组件共建共用

《软件架构设计标准》（IEEE 1471-2000）中对系统的定义是：一系列组件组织在一起，相互作用从而完成一个或者一些任务。系统可以看作是为完成特定功能集合而组织起来的组件的集合，系统中的组件可以理解成一个独立的模块或编程对象，彼此独立，同时又与整个系统保持通信。组件具备可重复利用和共享的属性，可通过 API 接口、消息、集成页面、SDK 包等方法被系统调用。目前的信息化系统功能架构存在大量重复内容，政务信息化系统从功能上可以大致划分为办公系统类、业务管理类和数据分析系统类这 3 类。其中存在大量重复建设的部分，如办公系统类和业务管理类同时包括文件管理、图像识别、数据集成、语音识别、即时搜索等部分，还有部分组件同时需要 3 类功能，这就造成了组件的大量冗余。为提高组件利用率，降低开发成本，提升开发效率，避免像之前一样各部门各自为政、各系统相互隔绝，减少出现“信息孤岛”的问题，“皖事通办”引入组件共建共用机制，降低组件冗余性，提升系统运行效率和复杂度，缩短开发周期，降低出错率。

组件的建设可分为两种模式：一是在现有系统中进行封装；二是借助各部门和地市的优秀组件进行二次开发。“皖事通办”通过收集和规整各部门用户评价高、成效明显的应用进行分析，解耦出复用性好和质量高的功能模块形成组件，根据使用场景、业务领域分类后进行统一管理。省内统一构建初始组件库并统筹管理，各部门和地市通过接入省级平台，获取组件目录，直接获取已有的功能组件或平台业务组件使用或者进行迭代开发。充分利用组件可以提升开发效率和质量，减少冗余开发，节约成本。同时，定期调研组件应用情况，更新组件库，统一组件标准规范，便于数据共享、业务协同，并在全省推广成功案例。组件管理系统架构如图 3 所示。

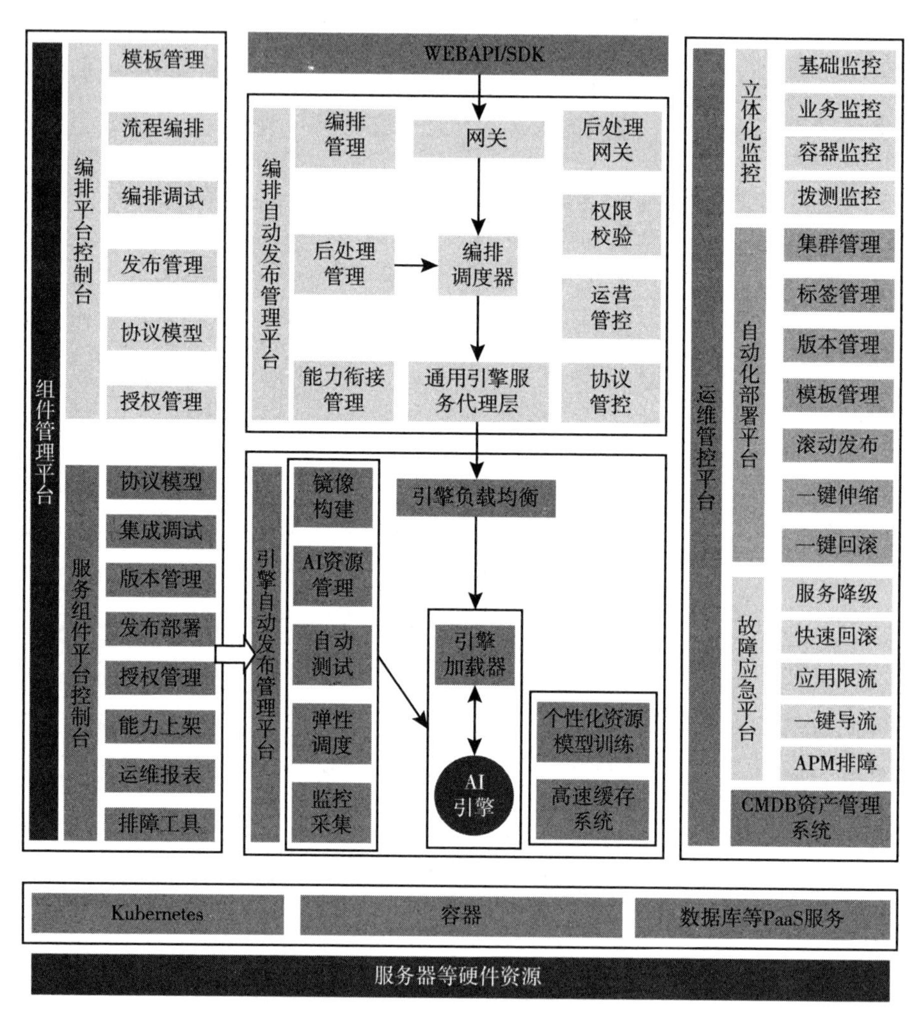

图 3　组件管理系统架构

组件管理平台是一个无服务、全托管式管理平台。服务开发者通过集成平台提供的插件即可快速实现智能组件云服务化，无须关注底层基础设施及服务化相关的开发和运维，可高效、安全、自主可控地对服务进行部署、升级、扩缩、监控和运营。

（四）业务应用快速构建

在数字化时代，应用系统已经从单一的 Web 应用发展为业务流程管理类应用、物联网应用、音视频应用、人工智能应用、VR 类应用等。现今企业都有着数字化转型的迫切需求，而相关从业人员并不能满足要求，导致开发成本高，开发时间、交付时间延长成为常态。为解决数字化应用成效有待深化的问题，“皖事通办”把复杂的工作留给自己，把简单的应用留给用户，在简单应用上（例如表单审批、管理系统、流程管理等）采取低代码开发模式[①]，解决 UI 不统一、部署服务难等复杂问题，实现数字化应用的快速开发迭代[②]。它的强大之处在于允许终端用户使用易于理解的可视化工具开发自己的应用程序，而不需要用传统的编写代码方式。同时，低代码平台的出现使得软件开发不局限于专业人士，即使是没有专业编程能力背景的业务人员同样可以构建应用，降低了团队培训和技术开发的成本。使用低代码平台为“皖事通”“皖政通”提供了一种全新的高生产力开发范式。促成业务与技术深度协作，实现政务服务应用的快速交付，降低了开发成本。

开发者通过低代码开发系统提供的零代码和低代码两种开发模式构建应用。零代码模式不需要编写任何代码，只通过简单的拖拽就能配置出所需应用（这种只能适合特定场景的应用，例如各种带有工作流的管理系统）；低代码模式只需编写少量代码，就能开发各种轻应用、报表应用和大屏应用，通过应用发布子系统，可以构建 Web、移动、小程序等。低代码开发系统提供可视化数据建模、页面可视化设计器、服务编排设计器、可视化流程设计器等功能，快速构建应用，构建的应用无须编译，直接发布到云管系统，

---

① 郭卫丹、刘宗凡、邱元阳等：《深入评析低代码开发平台》，《中国信息技术教育》2021 年第 11 期。

② Arjovan Oosten，《提高业务价值的利器——低代码平台》，《软件和集成电路》2021 年第 21 期。

云管系统通过执行引擎和前端渲染引擎就能运行应用。通过低代码开发应用有效降低了对传统人工测试的依赖程度，测试工作由平台标准化的组件和部分自动化的测试执行，减少了不必要的测试工作，通过云原生的自动伸缩和监控能力，实现应用自运维，通过低代码开发，轻应用研发效率提升 50% 以上，低代码开发流程如图 4 所示。

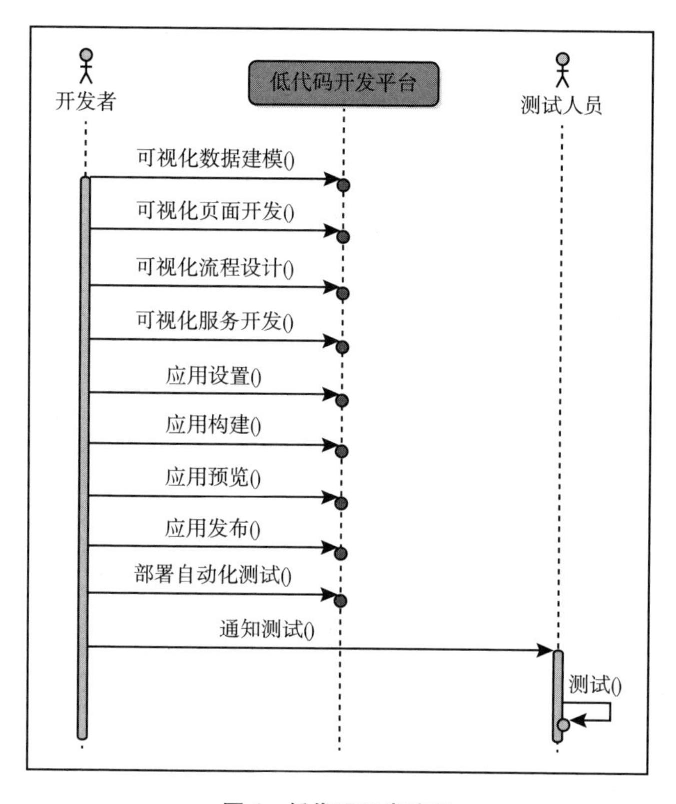

图 4　低代码开发流程

（五）多元生态合作共赢

随着数字化进程的快速推进，以人工智能、大数据等技术为代表的数字化技术也在飞速更新迭代。科学技术与各行各业都已经深度融合，真正的创新越来越难。“皖事通办”平台涉及全省，对创新的要求很高，通过创新数字资源循环通道，牢固树立“一盘棋”理念，运用系统观念、系统方法做好统筹规划和整体设计，集约化、一体化推进基础设施、数据资源和应用支撑共享公用，充分整合“存量”，集约统建“增量”。从“一地创新、全省受益”的思想出发，利用互联网的“开放共享”理念，将“皖事通办”的成果迅速扩散和转化到全省各部门各地市，让数据服务、组件库、人工智能技术开放共享，部门地市可以快速集成与应用，并在此基础上根据具体情况开发出迎合部门业务需求、符合地市独有需求的应用场景。

安徽通过“皖事通办”收集整合各地各部门使用频率高、用户口碑好的服务和应用，将其内置到“皖事通办”平台上，一个部门或一个地区的创新成果可以通过平台的辐射作用迅速推广到全省范围内，节省了其他部门或地市的开发成本和时间成本，提升办公效率的同时也为群众提供更迅速、更便捷、更优异的服务体验。同时，扩大优质服务的提供范围有助于先进地区带动落后地区，拉平全省政务服务水平，配合相应的奖励收费机制，各部门各地市开发出的优质服务最终会有益于自身，可以促进地市、部门之间形成良性竞争，互利共赢、共同进步。

（六）评价机制精准高效

在传统系统中，缺乏用户与单位之间的有效沟通，平台提供的服务只是在向企业群众单向输出，无法及时了解到这些服务是否切实解决了用户的问题。同时，在信息化发展的新时期，对于“数字政府”的评价体系尚不完整，缺少可以精确定位病灶、对症下药的评价体系。基于这些问题，“皖事通办”平台提供了评价反馈机制和指标体系来对平台的使用效果进行全方位评估。

1. 评价反馈机制

通过构建完善评价反馈机制，可以搭建起公众与政府之间的桥梁，也可以通过公众加强对政府的监管，更好地建设智能化服务型政府。政务服务的对象主要是公众和企业，因此，评价反馈机制一方面反映了政府的服务质量，可以推动政府进行自我改革、自主优化服务流程、提升服务质量，另一方面也可以激励公众参与到数字政府的建设和评估当中来，让公众做时代发展的阅卷人，也可以提升公众的参与感和认同感。“皖事通办”建立了领导信箱、网上咨询建议、智能客服、12345 客服热线、“皖事通”服务评价、电子证照纠错等各类反馈评价渠道，并对线上线下多种反馈评价渠道进行整合，通过政民互动平台统一处理反馈，形成评价反馈的全流程闭合管理。

2. 指标体系

指标于数据中诞生、于算法中提取、于场景中锤炼、于平台中生长。通过构建反映“数字政府”建设各个方面的指标体系，可以全方位观察系统，将问题扼杀在萌芽之中，构造富有活力和竞争力的数字生态系统，从而实现高效治理。传统大屏和 BI 工具大多是基于已有数据完成对数据的分析和展示，缺少从任务目标开始的指标拆解和追溯机制，无法对政府部门和行业单位的任务目标形成全生命周期的跟踪。而指标体系可通过指标系统灵活配置需要大屏的指标，让大屏指标随需而变，更加适应业务迭代更新的需求。具备多指标接入能力，可对多个大屏的展示指标进行统一管理，指标系统里配置一次指标，可被多个大屏复用。同时，指标系统自带指标监测告警功能，可支持人工设置告警阈值或 AI 智能告警，实时监测指标，若发现异常可自动告警。指标体系将侧重点落在完善和用好城市运行数字体征体系上，全面提升治理数字化水平，为领导管理决策提供依据、为政策落实提供反馈回路、为业务人员工作提高效率、为人民群众办事提供便捷。

3. 使用效果以指标体系为抓手实现的主要绩效

一是协同多部门共建业务场景，形成集政治、经济、民生、生态、文化五位一体的全方位数字生态，归集管理多源数据，并参考指标体系对部门工作成效做出评价，促进相应部门提升工作质量和服务质量。二是拉齐发展水平线，弥补区域发展鸿沟。地市平台可根据指标体系反映出来的问题查漏补缺，结合当地文化背景和发展情况因地制宜地开展数字化改革，提升地区的全方位发展。也可以自行选取适合当地实际情况的个性化指标，更加客观、全面地反映问题。三是为业务运行提供数字化全面“体检”。筛选出效果良好、使用频率高的业务场景，筛除效果不佳、使用频率不高的业务场景，并分析其原因，扬长避短，挖掘适合各个地方、不同人群的业务场景，更加精准地定位需求，加快政府的数字化转型过程。

四　结语

“皖事通办”通过“实现全省政务信息化共建共享”、“为企业群众提供便捷服务”和“推动部门联动高效运行”3个方面的推进，提取优化了服务入口、应用资源、能力组件、业务应用、多元生态、评价机制等“数字政府”构建要素，在全省范围内形成多部门联动、跨部门协作、一体化运行的工作机制，实践了“一地创新，全省受益”的高效创新模式，构建了上接国家、横向到边、纵向到底的整体性“数字政府”体系，实现“政府一个平台推服务、群众一个平台找政府”。“皖事通办”的实践开展是我国“数字政府”建设的积极探索，有助于推动长三角地区政务一体化进程，并为其他地区建设数字政府提供示范。“数字政府”建设是一个系统、复杂、长期的过程，要注重统筹规划的建设思路，推进全域数字资源的统一管理和使用；要注重以人民为中心的服务理念，不断优化改造服务流程；要注重共同推进的协同机制，打造开放包容、合作共赢的数字化发展生态体系。

B.8
时代出版读者大数据应用

吴 雷　昌 磊　武亚苹　崔 璐*

摘　要： 随着大数据技术等新兴技术的发展，出版业大数据与新兴技术的融合成为新时代知识服务的重要路径。本文以时代出版读者大数据应用平台为切入点，分析了出版企业大数据应用的成效与问题，探究了出版企业如何利用大数据技术构建新型知识服务模式。基于纸质图书的线上知识服务模式初见成效，出版企业的服务价值链得到延伸，出版企业的新媒体营销矩阵初步建立，同时发现了出版企业在大数据精准度、数据指标体系、数字版权保护等方面存在的问题与风险。针对读者大数据平台的优势与不足，从数字内容精准服务、行业数据标准构建、企业组织结构优化以及基于区块链技术的数字版权保护等方面对出版大数据未来发展提出思考。

关键词： 出版大数据　知识服务　出版融合发展

"大数据"的概念源于计算机领域，之后逐渐延伸到电商、金融、旅游、出版等领域，为人类提供了一种认识复杂系统的新思维和新手段。在党的十八届五中全会上，大数据战略正式上升为国家战略。大数据正逐渐成为

---

* 吴雷，博士研究生，正高级工程师，时代新媒体出版社总编辑，研究方向为计算机应用技术、数字出版；昌磊，高级工程师，时代新媒体出版社副主任，研究方向为数字出版、计算机应用；武亚苹，时代新媒体出版社出版研究院副主任，研究方向为数字出版；崔璐，时代新媒体出版社助理编辑，研究方向为数字出版与传播。

国家的重要资产和生产资料，在推动中国经济转型方面发挥着重要作用。大数据技术的应用与发展对诸多传统产业具有颠覆性的影响，对于出版业也是如此，它是推动出版业创新发展的有力工具，也是出版业创新发展的必然选择。

一　出版业大数据的概念与技术框架

（一）出版业大数据概念

关于大数据不同的研究机构有不同的定义。研究机构高德纳咨询公司（Gartner Group）认为，大数据是需要特殊技术及新处理模式的信息资产；而麦肯锡全球研究所则认为，大数据是一种规模大到超出传统数据库工具能力范围的数据集。大数据并不是单纯指数据规模大，应该更强调在某一个领域对相关数据的覆盖范围，只有获取速率快、覆盖面全、可挖掘和价值高的数据才能被称为大数据。

就出版业来说，出版业的生产与运营活动过程中会自然产生很多数据。为了使出版企业更清楚地认识出版业领域大数据的面貌，原国家新闻出版广电总局数字出版司构建了出版业大数据模型，将出版业大数据由内而外整体分为5层，分别是核心层、产品层、业务层、市场层和用户层。这种划分让出版企业可以从宏观层面更清晰地认识和理解出版领域大数据发展的整体情况，对出版业内部制定相应的大数据发展扶持政策、推动大数据快速发展具有积极意义。

（二）出版业大数据技术框架

出版业的数据每天都在产生，然而出版业涉及的采集、处理、分析、应用是出版业大数据建设与应用的关键问题。出版业大数据技术框架如图1所示。

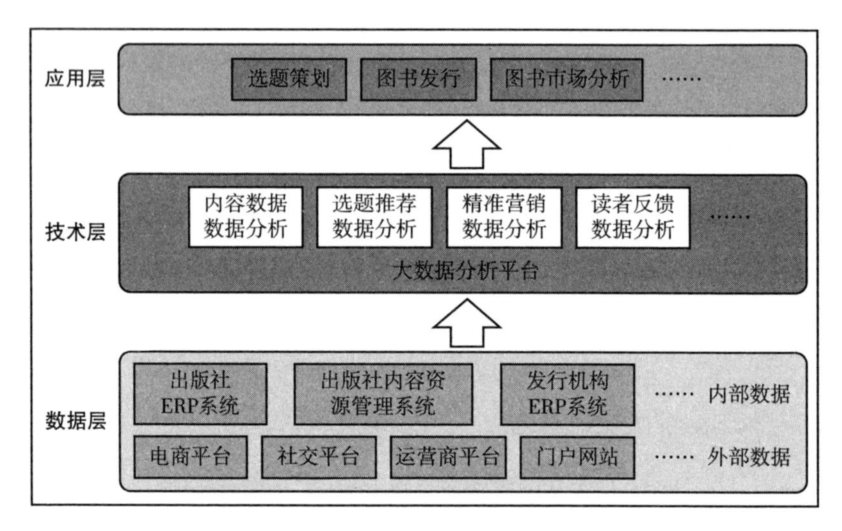

图1　出版业大数据技术框架

图片来源：作者自制。

1. 出版业大数据的采集

出版业大数据类型主要包括内容数据和业务数据，两者相互关联，是出版业进行大数据分析的基础。内容数据是指出版单位具有传播权的文字、图片、音视频等出版物数据；业务数据主要包括选题信息、作者信息、出版物信息、消费信息等数据。

内容数据的特点为总量大、形态多种多样，且多属于非结构化的数据。此类数据主要通过出版企业进行系统采集，最终形成内容资源数据的服务体系，这是构成出版业大数据的数据基础。

业务数据记录着整个出版业务运行状态的信息，采集方式大都以出版系统记录为主。出版物流通中产生的消费数据和消费反馈数据，包括出版社、书店、图书馆、个人等反馈数据，不同层面反馈数据的采集方式不同。

2. 出版业大数据的处理

对采集到的数据进行去重、去噪、结构化等处理是出版业大数据处理的关键。为了提高数据的准确度和有效性，需要对采集的数据进行去重；对于采集的无效数据或垃圾数据进行去噪，需要根据出版业大数据的应用情况建立对应的算法和模型；对采集的垃圾数据进行甄别、剔除处理，最终将数据分类进行管理和存储。出版业大数据处理通常包括数据清洗、自动分词和主题标引。

3. 出版业大数据的分析和挖掘

出版业大数据分析实际上是利用算法处理数据，进而得出某些有意义结论的过程，如用户偏好、热点话题等。根据应用场景不同，主要分为内容资源数据分析、选题推荐数据分析、精准营销数据分析以及读者反馈数据分析。

内容资源数据分析。该类数据主要源自出版社的内容资源，通过将自有内容资源碎片化、数据化、知识化，根据用户偏好按需形成所需产品，产生更大的收益。

选题推荐数据分析。该类数据主要源自社交媒体、电商平台、书评网站、专业网站等。主要收集热点话题、购书评论、消费行为等数据，这些数据经分析处理后可作为选题策划的依据。

精准营销数据分析。该类数据主要源自移动互联网、传统网站以及电子化信息系统等。通过分析读者在上述渠道上提交的个人信息、网页浏览信息、偏好设定以及消费记录等数据，帮助出版社确定营销的重点地域、读者年龄以及营销方式，提高营销效果的精准度和有效度。

读者反馈数据分析。该类数据主要源自电商、社交网络以及书评网站等。以数字阅读为例，用户在阅读时会产生包括用户与内容交互产生的数据（如阅读时长、地点、内容等）和用户与用户之间的行为数据（通过社交平台向外推荐的数据，书评的点赞、收藏、转发等社交数据）等反馈数据。这两类数据可以帮助出版社刻画读者画像，进而更好地掌握和分析读者的阅读行为趋势及阅读偏好。

4. 出版业大数据的应用

在出版领域运用大数据不仅能够有效推送满足读者需求的优质产品和服务，而且还有利于出版业制定精准的营销计划，常用的最有效的手段就是挖掘与分析用户数据信息，以更好地了解读者喜好。

在选题策划时，编辑在策划选题时可利用出版社内部数据（本社内容资源、渠道商数据、历史选题数据、数字产品）和全网采集到的选题数据，通过大数据分析中心以及选题预警系统处理，避免选题重复、选题陷阱，得出最优选题预测。

在营销发行中，针对出版物营销数据进行大数据分析，能够在优化定价、深层次挖掘用户需求、改进图书出版、完善客户关系、提升出版社运营效益等方面，优化销售发行策略、创新营销方式。

在对图书市场进行分析时，通过多维度的数据采集与分析，有效分析包括主要竞争区域、对手、渠道等信息，深度剖析出版社图书产品的需求趋势、竞争范围等问题，从而优化图书出版流程，了解出版社自身定位和未来方向。

（三）出版业融合发展推动大数据应用

随着互联网尤其是移动互联网的发展，媒体格局、舆论生态、受众对象、传播技术都在发生着深刻的变化，出版业融合发展势在必行。2020 年 9 月，中共中央办公厅、国务院办公厅印发《关于加快推进媒体深度融合发展的意见》，提出推动主力军全面挺进主战场，走好全媒体时代群众路线，以先进技术引领驱动融合发展。① 出版业融合发展为大数据在出版行业的应用奠定了基础，国内出版传媒企业已开始用大数据技术服务传统出版流程的编辑、出版、发行等各个环节，并且在此基础上通过对读者行为、兴趣偏好等问题进行深度分析，探索大数据环境下新的个性化服务模式。

1. 大数据在选题策划阶段的应用

在互联网时代，出版市场用户需求瞬息万变，依据经验进行选题策划的

① 《中共中央办公厅　国务院办公厅印发〈关于加快推进媒体深度融合发展的意见〉》，中华人民共和国中央人民政府网，http://www.gov.cn/xinwen/2020-09/26/content_5547310.htm。

传统模式风险增加。通过大数据应用分析可以及时获取、处理、分析出版物市场的实时动态信息，并根据分析的结果推送相应的关注内容和预警内容，帮助编辑进行选题预判。出版社可根据选题的类型，依照数据库中提供的营销特征确定其匹配的营销模型，进行营销策略决策；通过大数据系统亦可获取、处理、分析不同类型读者对选题出版物的反馈信息。这样出版社就能及时把握市场需求，策划出满足当下需求的图书品种，在选题决策阶段可达到预期效果。

2. 大数据在选题组稿阶段的应用

在选题组稿阶段掌握用户需求非常重要，这就要求出版企业掌握足够的作者资源。在出版企业逐步使用 ERP 系统后，作者资源逐步汇聚，慢慢形成了作者数据库。建立出版企业作者数据库将使得组稿更加精确，效率得以提升。除此之外，出版企业还将作者已经出版的出版物和正在研究的课题作为基础数据录入系统，当编辑通过大数据系统提供的数据策划出新的选题时，可以快速地从作者数据库中匹配到相应的作者，从而提高编辑选题组稿的效率。

3. 大数据在编辑加工阶段的应用

优质的内容才是吸引读者的关键点，编辑加工阶段需要重视内容，在大数据支持下，可以对编辑加工内容进行对比查重，保障内容的创新性，减少侵权行为的发生。另外，通过大数据的应用，编辑可以依照内容和市场的热度来判断稿件是否具有较好的市场；通过编校系统利用大数据分析技术进行审核、校对、查错等提高编校效率。

4. 大数据在印制出版阶段的应用

对于出版企业，确定新书首印量关系到出版社的成本控制和盈利。一旦产品印制过量，不但不能创造利润，还会增加出版社库存、占用出版社资金。因此，可以通过数据分析预估为新书首印数量提供参考。出版社可以基于同类型新书的市场情况、作者情况、同类书籍的销售库存情况等数据分析结果，实现对新书首印量科学决策。

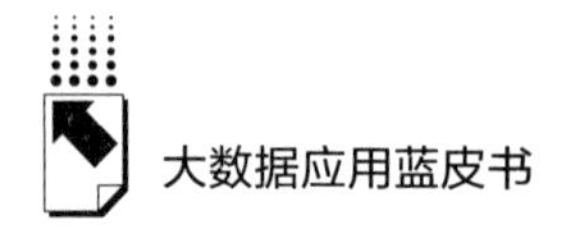

5. 大数据在营销推广阶段的应用

作者、读者和出版社三者之间需要交互，出版社通过大数据了解到用户的产品偏好，形成更准确的市场判断，才能策划、出版符合读者潜在需求的出版物。大数据的应用在一定程度上可以弥补图书出版与消费对象之间的割裂，从而为出版企业精准营销提供数据依据，形成精准市场定位，进行高效营销。此外，出版社还可依据读者的行为、偏好等数据为用户提供个性化出版物。

二　时代出版读者大数据应用平台探索

出版业与信息技术的融合是出版融合的重要方面，传统出版企业在技术融合中可通过数字化过程最大化其资源优势。时代新媒体出版社有限责任公司技术团队借助新兴互联网技术，与武汉理工数字传播工程有限公司充分合作，开发出基于读者大数据分析的应用平台，即读者大数据应用平台。读者大数据应用平台依托安徽出版集团自身优势建立了“富媒体资源管理+线上内容阅读+大数据分析推送”的系统体系，探索线下图书与线上知识付费的立体出版模式，推动安徽出版集团旗下各出版社依托纸质图书开展线上知识付费运营。平台经过两年多的运营，在线服务用户超过 470 万人，月活跃用户超过 30 万人，有效付费用户超过 80 万人，累计实现销售收入近 2000 万元。

（一）读者大数据应用平台建设与应用

读者大数据应用平台主要包括数据采集系统、数据管理系统和统计分析展示系统，涵盖数据采集、处理、分析、应用等环节。通过大体量的读者信息采集，将个体价值密度低的数据多样化分类并进行深度处理分析，形成信息整体高价值的数据集，最终通过可视化技术简洁易懂地展示读者使用习惯、阅读偏好、读者地域分布、读者画像等基础性资料，精准细分市场，为用户精准推送个性化内容定制以及线上产品的选题策划提供数据支撑。

1. 数据采集系统建设与应用

数据采集系统主要用于读者原始数据的获取和初步统计，系统以安徽出版集团旗下 9 家出版社自有数字资源为基础，将数字资源设计成二维码形式印刷在纸质出版物上（如图 2），在读者扫码（多数为微信扫码）获取音频、视频、素材包、图片、精品文章等延展性服务的过程中采集一些信息，系统将这些原始数据信息通过标签进行初步分类，并链接到数据管理系统。

图 2 《初中毕业综合练习册：英语》封面

图片来源：时代新媒体出版社样书扫描。

2. 数据管理系统建设与应用

数据管理系统将采集到的数据信息进行再加工，根据数据的不同性质由出版系统、作者系统、运营系统和编辑系统四大子系统来分类管理数据信息。

出版系统主要是从书刊角度来管理相关数据。该系统涵盖首页概览、书刊管理、审核管理、尽调单、组织成员、数据分析、收益管理和账户设置等功能模块。数据分析包括读者分析、编辑分析、作者分析、运营分析、书刊分析、二维码分析、应用分析、作品分析 8 个模块。其中，书刊分析模块中可以看出教辅类图书浏览量最大，在 2022 年 2 月 6 日至 2022 年 3 月 6 日的浏览量中排名前十的图书皆为教辅类图书，其中英语教辅的浏览量最高，占据前三名，具体如图 3 所示。这一现象与同时段各类应用的浏览量相对应（见图 4）。浏览量靠前的应用中配套听力浏览量最高，且浏览量远超第二名，达到 8922 次。在作品分析中，视频课表浏览量最高，达到 748 次（见图 5），平均浏览时长最长的作品为音频，平均浏览时长达 10 分钟（见图 6）。在数字资源中，课表最受学生欢迎，学生在日常学习中最为依赖音频，尤其是听力。反映出当前安徽出版集团数字资源开发产生的效能主要体现为读者刚性需求的满足。

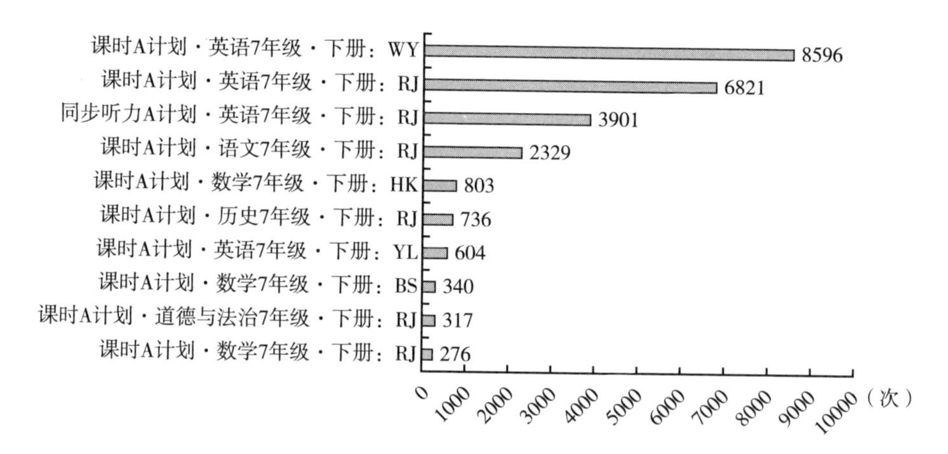

图 3　2022 年 2 月 6 日至 3 月 6 日的书刊浏览量（TOP10）

图片来源：时代新媒体出版社出版系统，https：//ra. 5rs. me/login。

作者系统是为作者提供作品交易信息（包含成交量、成交金额、购买读者信息等）和协助作者创建作品的系统。该系统包含素材管理、付费作品、交易管理、读者管理、数据分析、收益管理、账户设置 7 种功能板块。

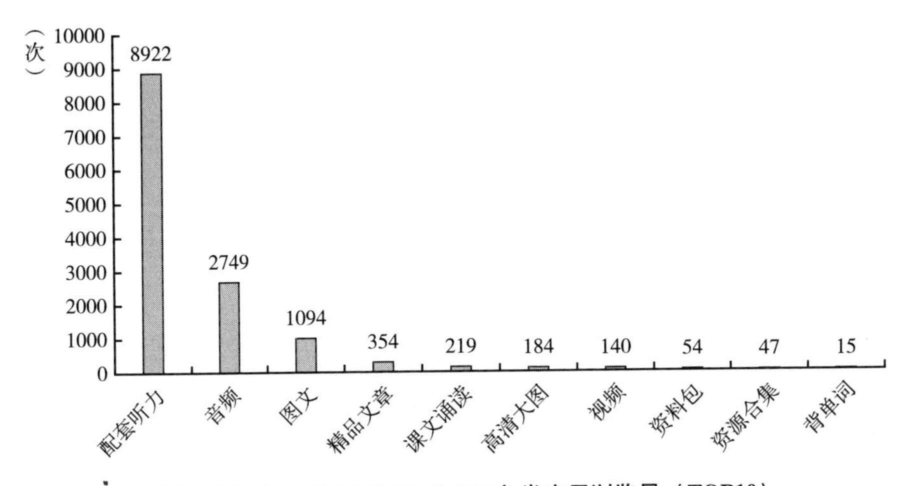

图 4　2022 年 2 月 6 日至 3 月 6 日各类应用浏览量（TOP10）

图片来源：时代新媒体出版社出版系统，https：//ra. 5rs. me/login。

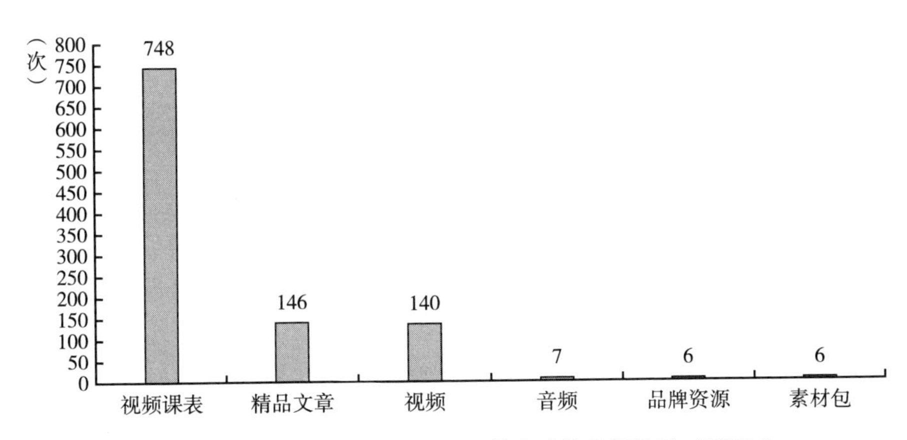

图 5　2022 年 2 月 6 日至 3 月 6 日的各类作品浏览量（TOP6）

图片来源：时代新媒体出版社出版系统，https：//ra. 5rs. me/login。

在数据分析中，如图 7 所示，2022 年 2 月 6 日至 2022 年 3 月 6 日的交易统计中订单数量为 44 笔，无成交金额（书刊中数字资源免费）。自 2022 年 2 月 15 日起，交易量开始连续性波动，体现出数字资源的交易量与学生实际开学时间具有强关联。在付费作品中，系统提供音频、视频、图文等功能供作者使用，同时系统中作者对作品的创作权占据主导地位，有权决定作品创作权是否让编辑使用（见图8）。

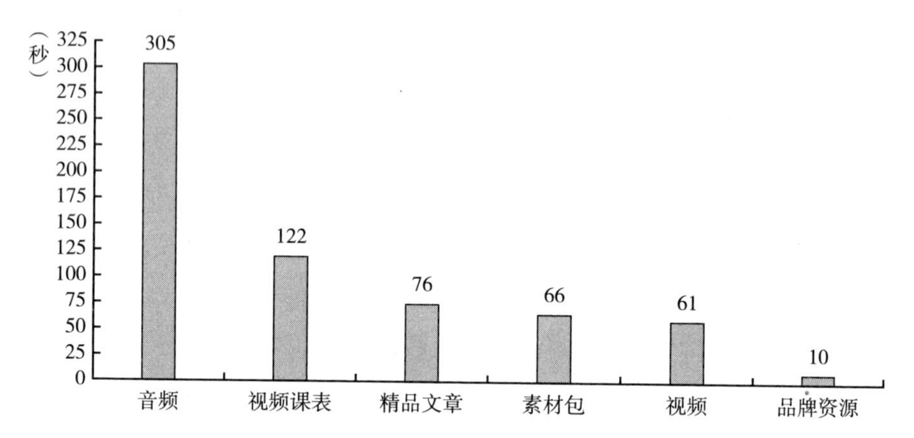

图6　2022年2月6日至3月6日各类型作品每个读者的平均浏览时长（TOP6）

图片来源：时代新媒体出版社出版系统，https：//ra. 5rs. me/login。

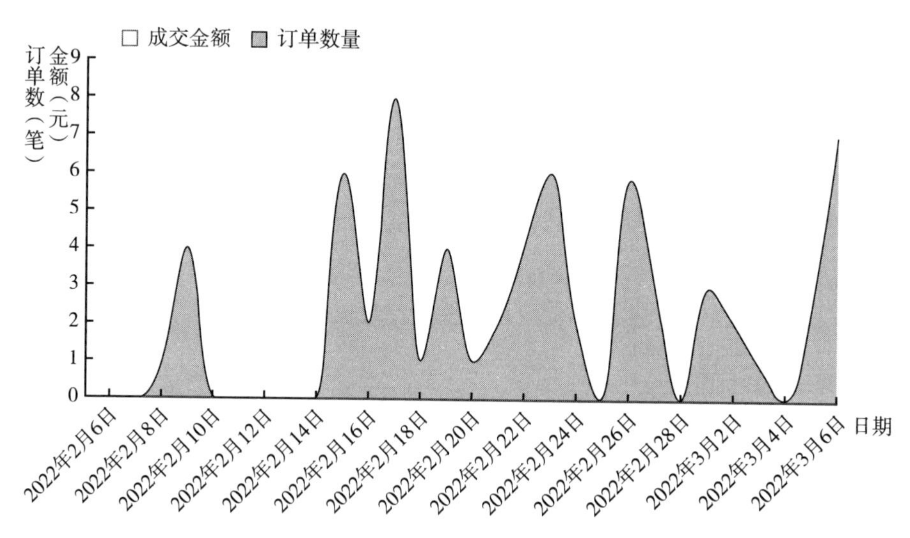

图7　2022年2月6日至3月6日的交易额统计

图片来源：时代新媒体出版社出版系统，https：//ra. 5rs. me/login。

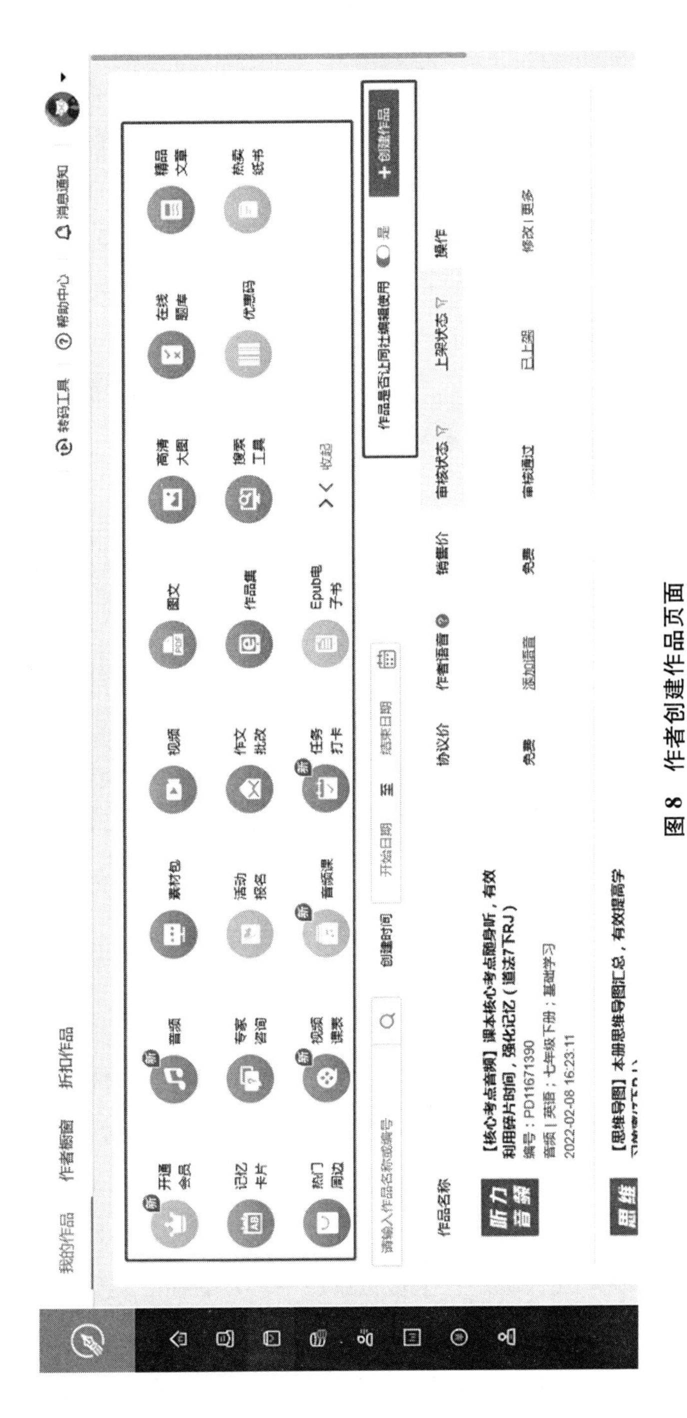

图8　作者创建作品页面

图片来源：时代新媒体出版社出版系统，https：//ra. 5rs. me/login。

运营系统侧重统计管理读者数据信息，通过统计读者数量、读者类型、读者分布及流量趋势等信息，为运营人员制定运营策略提供数据基础。该系统包括运营管理、抖音小店、消息推送、资源管理、读者管理、数据分析、账户设置7个功能模块。其中，在数据分析中可查看近一周、近半个月、近一个月的新增读者。在读者扫码时段分析中（见图9），扫码时段多集中在8点~22点，20点的扫码量达到一天扫码的高峰。读者购买时段分析中（见图10），购买行为多发生在下午和晚上，20点购买量（一笔订单）最多，扫码数量与购买量呈正相关。另外，系统会根据新增读者数量、活跃度的变化提醒运营人员关注读者数量升高时段的活动情况。

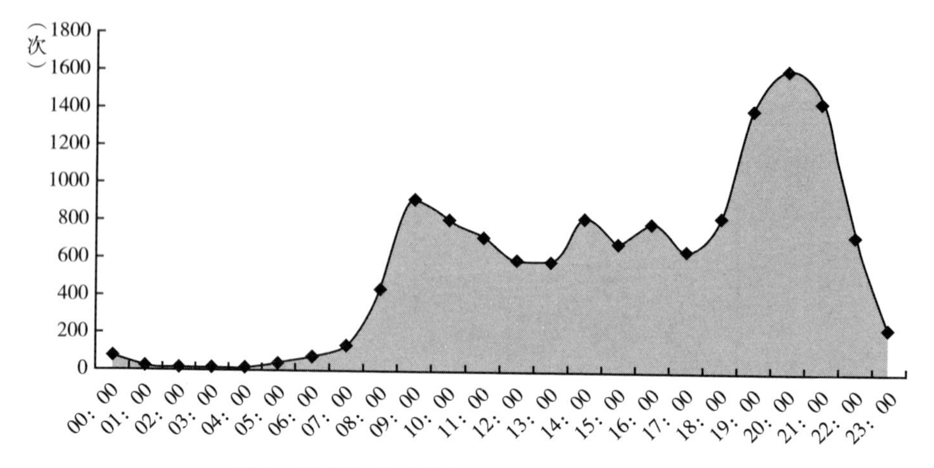

图9　读者扫码时段分析（2022年3月6日）

图片来源：时代新媒体出版社出版系统，https：//ra. 5rs. me/login。

编辑系统是利用现代纸书服务模式综合统计与管理书刊数据和读者数据，用于分析出读者潜在需求为读者提供知识服务的系统，包括现代纸书、图书方案、作书应用、作书素材、读者运营、收益管理、数据管理、企业微信这8大模块。现代纸书模块包含纸书、二维码、版权保护3块功能。编辑可在纸书功能点击新增现代纸书，上传数字图书。然后在二维码功能中创建数字资源的对应二维码，再在纸书功能中添加二维码资源进行现代纸书运作（见图11）。另外，生成的二维码亦可通过微信公众号等形式进行数字资源

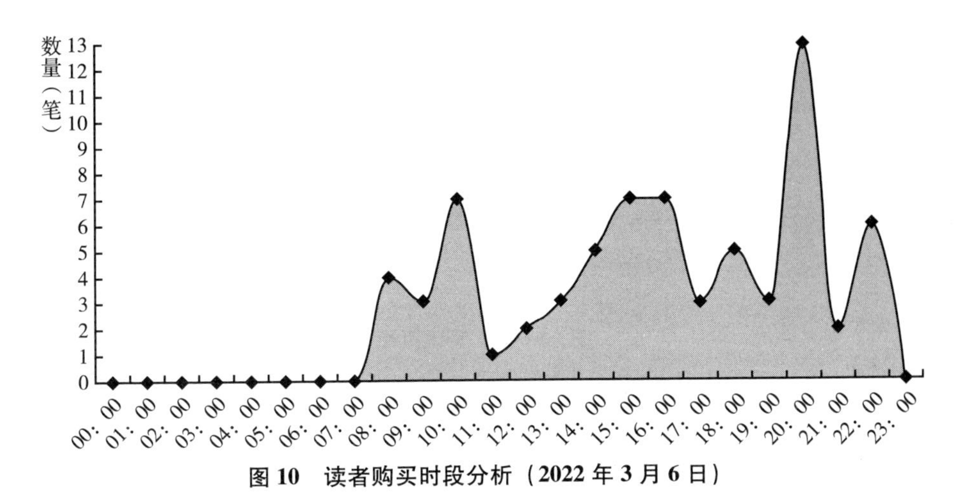

图 10　读者购买时段分析（2022 年 3 月 6 日）

图片来源：时代新媒体出版社出版系统，https：//ra. 5rs. me/login。

的宣传运作。数据管理中涵盖数据概览、读者分析、图书分析、资源分析、印码位置分析等多项功能（见图 12）。其中，资源分析主要以资源应用为主（见图 13），读者主要集中在配套听力、音频、图文资源中（见图 14）。资源分析的数据表明，目前安徽出版集团下属出版社在知识服务中总体处于知识服务的阶段，以单方面提供资源为主，互动应用较少。

图 11　现代纸书模块页面

图片来源：时代新媒体出版社出版系统，https：//ra. 5rs. me/login。

图 12　数据管理页面

图片来源：时代新媒体出版社出版系统，https：//ra. 5rs. me/login。

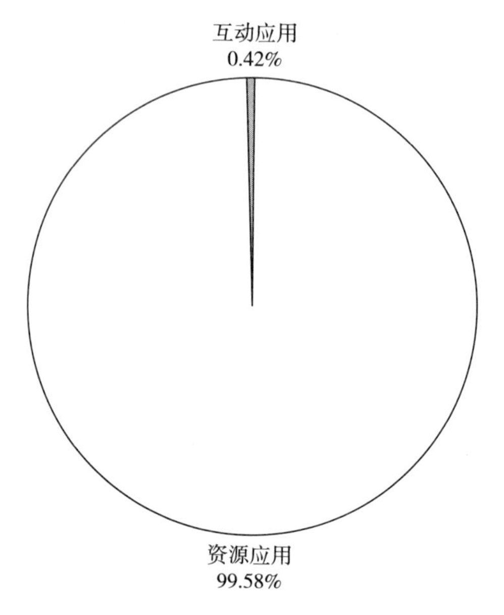

图 13　资源量分析

图片来源：时代新媒体出版社出版系统，https：//ra. 5rs. me/login。

3. 统计分析展示系统建设与应用

统计分析展示系统将数据管理系统分析处理的数据进一步通过可视化技术展现。该系统包含整体情况、平台读者数、读者行为时段统计、新增扫码用户、读者性别情况、实时用户行为等模块。实现平台读者数、新增扫码用户、实时用户行为采集的动态信息更新展示，读者行为时段统计（包含读

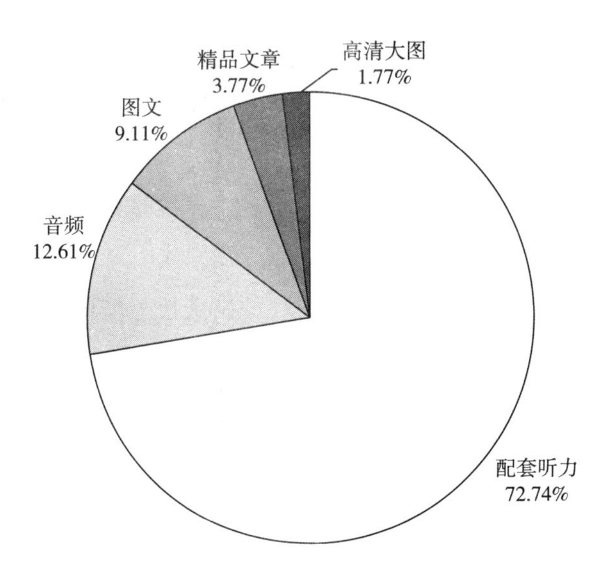

图 14　读者分析

图片来源：时代新媒体出版社出版系统，https：//ra. 5rs. me/login。

者全部行为、阅读次数、扫码次数、购买次数）的线性分析以及读者性别情况、平台整体情况的量化呈现。如图 15 所示。

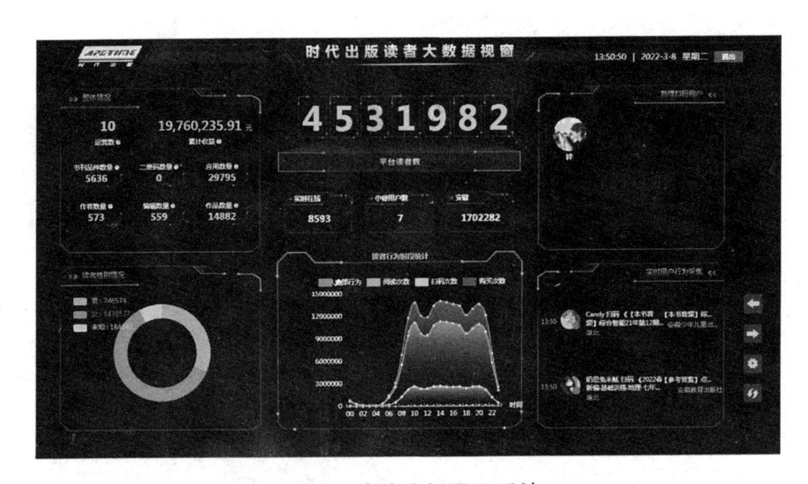

图 15　统计分析展示系统

图片来源：时代新媒体出版社出版系统，https：//ra. 5rs. me/login。

统计分析展示系统中最常用的读者画像模块主要为实时行为动态、收益总览和用户总览。3个模块分别从用户具体行为、用户线上付费、用户付费意识、用户基础信息等方面来分析读者画像。

实时行为动态用于掌握新增扫码用户、用户实时行为。新增扫码用户情况包含实时新增用户的来源地等相关信息。用户实时行为涵盖用户行为时间段、行为对象、行为用途、行为对象所在的出版社等信息。

收益总览页面会显示90天交易额（元）、线上总收益（元）、线下总收益（元）、书籍总数（品种）、实时在线人数（人）和近3个月的流量PV趋势。

用户总览页面主要呈现用户的新增数量、性别情况、用户消费比例、活跃用户数等信息。如图16所示，截至2022年3月8日，90天新增读者588272人；活跃用户151814人；男性用户0.94%，女性用户2.68%，其他用户选择不给出自己的性别信息；消费用户比例仅有0.43%。在拥有一定用户的基础上，新媒体出版社可适当开展基于图书的精品知识付费服务及其宣传推广。

图16 用户总览页面

图片来源：时代新媒体出版社出版系统，https：//ra. 5rs. me/login。

（二）读者大数据应用平台应用成效

读者大数据应用平台通过大数据技术分析读者需求，包括现实需求与潜在需求，利用“现代纸书”的概念在纸质书基础上增加数字产品服务，提升整体图书价值，实现内容形式创新。在大数据基础上探索知识服务新路径是目前平台协助各出版社发展的新方向，具体成效表现在以下两个方面。

第一，“现代纸书”增值服务已初见成效。“现代纸书”经过两年的示范应用，平台利用大数据技术更好地为读者提供增值服务，实现出版服务价值链的延伸。截至目前，通过为各出版社优质图书、期刊、教辅等实体图书添加二维码的形式，配套衍生了数字内容资源，与纸质出版物建立关联。目前已完成融合书刊 5279 个品种，添加 11104 个二维码，用户可通过扫描条码、封面或正文中的二维码获取图书相关音视频、图片、文章等格式的衍生内容。

第二，知识服务新媒体营销矩阵初步建立。安徽出版集团下 9 家出版社有自运营微信公众号 10 个，如“纸上行舟”“时代育才帮”“时代 e 学”等，初步形成新媒体营销矩阵，累计拥有社群用户近 500 万。在微信公众号的基础上，这 9 家出版社开始尝试探索知识服务营销模式。以安徽少年儿童出版社为例，平台协同安徽少年儿童出版社运营官方微信公众号“萌伢童书”，围绕微信公众号进行社群营销，针对小学、幼儿阶段的教育教学，向公众号的关注者免费提供英语听力、萌伢听书、精品课程、时代学习、精品图书等知识服务内容。目前该公众号的关注者达到 280 万，遍及全国各地。在积累用户的基础上，平台通过读者画像，成功为安徽少年儿童出版社出版的《小猪佩奇》搭建了读者交流群，加强出版社与忠实用户之间的互动沟通。开发读者潜在需求，推出双语音频、计算课、拼读课等付费课程，实现了微信公众号内容与销售联动，获得了丰厚收益。

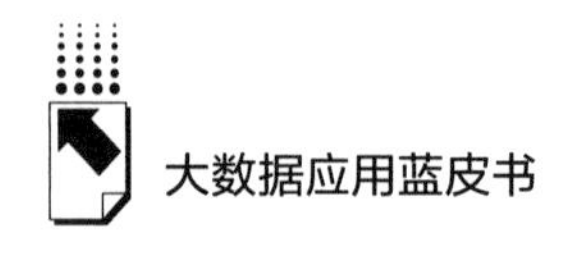

三　读者大数据应用平台存在的问题与未来发展方向

（一）读者大数据应用平台存在的不足

1. 大数据精准度存在偏差

大数据精准度不足主要体现在两个方面。首先，用户基础数据受到网络信息匿名性影响，如96. 38%的用户没有给出性别信息，用户来源地的部分数据同样存在不确定性。用户基础数据的不确定性会直接导致用户画像有偏差。其次，平台目前仅通过二维码来判断新增用户与用户行为，欠缺对二维码设置的分析。整本书中设置了多个二维码，不同位置的二维码对应的资源不同，而平台的“印码位置分析中”功能缺少相关数据，无法精确分析用户流量入口亦会影响最终大数据的精确度。

在大数据精准度问题上，读者大数据应用平台的研发团队未来会通过调研、专家论证方式设计出多维度指标减轻网络匿名性对数据真实度的冲击，同时加强对二维码资源的运营管理，对二维码入口流量进行实时追踪。

2. 数据指标体系滞后于实际需求

目前，读者大数据应用平台提供的数据指标与聚类分析皆为平台的最初设计，运行两年多后发现指标设计与聚类分析已与实际应用需求有些出入。例如数据管理系统和统计分析展示系统中缺少年龄指标，不同年龄段群体所需的知识服务在实际运营中体现出显著差异，学生群体对书籍的刚性需求最明显，而成年人则更多偏向软性需求。由于缺乏年龄相关的数据信息，编辑及运营人员不能深入了解与掌握儿童群体、青年群体、中年群体及老年群体的知识需求。这一方面造成需求盲点，对编辑策划形成阻碍；另一方面在大而统的数据指标的引导下，刚性需求知识服务效能更加明显，导致编辑更多向教辅书刊发力，而逐步丧失开拓与创新其他领域的书籍的意愿。

针对数据指标体系的滞后性问题，短期内平台将对安徽出版集团下属9

家出版社编辑进行调研，获取编辑对平台使用的实际评价与改进建议，在系统底层搭建上进行指标体系的更替。长期来看，专题调研与系统更新将以制度化形式进行，确保大数据准确、有效。

3. 数字版权存在风险

数字版权风险主要体现在编辑在“现代纸书”运作中版权保护意识不强，编辑系统为“现代纸书”提供了“互联网+传统防伪验证码”数字版权保护方案，但截至2022年3月8日，版权保护方案中的书籍依然为零。由于数字资源具有可复制性、传播速度快、版权追踪难度大等特点，数字资源被盗版的后果严重性将远超传统纸质出版物，对出版社、作者与消费者的利益损害更大。

在版权保护方面，需要提高编辑的数字版权保护意识，具体措施如邀请行业专家进行数字版权保护相关讲座，不定期进行数字版权保护相关知识培训等等。另外，亦可通过对新型版权保护技术的开发、采取引进与合作等方式进行版权的跟踪与保护，维护出版社、作者和消费者的权益。

（二）出版大数据应用未来发展方向

1. 基于知识关联的个性化数字内容服务

出版企业拥有的内容资源，特别是科技、教育等专业出版领域的资源，核心价值在于其蕴含的知识及知识间的关联性。如果不对资源进行知识化处理，就难以将分散、无序的专业数字资源有效整合起来，也无法根据读者的阅读偏好方便、快捷、高效地提供相关数字出版内容。

读者大数据应用平台将通过应用语义处理、知识图谱等技术，深度挖掘读者和用户行为数据，明确服务对象需求，实现与内容数据的深度关联与精准对接。这样一来，可以在很大程度上提高出版社数字内容的知识性，在出版物之间形成基于知识图谱的关联，也使得让计算机理解这些数字出版内容的知识性成为可能，从而为实现大规模个性化的内容服务奠定了基础。例如，在中小学教育出版领域，出版社拥有教辅资源、微课资源、课件资源可以进一步进行细粒度的资源拆分，并基于教育知识图谱对这些资源进行标引，将出版的非结构化资源加工为批次具有关联的知识库资源。在此基础上，可通过读者的学习需求，按照难度、资源类型、知识薄弱点等属性为读者推进更加适合的学习内容，实现教学精准化。

2. 出版数据信息开放共享标准构建

大数据时代，不同领域的数据一旦打破数据壁垒，建立统一的共享标准，实现数据互联互通，大数据的商业价值就会产生质变，给企业带来前所未有的巨大价值。出版企业要想实现大数据出版智能化，除了自身积累的数据外，还需要更多的外部数据来实现跨域关联。

为了更好地加快出版企业大数据的数据开放共享，一是要做好企业内部的数据共享。出版集团层面需统筹规划各出版企业的数据使用方式，厘清各出版企业数据管理及共享的义务和权利，建立公共机构数据资源清单和数据统一共享交换平台，并且加快行业范围信息系统的互联互通和信息共享，实现出版发行等多方数据共享、制度对接和协同配合。二是要做好同行业外部的数据共享。众所周知，京东、当当、抖音、快手、百度等互联网电商平台、新媒体平台和搜索平台掌握着大量的用户信息、图书销售信息、图书浏览信息，这些数据对出版企业来说具有极大价值，也是出版企业开展大数据分析的基础。出版集团层面应牵头组织出版企业与互联网平台尽快建立数据共享开放的标准，让出版企业能获取更多贴近市场的数据信息，及时掌握消费者整体风向与消费需求变化，从而准确掌握市场信息，提高潜在消费者转化效率，为人民群众提供更优质、更精准的出版内容。

3. 面向大数据的组织结构优化

出版企业为了在大数据时代建好数据、管好数据、用好数据，应开始组建专业的数据分析部门，为出版社数字化、数据化转型以及数据分析提供基础支撑。与原有的信息化部分相比，数据分析部门的工作职能从对出版社数据的管理逐步拓展到对出版社数据的分析，从对销售数据的储存管理逐步拓展至对选题策划、编辑出版、库存发货、销售运营等出版各环节数据的收集与管理。在这种模式下，数据分析部门将为出版社管理层决策提供更加客观、科学的数据支撑，也会因此逐步成为出版社的核心部门。

此外，出版企业需从垂直化的管理向扁平化的管理发展。互联网时代，出版企业通过应用大数据分析获得的分析结果需要快速落实到企业的生产、营销、管理中，这就需要将数据分析部门作为经营流程的驱动部门，依据大数据数据分析结果对出版企业的选题策划、作者遴选、营销策略、供应商管理等环节提出可行的决策方案，并对实施过程进行有效的监控。例如，在选题策划环节，数据分析部门通过综合分析现有市场情况、社会热点情况、同类图书情况为编辑部门提供出版建议；在印制生产环节，数据分析部门利用市场预测数据为印制部门确定首印册数提供参考意见；在销售推广环节，数据分析部门利用分析不同地区门店的用户数据、电商平台的排行以及实时销售数据为销售部门提供销售思路，通过微信、微博、短视频等外部平台账号以及自建平台积累的用户偏好信息，为市场部门提供营销思路。这些新变化都势必推动出版企业编辑部门、销售部门与数据部门之间的协作，甚至是将数据部门与传统的编辑部门、销售部门重新整合，形成扁平化的管理模式。

4. 微数字内容的版权保护技术研发与应用

随着大数据技术的大力应用，出版企业积累了大量碎片化的短视频、电子书等微数字内容，这些微数字内容在互联网传播时的版权保护将使出版企业出现对著作权保护的新需求。

在数字版权保护技术方面，读者大数据应用平台将吸收、集成音乐、影视行业版权保护技术的功能，适当地对现有出版行业的版权保护技术加以优化改进。进一步跟踪、应用新技术，特别是区块链技术的进步，发挥区块链去中心化、防篡改、可追溯、公开透明等特性，实现内容生产平台对内容的跟踪和交易。区块链技术凭借密码学技术、点对点技术（简称 P2P）以及共识机制有效解决了节点间的信任问题，区块链在版权保护上的深度应用可以为创作者提供更好的、更透明的分配和支付系统，为微版权保护领域的难题提供解决方案。

在版权监控技术应用方面，读者大数据应用平台则可以根据行业的发展现状与发展需求，发动出版企业、技术公司、相关组织协会等联合合作建设起专业的侵权盗版监控平台，通过利用大数据挖掘技术，对数字出版物的传播路径进行追溯，及时发现侵权行为。

B.9
基于大数据的宣城城市大脑“决策驾驶舱”应用

汪磊峰　安诗鹏*

摘　要： 安徽省宣城市是江淮地区重要枢纽、G60科创走廊中心城市和长三角城市群成员城市，区位、资源、交通等综合优势突出。近年来，宣城市认真贯彻落实党中央、国务院建设网络强国、数字中国、智慧社会的战略部署及安徽省委、省政府对“数字安徽”的工作部署，大力推动“数字宣城”建设，在数字化转型、区域一体化发展进程中打下了扎实基础。2021年，宣城市数据资源管理局联合科技企业打造智慧宣城“城市大脑”①。其中，基于大数据的宣城城市大脑“决策驾驶舱”② 应用构建了经济发展、民生福祉等5大分舱，以“一屏观全城、一网管全域”为目标，建立真正“用数据说话、用数据决策”的“可监测、会预警、善分析，能指挥”的决策驾驶舱，辅助市领导实现对城市运行管理工作的全面、及时把控，提高城市运行风险预警的前瞻性，提升政府管

* 汪磊峰，宣城市数据资源管理局局长；安诗鹏，科大讯飞股份有限公司智慧城市事业群市场总监，长期从事人工智能、新型智慧城市领域战略市场工作，参与编制数字山东工程标准、数字铜陵理论课题研究。

① “城市大脑”是利用大数据、云计算、区块链、人工智能等新一代信息技术构建的，支撑经济、社会和政府数字化转型的新型基础设施和城市运营赋能平台。通过汇聚政府、企业和社会数据，利用超级计算技术和人工智能对城市海量数据资源进行融合计算，实现对城市治理的精准分析、整体研判、协同指挥、科学治理，促进城市治理从数字化到智能化再到智慧化，让城市更聪明更智慧，提升城市治理体系和治理能力现代化水平。参见《关于印发加快推进“城市大脑”建设行动方案的通知》（皖数江〔2020〕3号）。

② “决策驾驶舱”是智慧化城市治理的导航台，通过多部门数据整合、AI能力建设及业务协同规范，以实现城市治理的高效协同、发展规划的智慧决策及信息资源的集约共享。

理科学决策水平。宣城城市大脑“决策驾驶舱”是大数据辅助决策应用的现实案例，充分体现了大数据的全量汇聚、有序治理、安全开放和深度挖掘应用，对辅助政府决策、优化营商环境、促进城市运行管理、培育发展数字经济等具有现实指导意义。

关键词： 大数据 人工智能 辅助决策 智能预警 决策驾驶舱

一 背景

习近平总书记强调，要加快建设数字中国，构建以数据为关键要素的数字经济，推动实体经济和数字经济融合发展。党的十九届五中全会提出：“发展数字经济，推进数字产业化和产业数字化，推动数字经济和实体经济深度融合，打造具有国际竞争力的数字产业集群。”① 2022 年国务院政府工作报告中明确提出促进数字经济发展，并从数字信息基础设施建设、规模化 5G 应用推进、促进产业数字化转型、加快发展工业互联网等方面提出多项落实举措。②

人工智能、大数据是数字经济发展的关键驱动技术。当前，以人工智能、大数据技术为基础构建的城市大脑及其智慧应用已成为城市新型基础设施的重要组成部分，在不断做强、做优、做大数字经济过程中发挥了重要的支撑保障作用。特别是近年来新冠肺炎疫情也加速了社会治理及城市发展方式的变革，以大数据为代表的数字技术、数字经济在疫情防控、社会管理、便民便企服务、助力复工复产等领域发挥了重要作用。

当前，政务大数据基本实现了统一平台汇聚，这是开展大数据决策的首

---

① 《中共中央关于制定国民经济和社会发展第十四个五年规划和二〇三五年远景目标的建议》，中华人民共和国中央人民政府网，http：//www. gov. cn/zhengce/2020－11/03/content_5556991. htm。

② 《政府工作报告——2022 年 3 月 5 日在第十三届全国人民代表大会第五次会议上》，中华人民共和国中央人民政府网，http：//www. gov. cn/premier/2022 － 03/12/content _5678750. htm。

要阶段和基本前提。借助信息技术实现政府运作和业务流程变革，有助于促进政府治理方式及公共服务的创新。

（一）大数据、人工智能技术发展为智能决策奠定技术基础

近年来，我国大数据、人工智能技术快速发展。政府部门大力推进数据治理和共享交换，大数据治理探索取得了初步效果，传统电子政务发展过程中存在的“数据孤岛”、信息壁垒逐步被打破。政务数据、行业数据、经济数据、社会数据逐步实现了全量汇聚。同时，我国构建了政务信息化建设的“三融五跨”模式[①]，确立了整体联动、协同管理和精准服务的目标，政务信息系统整合共享成为电子政务发展的最新实践，而大数据治理成为促进这些目标实现的有效保障。

大数据、人工智能技术在经济运行、民生服务、社会治理、政务服务等领域广泛应用，将极大地提高城市管理的精准化水平。大数据、人工智能技术可准确感知、预测、预警城市运行的重大态势，主动决策反应，必将显著提高社会治理的能力和水平。

以大数据、人工智能为技术支撑开展的辅助决策，形成了以大数据为主要驱动的决策方式。随着大数据技术的发展，大数据逐渐成为人们获取对事物和问题更深层次认知的决策资源，特别是人工智能技术与大数据的深度融合为复杂决策的建模和分析提供了强有力的工具。随着大数据应用越来越多地服务于人们的日常生活，基于大数据的决策方式开始应用于政府辅助决策领域，在产业经济、民生服务、社会发展、政务服务等领域呈现出良好发展态势。

因此，大数据和人工智能技术的发展为政府开展辅助决策、智能决策奠定了技术基础。未来，在大数据和人工智能技术的驱动下，在政府决策日益透明、科学、规范的客观要求下，依托技术手段为政府决策提供辅助建议、模拟仿真和效果校验等大规模应用成为可能。

① “三融五跨”即技术融合、业务融合、数据融合，实现跨层级、跨地域、跨系统、跨部门、跨业务的协同管理和服务。“三融五跨”是国家电子政务外网作为国家统一的政务网络平台，起到公共基础支撑作用。

（二）大数据决策具备精确、智能、互动、个性化等显著特点

从本质上来讲，决策通常是目标驱动的行为，是目标导向下的问题求解过程。依托大数据开展的各类决策活动依赖于数据深度挖掘的关键信息，也离不开数据验证全流程的闭环反馈。大数据决策在现阶段主要体现在智能辅助决策，未来也将会在认知智能技术、大数据智能理论①的深度应用中发挥更大作用。现阶段大数据决策更多体现的是以下特点。

第一，对决策要素的精确依赖性。决策行为本身就是一个依赖全量信息、考虑各方因素、洞察趋势变化的过程，为决策提供智能辅助手段需要在汇聚全量数据的基础上构建起丰富的、科学的、精准的指标模型体系。因此，在各类决策的关键要素中要充分依赖行业积淀和业务知识积累，形成对关键要素的精准掌握，充分考虑各类因子对决策结果的影响。

第二，对决策环境的能动适应性。在决策模型的构建过程中充分考虑决策环境的不确定性是领导决策的历史依据；将定性与定量、经验与统计、智慧与算法等结合起来，综合集成，多向融合，确保模型的科学性和适用性。

第三，对决策对象的交互动态性。在“决策驾驶舱”应用场景中，就是围绕作为决策客体的决策对象本身具有的动态变化特性，在决策模型运算过程中要进行态势计算分析，约束模型的运算起始条件。在应急决策时，这个问题尤为突出，需要给出模拟仿真和辅助建议。

第四，对决策问题的持续演化性。政府领导决策本身就是一个复杂的、动态的、多元的信息处理过程。在决策目标不变的前提下，决策问题是随时间演变的。基于时间轴进行前瞻预测分析，实现对决策问题的时空多维度解析，能够更加客观地审视问题全貌，体现“高屋建瓴、总揽全局、高瞻远瞩”的决策智能化特征。这也为“决策驾驶舱”建设提供了依据。

---

① 研究数据驱动与知识引导相结合的人工智能新方法、以自然语言理解和图像图形为核心的认知计算理论和方法、综合深度推理与创意人工智能理论与方法、非完全信息下智能决策基础理论与框架、数据驱动的通用人工智能数学模型与理论等。

二 宣城城市大脑建设

历史上，宣城市在智慧城市建设领域处于“跟跑”状态，全市的信息化统筹力度不足，数据资源汇聚和共享也缺乏有力抓手，智慧场景应用也没有很好的突破口。近年来，在宣城市委、市政府的高瞻远瞩和精心谋划下，宣城市数据资源管理局立足职能、广泛调研、周密谋划，希望通过城市大脑建设，进一步贯彻中央及省市关于智慧城市建设的相关要求，推动宣城市政府管理和社会治理模式创新，实现政府决策科学化、社会治理精准化、公共服务高效化。

2020 年底，宣城城市大脑建设正式启动。建设伊始，遵循“边建设、边应用”的总体思路，本着“为市委市政府决策服务，为部门管理服务，为企业市民服务”这一宗旨。目前，宣城城市大脑建设取得了阶段性成效，全市数据基础支撑持续完善，数字治理水平稳步提高，惠民服务能力不断提升，数字经济发展加速推进，发展政策体系逐步健全。在项目建设过程中，把规划设计作为重中之重，确保顶层规划的权威性和指引性。在统一体系下细化建设框架内容，确保支撑有力、中台强壮、场景活跃。

（一）优化顶层设计，采用“三个纳入”

将城市大脑建设纳入“数字宣城”十四五发展规划和“智慧宣城”三年行动计划，作为重要基础性工作；将城市大脑建设项目纳入宣城市智慧城市建设项目，作为全市重点项目；将城市大脑建设项目经费纳入地方政府非标专项债，保障建设资金。

（二）强化基础建设，夯实“两大支撑”

构建覆盖三大运营商、新老政务云的综合云平台体系，为城市大脑建设项目提供完善的基础硬件支撑；推进宣城市宛陵大数据中心实体场馆建设，集成协同指挥、功能展示、市民体验等功能，为城市大脑搭建完善的展示载体支撑。

（三）细化建设方案，打造“三台一座”

筑牢数据中台基础，全面对接安徽省江淮大数据中心，严格按照规范要求推进地市子平台建设；加快推进政务、经济、社会数据归集汇聚，筑牢城市数字化底座。推进六大基础库建设，结合本地特色需求建设基层治理、公共安全等专题库；新建数据共享交换平台，向上连接江淮大数据中心，横向连通市直部门，向下对接县级数据平台，构建完善的数据共享交换体系；建设共享交换门户，向政务部门和社会提供数据共享开放服务。完善智慧中台能力，推进视频分析、语义命令、AI 原子、形体分析等 16 个专项子平台建设；积极打造以 AI 为核心的通用能力开放平台，赋能各单位业务系统，提升应用场景智能化水平。构建业务中台闭环，建设协同处置、辅助决策、基础支撑等 14 个子平台，打通市城管局、市政府公开办、市新媒体中心、市移动等多家单位业务系统，实现各类事件智能发现同步推送，业务系统协同处置，流程和结果分析的工作闭环，进一步提升工作效能。打造数字孪生底座，通过地理信息空间与时间的关联融合，构建集空间约束、资源展现、时间追溯、层次关联、事件监测五维一体的城市信息模型框架体系，标注各类城市部件，接入实时数据，实现城市要素数字化、状态可视化、管理智能化。

（四）深化场景应用，突出“六大领域”

在政务服务领域，整合政务服务业务系统，加快推进智慧政务建设，建设“宣企快办”“政务服务最先一公里”“出生一件事”等场景。在城市管理领域，运用 AI 技术，智能发现城市管理问题，建设市容卫士、大车治理、“镜像水阳江”等场景。在社会治理领域，整合各类视频资源，建设高空抛物、社区安全、电梯监测等场景。在文化旅游领域，突出宣城特色，以敬亭山景区为试点，建设“诗意宣城”、智能导览、危险区域监测、失踪人员找寻等场景。在宏观决策领域，强化数据分析，在经济发展、社会治理等专题建设决策驾驶舱，辅助领导决策。在民生服务领域，深入群众一线，建设“掌上公交”“驾考提醒”等场景。

目前，宣城城市大脑建设已取得阶段性成效。2021 年 7 月 28 日，宣城城市大脑上线试运行；“决策驾驶舱”获第一届中国新型智慧城市创新应用大赛优政类二等奖，成为安徽省第二批“城市大脑”应用试点场景。

三　宣城城市大脑“决策驾驶舱”应用的实施路径

宣城城市大脑实现了由以人力为主向人机交互转变、由以经验判断为主向数据分析转变、由以被动处置为主向主动应对转变。“决策驾驶舱”目前已归集39个市直单位、387项指标数据，涵盖经济发展、民生福祉、社会治理、政务服务、生态文明5个板块，有25个主题，61个分类，387项指标，7个分析预测模型，7个智能预警模型，2.99亿条数据。宣城城市大脑具备智能预警、分析预测、在线批示等能力，帮助市政府清晰掌握全市各领域实况，实现了“直观看、轻松管、快速决”，成为市政府决策的重要辅助手段，也是加快政府数字化转型的一个具体案例。对提升治理体系和治理能力现代化水平，推动政府“放管服”改革向纵深发力，优化营商环境和促进社会经济高质量发展具有积极意义。

以人工智能和大数据技术为基础构建的“决策驾驶舱”核心功能是帮助政府逐步从规则流程驱动向数据驱动、智能决策转变，对以往的复杂业务流程进行重塑和改造。目前“决策驾驶舱”仅仅展现出其能量的冰山一角，未来必然还会有更多的变革。其中，人工智能和大数据作为重要的两个核心，其技术发展程度将在很大程度上决定智能决策发展的上限。下面将以宣城城市大脑“决策驾驶舱”应用为例，对其实施路径进行展示。

（一）“决策驾驶舱”的建设目标

以“兴业、惠民、善治、优政、宜居”为目标，构建“经济发展、社会治理、民生福祉、政务服务、生态文明”五大分舱的城市体征指标体系，为宣城市决策提供具备智能化、数据驱动的城市运行态势监测预警和辅助决策分析服务。通过手机、电脑、大屏等多个终端，多层次、全方位实时掌握城市运行状态，实现重要指标能随时随地“指尖查阅”“指尖理政”。提供基于专题场景的分析预测，实现风险研判的敏捷调度与科学决策。

（二）“决策驾驶舱”主要建设内容

决策驾驶舱作为政府管理城市的数字大脑和神经枢纽，兼备城市体征感知监测中心、城市运行辅助决策中心功能。系统支持“大中小”三屏联动模式，“大屏”即指挥大厅大屏，“中屏”指电脑和多功能会议电视，“小屏”指手机移动端。“决策驾驶舱”系统架构和主要建设内容如图 1 和图 2 所示。

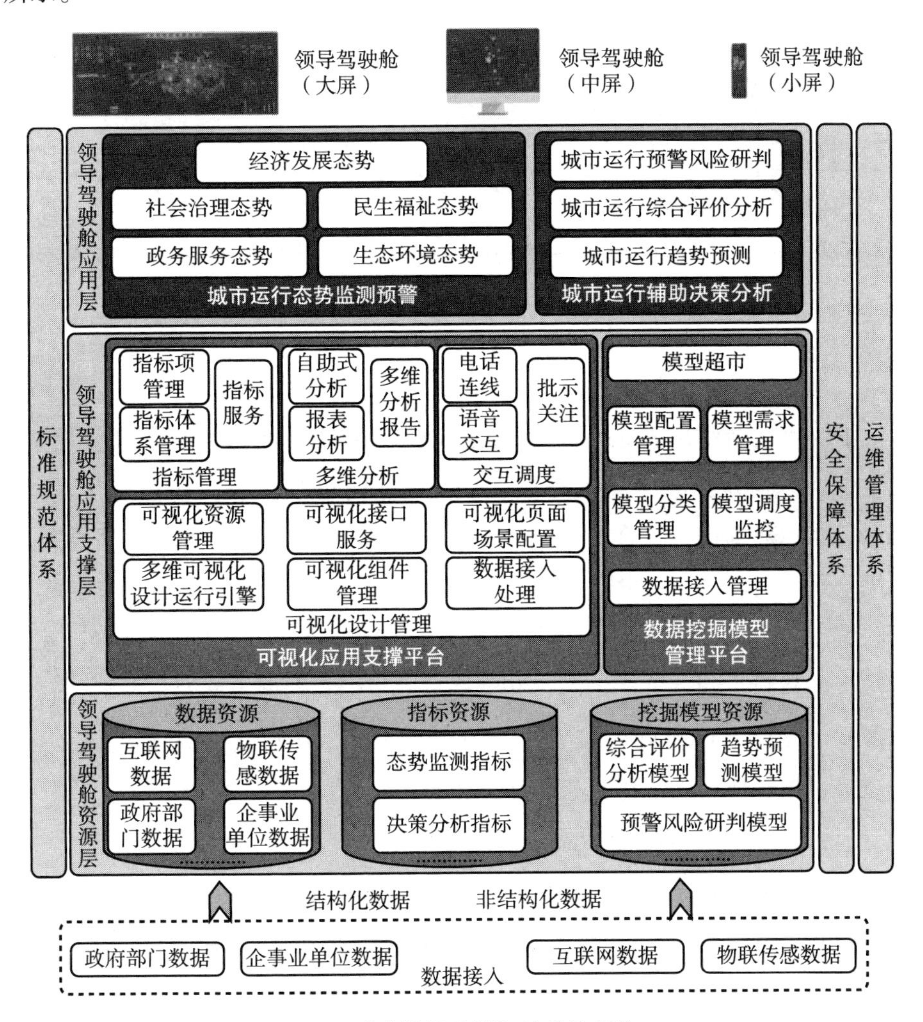

图 1 “决策驾驶舱”的系统架构

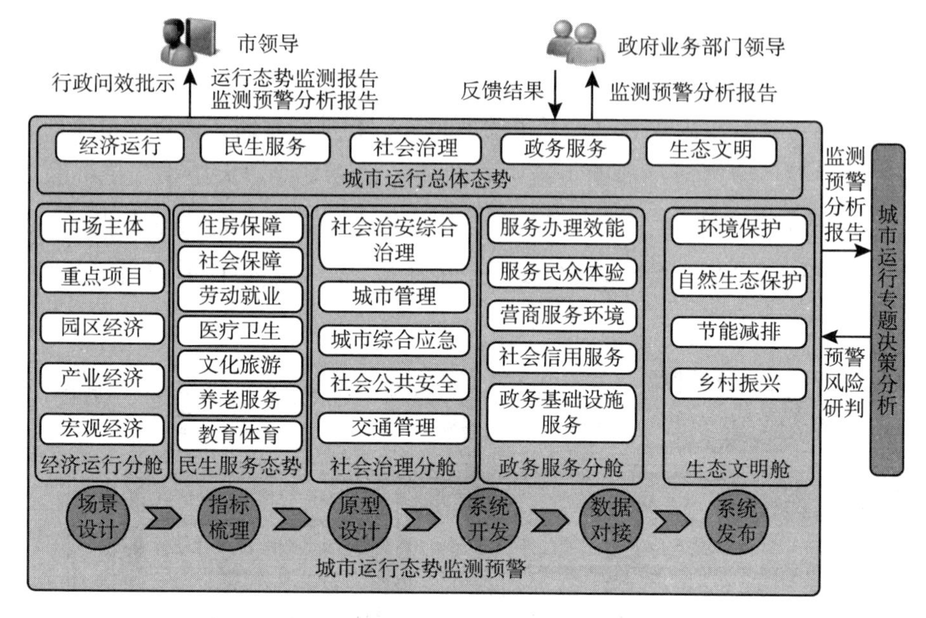

图 2　主要的“决策驾驶舱”建设内容

1. 城市运行态势监测预警

围绕市社会经济发展目标和重点工作，建设“经济发展、社会治理、民生福祉、政务服务、生态文明”五大分舱的可视化感知监测应用场景，对多项指标数据进行组合关联分析，对相关指标、事件、舆情进行异常监测和风险预警，以“一张图”的形式向市政府展示城市运行全景，全面实时反映城市的运行发展态势（见图 3）。实现城市运行风险的预警预测，及时改进管理漏洞、调整管理措施，并围绕重点指标实现城市间对标排名，及时掌握城市经济发展所处的位置、优势和差距，为城市运行发展“抓重点、补短板、强弱项、固优势”提供决策依据。

（1）经济发展分舱指标监测

提供全市宏观经济、产业经济、园区经济、重点项目、市场主体 5 个主题领域的指标监测预警，从宏观（经济基本面）、中观（产业、园区）、微观（重点项目、企业）3 个层面查看分析各类指标运行情况，领导可以及时掌握重要经济发展考核指标完成情况，以及城市经济发展所处的位置及其优

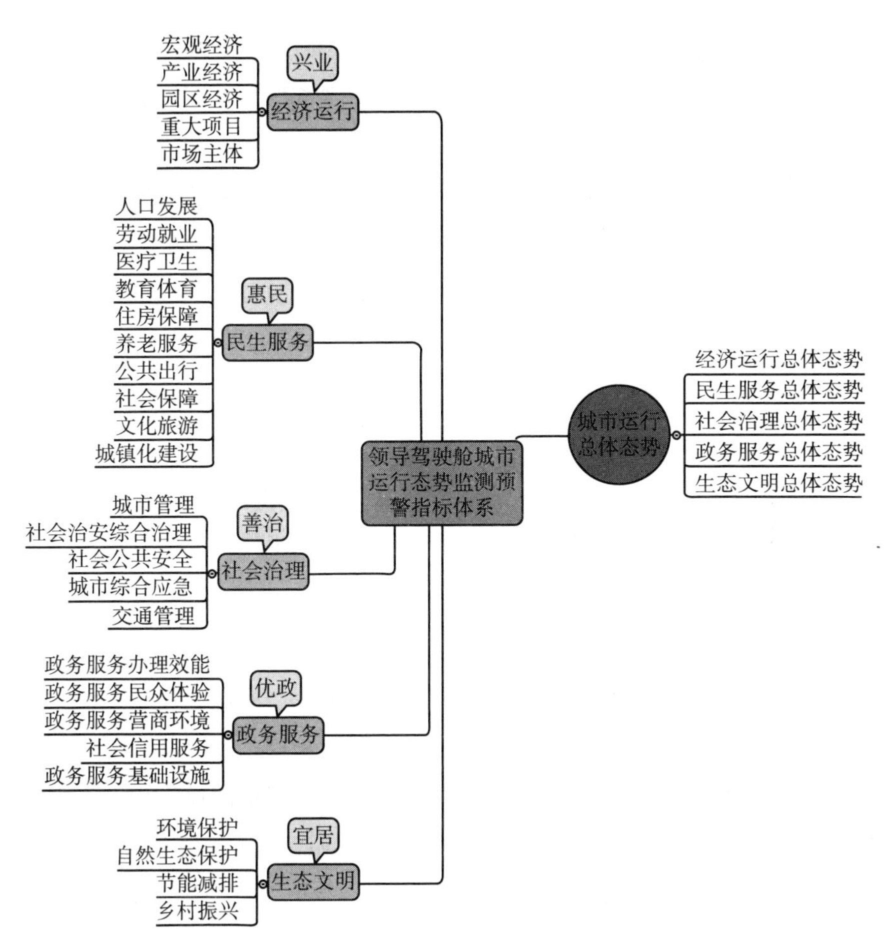

图3　决策驾驶舱城市运行态势监测预警指标体系

势、差距。

（2）民生福祉分舱指标监测

提供人口发展、劳动就业、医疗卫生、教育体育、住房保障、养老服务、公共出行、社会保障、文化旅游和城镇化这10个主题领域民生福祉指标的查看分析、监测预警和趋势预测，及时了解全市民生福祉建设工作情况，以及重要民生福祉考核指标完成情况。

（3）社会治理分舱指标监测

提供城市管理、社会治安综合治理、社会公共安全、城市综合应急和交通管理5个主题领域社会治理指标的查看分析、监测预警和趋势预测，及时了解全市社会治理工作情况，以及重要社会治理考核指标完成情况。

（4）政务服务分舱指标监测

围绕优化政务服务营商环境的要求，整合政务审批事项数据、办件信息数据、监察信息数据、线下服务站点、公众参与度情况等政务服务数据资源，建立政务服务态势监测预警指标体系，对政务服务办理效能、政务服务民众体验、政务服务基础设施、政务服务营商环境方面的指标进行监测预警，全面把握政务服务运行态势和服务效能，以及老百姓的满意度。

（5）生态环境分舱指标监测

提供环境保护、自然生态保护、节能减排等主题领域指标的查看分析、监测预警和趋势预测，及时了解全市生态环境建设工作情况，以及重要考核指标完成情况。

2. 城市运行辅助决策分析

辅助决策分析主要包括城市运行预警风险研判、城市运行综合评价分析和城市运行趋势预测。城市运行预警风险研判对来自感知监测预警数据进行关联分析，结合预警模型进行风险研判，确定警告信息的风险级别，为构建城市运行风险“一张图”提供分析数据支撑；城市运行综合评价分析是对城市管理、营商环境、政务服务、企业发展等绩效进行综合评价，找出相关不足和问题，为政府主管领导和政府部门提供优化业务管理的依据；城市运行趋势预测是对经济、安全、交通、民生等领域的海量数据进行多维关联分析和深度价值挖掘，预测专题领域未来的发展趋势，为城市管理的精准施政提供决策依据，推动政府决策从“经验判断型”向“数据分析型”转变。

3. 可视化应用支撑平台

通过可视化设计管理组件，实现城市运行态势监测预警的可视化应用场景设计，通过图形化拖拽、配置的方式，轻松、智能地配置出多样化、炫酷的可视化页面，包括多维可视化设计运行引擎、可视化资源管理、可视化数据接入、可视化页面场景配置、可视化组件管理、可视化接口服务等核心能力；通过指标管理组件，实现城市体征指标的统一管理，包括指标项、指标体系和指标服务等能力；通过多维分析组件，业务人员对自身关注的数据指标进行自助式多维数据抓取、统计、报表等数据分析服务；通过交互调度组件，为上层应用提供跨部门电话连线、语音交互和指标批示关注等能力。

4. 数据挖掘模型管理平台

对支撑城市运行辅助决策分析系统所需的数据挖掘模型进行统一开发、部署、应用的全生命周期管理，主要包括数据接入管理、模型分类管理、模型调度监控、模型配置管理、模型需求管理和模型超市等功能。

5. “决策驾驶舱”资源库

利用可视化应用支撑平台中的数据处理和指标管理，构建城市运行态势监测预警和城市运行辅助决策分析服务所需的数据资源、指标资源和挖掘模型资源。

随着城镇化进程的加速，城市发展面临的问题也逐渐显现。城市内涝、交通拥堵、社区安全等“城市病”问题极大地困扰着城市居民，考验着城市管理者的管理能力和智慧。从城市管理的现状来看，当前在城市管理的许多方面因为没有完整的基础数据，所以缺乏对城市运行监测的定量分析和比较健全的动态管理制度。

以城市运行态势监测预警为例，利用大数据、人工智能技术，“决策驾驶舱”需要构建从场景设计、指标梳理、原型设计、系统开发、数据对接到系统发布的全流程应用。通过三维地图全面直观地展示城市运行态势，利用大数据分析为城市管理者辅助决策提供数据支撑。

针对城市运行态势，“决策驾驶舱”的构建需要丰富的数据来源，需要信息如下。

（1）地理信息

地理信息的数据主要分布在自然资源与规划局中，如影像电子地图、矢量电子地图、数字化地形图、数字化线图、数字高程模型、三维模型的建模等。

（2）城市部件

主要包括公用设施、道路交通、市容环境、园林绿化、房屋土地及其他设施六大类城市部件。

（3）城市事件

主要包括市容环境、宣传广告、施工管理、突发事件、街面秩序5类城市事件。

（4）其他业务数据

网格化社会管理的业务数据，包括人房数据、事件数据等；生态环境的业务数据，包括大气环境、水环境以及重点污染源数据等；市场监管的业务数据，包括市场主体、市场问题、市场事件等数据；交通业务数据，包括车辆轨迹、道路状况等数据；公安部门的业务数据，包括视频图像数据、车辆卡口数据以及重点人员数据；统计部门的业务数据，包括人口、教育、文化、体育、医疗、社保等多个角度的社会发展数据。

利用城市大数据中心与各级各部门建立数据共享交换通道，将非涉密类的城市治理业务大数据尽可能地归集到大数据中心。数据汇集利用多种数据接入工具，将政府各部门结构化和非结构化的数据进行统一的汇聚接入，存储到大数据存储组件，并支持数据预处理，为大数据中心原始数据提供支撑。

不同委办局需要对接的数据内容是有差异的，同时设计的数据也有不同。根据数据汇集的整体建设思路和设计标准，结合应用需求，设计数据接入方式和接入频率，配置数据全量、增量抽取方案，在必要情况下配置数据一致性抽取方案和统一调度方案。对有信息化系统的城市治理数据进行动态数据共享，确保及时和准确地提供数据。对于无信息化系统的城市治理数据，制定数据共享机制，定期更新静态文件。

城市运行监测的数据治理是利用数据治理能力工具，对从自然资源与规划局、城管局、公安局、民政局、生态环境局、住建局等多个部门汇集的地理信息、城市部件、城市事件以及各类业务信息的数据进行持续的优化改进，同时支持对后续新增的数据内容和数据类型扩展，统一进行数据治理。

对所有归集的地理信息、城市部件、城市事件以及各类业务信息的数据进行清洗、整合，以地理坐标为基准，将所有城市部件、城市事件汇聚到一个地理信息库中。规范各类数据的生成以及使用，持续改进数据质量，最大化数据价值。通过数据治理提升数据服务能力，从而更好地为城市治理辅助决策提供支撑。

四 宣城城市大脑“决策驾驶舱”的成效及展望

2017 年 12 月 8 日，习近平总书记在主持十九届中共中央政治局第二次集体学习时指出，善于获取数据、分析数据、运用数据是领导干部做好工作的基本功。各级领导干部要加强学习，懂得大数据，用好大数据，增强利用数据推进各项工作的本领，不断提高对大数据发展规律的把握能力，使大数据在各项工作中发挥更大作用。①

在大数据时代下，“决策驾驶舱”应用将全面革新领导决策的模式，也将在具体的实践应用中被赋予新的特点，需要我们理性思考并积极应对。

随着城市体量不断增长、城市元素愈来愈多，传统的城市管理职能划分造成了自发零散、各自为战的局面，城市数据碎片化、“信息孤岛”林立，城市管理者陷入疲于处理各种管中窥豹式汇报信息的决策困境。着眼于宣城的科学长期发展，宣城市委、市政府高度重视“智慧宣城”的建设和发展，急需“一站式”决策支撑体系和能力，探索城市治理体系和治理能力现代化，将管理决策提升到一个新高度。目前，宣城城市大脑“决策驾驶舱”应用已取得良好成效，具体表现在以下五个方面。

（一）实现了全域数据融合

“决策驾驶舱”是以构建宣城城市运行态势指标体系为基础，为市委、市政府各级决策者提供重要指标，可随时随地“指尖查阅”“指尖理政”的监测预警分析系统。市政府通过手机、电脑、大屏等多个终端清晰掌握全市社会经济各个领域的实际情况，建立真正用数据说话、用数据决策的“可监

① 《习近平在中共中央政治局第二次集体学习时强调 审时度势精心谋划超前布局力争主动 实施国家大数据战略加快建设数字中国》，http：//www. gov. cn/xinwen/2017－12/09/content_ 5245520. htm。

测、会预警、善分析、能指挥”的驾驶舱，辅助市政府实现对城市管理决策工作的全面、及时把控，加速推进全市经济社会高质量发展。

（二）实现了预警数据驱动业务闭环

宣城城市大脑“决策驾驶舱”项目在设计思路上应用了场景思维，对决策要素进行科学梳理，帮助决策者更客观、全面地“看到想看到的”城市运行数据；建立数据关联关系，让决策者“看到没看到的”问题，辅助决策者对城市发展做出智能预测预判。建立宣城市决策“驾驶舱”城市运行态势监测、预警指标体系和城市运行画像。向决策者展示城市总体态势、运行情况、领域专题信息、行政问效批示等内容，推进政府决策科学化、社会治理现代化、公共服务高效化。

（三）展示实时动态，“刻画”真实场景

系统构建把脉宣城城市运行态势的“慧眼”和“智脑”，以多维、动态数据图表的可视化方式全面实时地反映城市运行发展态势，并对多项指标数据进行组合关联分析，实现城市运行风险的预警预测。围绕重点指标实现城市（安徽省内各地级市、长三角城市群和 G60 科技走廊）对标排名，及时掌握宣城市经济发展在其中的位置、优势和差距，为经济发展“抓重点、补短板、强弱项、固优势”提供决策依据。领导第一时间对异常预警指标进行批示，并分发给相关部门，及时线下会商解决，形成预警数据驱动的业务闭环管理机制。为了便于操作，系统提供了用语音交互方式打开分舱、分类页面，以及关注的指标图表。

（四）开展专题划分，支撑高效管理

在“决策驾驶舱”建设框架中，基于城市本身的特性，建设单位在“决策驾驶舱”展示页面中划分了不同的专题，建设可理解、可感知的城市运行关键体征指标（KPI）和展示专题。例如城市规划专题、经济运行专题、政务服务专题等，同时结合地图、图表、表格、仪表盘等可视化方式，

按照城市运行的基本面对城市的智能感知信息、城市运行指标、城市事件、舆情等数据进行动态展示（见图 4）。

（五）实现“一城多屏统揽”

宣城城市大脑“决策驾驶舱”实现了全市经济、环境、交通、社会、人群等领域运行态势实时的量化分析，预判预测和直观呈现。通过详尽的指标体系实时反映城市各个专题态势。从宏观的对经济运行指标的监测与分析，到中观的对重点行业的监测与预警，最后直达微观的企业税收、劳动就业、公积金、排污、能耗等综合分析。同时，“决策驾驶舱”系统还可让管理者随时随地在电脑、平板电脑、手机等各类终端上操作，不再只能定点办公。方便管理者获取全面的实时信息，便捷、高效地完成城市运行管理数据智能服务。

当前，大数据数据驱动的时代已经来临，大数据、人工智能、机器学习等新技术的兴起促动各行各业发生颠覆性的变化。宣城城市大脑“决策驾驶舱”应用的建设和实践探索为大数据辅助领导决策提供了一个案例。

随着宣城城市大脑“决策驾驶舱”应用的持续深化，在政府决策领域，数据驱动决策会取代经验决策，成为未来决策的主要方法。决策前，大数据可以有效破解数据来源不全面的难题；决策执行中，利用大数据可以及时掌握决策执行情况，以便及时调整决策；决策执行后，利用大数据可以更加科学全面地验证决策效果，不断提升决策水平。

未来，宣城城市大脑“决策驾驶舱”将进一步完善功能和推广应用，结合民生需求，加快辅助决策的应用实战，持续迭代升级，为服务市领导科学决策提供助力。在此基础上，还将进一步推动公共数据资源开放利用，举办数据创新创业大赛、开展大数据研发培训、典型应用场景设计等多种活动，鼓励本地大数据企业“揭榜”大数据创新项目，大力推动大数据、人工智能技术在智慧医疗、智慧文旅、工业互联网、数字内容、分享经济、创意经济等领域融合应用，以“决策驾驶舱”等系列应用为抓手，进一步培育发展宣城市数字经济产业，力争将宣城城市大脑“决策驾驶舱”应用打造为行业应用的标杆示范。

图4 城市经济发展和社会治理态势

图片来源：宣城城市大脑“决策驾驶舱”大屏展示页面。

B.10

数据分析引领城市产业园区有机更新

——以合肥新站高新技术产业开发区站北产业园为例

徐　永*

摘　要： 伴随着众多老旧园区产业用地转型升级的现实需求，为了保障规划的城市更新策略能够在空间上有效落位，数字化转型与城市更新相互融合，成为城市可持续化发展的创新力量。数据手段的应用为城市的指标评价、产业空间匹配、引导准则提供了量化手段与工具，数字指引下的有机城市更新为更新区域提出城市发展目标场景，成为城市数字化转型的发展方法和路径。文章以合肥新站高新技术产业开发区站北产业园（以下简称“合肥站北产业园”）项目为案例，利用园区大数据分析，从经济绩效、社会绩效多方面选择用地评价指标体系。采用生命周期视角，以企业现状的数字化分析为支撑，叠合多维规划需求，提出转型升级策略。

关键词： 城市规划　可持续城市更新　有机城市更新

一　城市更新的发展进程

城市更新被认为是缓解区域衰退、改善群体差异、调节经济结构、改善

* 徐永，城市规划正高级工程师、土地规划高级工程师、国家注册城市规划师，合肥市规划设计研究主任工程师。

环境、提高工作居住满意程度等问题的重要手段而备受关注，此话题的相关学术研究①与社会活动持续活跃。在中国，城市更新起到了重塑产业结构、扩大内需、加快构建“双循环”的重要促进作用，其战略意义地位得到提高。2018 年以来，中国各级政府密集出台相关政策，形成规范与引导并行、国家与地方政策呼应的政策体系。相应的中国城市更新建设也在稳步有序地开展，在我国城镇化从高速发展转向高质量发展的进程中发挥了积极作用。据住房和城乡建设部统计，截至 2021 年底，全国已有 411 个城市共实施 2.3 万个城市更新项目，总投资达 5.3 万亿元。② 这凸显了其推动城市活力、提高群众幸福感的作用。

城市更新并不是一个新事物，具有典型时代特征和地域特征。如图 1 所示，早在 19 世纪，受工业革命驱动影响，英国为满足日益增长的工业、经济活动，包括伦敦等城市急剧扩张等需求，引发了大规模城市更新运动。③ 20 世纪 20 年代，交通显著影响了城市的更新发展。20 世纪 50 年代，以废墟清理和高层住宅建设为主的战后重建工作成为欧洲城市更新的主线。20 世纪 70 年代，城市更新运动向“小规模、渐进式”发展，注重经济、人文、环境的兼容并蓄，呈现多样化和“文脉主义”④ 特色。自 20 世纪 90 年代起，西方学者意识到城市的复杂性，已经无法用整体的观念看待城市发展，所以提出了包括“新区域主义”⑤“新城市主义”⑥ 等以提倡构筑邻里关系、城市可持续发展为内容的城市区域发展思想。我国的城市更新历经 4 个阶段：1949 年至 1977 年，注重工业化建设，从侧重消费型城市到生产型

---

① Helen Wei Zheng, Geoffrey Shen Qiping, Hao Wang, “A review of recent studies on sustainable urban renewal”, *Habitat International*, 41: 272-279, 2014.

② 丁怡婷：《防风险、稳增长、促改革——推动住房和城乡建设事业高质量发展》，《人民日报》2022 年 2 月 25 日，第 7 版。

③ Chris Couch., *Urban Renewal: Theory and Practice*, Macmillan Education Ltd, 1990, pp. 18-19.

④ Yun-Peng Wu, “On contextualism architectural concept”, *Shanxi Architecture*, 2007.

⑤ 苗长虹、樊杰、张文忠：《西方经济地理学区域研究的新视角——论“新区域主义”的兴起》，《经济地理》2002 年第 6 期。

⑥ 张衔春、胡国华：《美国新城市主义运动：发展、批判与反思》，《国际城市规划》2006 年第 3 期，第 40~48 页。

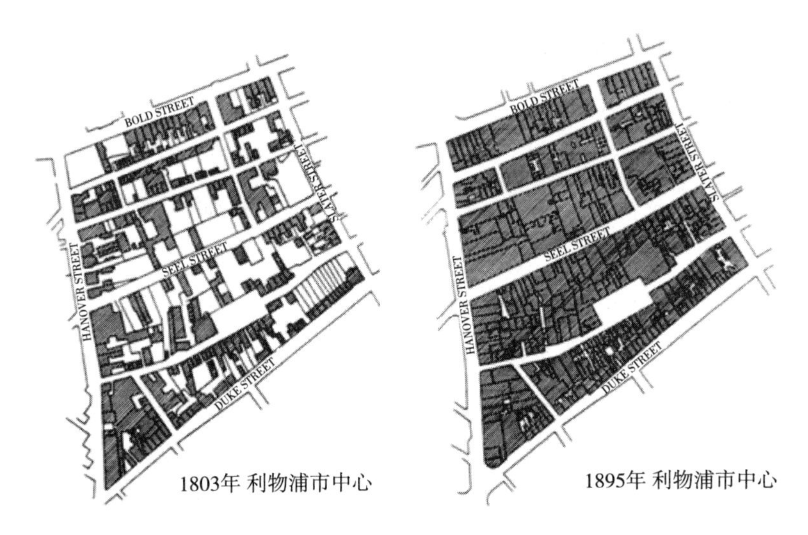

图 1　19 世纪利物浦城市发展模式对比

图片来源：Chris Couch, *Urban Renewal: Theory and Practice*, Macmillan Education Ltd, 1990, pp. 18-19.

城市改造；1978 年至 1989 年，以“旧城改造”为主要活动，针对城市功能不完善进行基础设施补偿建设，我国在此阶段初步建立了城市规划法律体系；1990 年至 2011 年，以住宅开发和就居住区改造为主要内容，全国进行了大范围旧城改造活动，这个阶段在释放了土地巨大价值的同时，带来了社区网络割裂、开发密集导致的环境恶化、基础设施超负荷、环境污染等严重问题；2011 年至今，城市空间增长主义热潮逐渐消退，中国呈现出以城市治理为主要目标的可持续城市更新发展过程。[①] 在不同的时代阶段，城市更新的指导思想和理论均发生相应变化。从第一阶段的“大修大建”到陈占祥引入的城市更新“新陈代谢”，再到吴良镛提出的“有机更新”，直至中国政府主张的城市修补与生态修复的“城市双修”，均很好地诠释了不同历史阶段城市管理、规划、建设等各项活动的时代特点。

新时期，数字经济为城市更新提供了成本预算、城市发展目标场景预测

① 阳建强、陈月：《1949-2019 年中国城市更新的发展与回顾》，《城市规划》2020 年第 2 期，第 12 页。

等功能，成为城市更新规划、建设、运营的手段工具。数字化转型、城市更新相互融合，为城市可持续发展提供了创新力量。

二 “存量时代”下的有机城市更新

吴良镛于20世纪80年代提出：城市是有机生命体，其发展与代谢应该遵循生命规律而非生硬替换。[①] “有机更新”得到了中国众多专家和学者的响应，成为影响中国城市更新的重要思想潮流。在存量时代下，受不同的城市环境、治理思想和引入观点的影响，有机城市更新的实践不尽相同。

以2013年召开的中央城镇化工作会议为重要标志，中国城市建设发展进入“存量时代”，城市更新具有以下特点。

第一，强调多元参与。在存量时代，城市建设强调以人民为中心和高质量发展，城市更新以长期、动态、渐进式发展为主，涉及政府、开发商、社会组织、居民多元利益。城市更新过去由政府、国有单位主导，现在演变为政府作为发起者、规划者，开发商作为实施者，公众作为受益者，设计公司等专业群体提供咨询设计的多元利益主体间相互协作发展的模式。

第二，城市更新更加复杂。相较于城市改造，城市更新建设周期长、流程复杂、长期占用资金量大，在政府工商资本与农民集体合作共赢模式的引导下，房产企业被赋予了更多的任务职责，给房产企业带来了对城市持续建设运营的经营、融资、协调能力的考验。

第三，房地产企业角色的转变。随着拆除重建、功能更改和综合整治的任务划分，房地企业的工作内容随之改变，更多房地企业将通过独立运作、收并或权益合作等多种渠道加大参与城市更新的力度，实现城市建设者从“城市运营商”和“美好城市共建者”向“生活运营商”的转变。

第四，数据手段的综合应用。大数据等信息化技术的大规模采用让规划者能够大量搜集不同时间阶段的城市经济结构、社区关系、地理环境、交通

① 徐千里、郭卫兵、陈泳等：《城市有机更新》，《当代建筑》2022年第2期，第6~13页。

网络等多维度数据，具备观察、追溯城市发展时空变迁的能力。借助时空大数据、数据可视化手段，城市规划者能够直观地揭示城市多维度结构信息，为城市规划者从宏观、中观、微观多个角度更细微地观察城市发展内在动因，进而制定可持续的城市发展路径和发展规划。

我国城市更新倡导多元参与，包括以第一太平洋戴维斯（Savills）、仲量联行（Jones Lang LaSalle）、戴德梁行（Cushman & Wakefield）、世邦魏理仕（CBRE Group）、高力国际（Colliers）为代表的国际房地产行业公司瞄准我国一、二线城市建设市场，提出了相关理论。仲量联行提出城市“活力发展理念”，提炼出区位交通、社会影响力、城市生活、商务生活维度的探索复合功能的核心区要素。该公司认为界定城市更新范围的核心影响因子不在于改造体量，而在满足最小面积限定下能够覆盖影响的城市范围，为此需要构建产业生态、驱动多元复合、赋新城市文脉、激活城市空间、整合交通价值等为核心驱动要素，对城市重塑升级。第一太平洋戴维斯从紧缩城市①、精明增长②、以公共交通为导向的发展（TOD）③ 引导出来的中国城市高密度核心区策略，指出中国城市高密度核心区更新面临“牵头时间久、定位协调难，准备时间长、时间成本大，缺乏对应的精细化管控”等实际困难，从商务复合型核心区、商业主导型核心区、交通引导型核心区角度分别给出定位、设计规划、运营策略以及最佳实践。戴德梁行总结了中国不同城市更新发展的时代特点，分别从物业改造、国有企业资产、环境与宜居、文化保护传承、科技、住房负担能力、经济升级、行政区调并等主题提出了“城市更新 4.0”的发展理论。世邦魏理仕提出超大城市更新探索等相应理论，指出在超大城市进入了多样化、多维度、更大范围统筹的全域复兴城市更新模式，城市在此模式下面临功能业态落后、建筑内部设施老化、产权关系复杂、利益主题多样的矛盾。因此世邦魏理仕提出统筹规划、整街坊开

① 杨珂珂：《“紧缩城市”理论与生活品质》，《城市住宅》2009 年第 3 期，第 120~121 页。
② 唐相龙：《“精明增长”研究综述》，《城市问题》2009 年第 8 期，第 98~102 页。
③ 丁川、吴纲立、林姚宇：《美国 TOD 理念发展背景及历程解析》，《城市规划》2015 年第 5 期，第 89~96 页。

发、多街坊联动的开发策略，提出市区合作、设置统筹区、机制创新等应对策略。上述理论以大中城市为更新目标，均可以看成城市有机更新的替代和补充，对中国的城市建设发展具有借鉴意义。

在城市空间整体不变的前提下，我国城市更新实践体现出“工作目标基本一致、外延内涵不尽相同、改进策略因地制宜”① 的中国特色。包括杭州、南京等城市的宏观、微观再开发规划体系；以深圳、武汉为代表的宏观、中观再开发规划体系；佛山、广州的宏观、中观、微观三级规划体系均体现出当地政府不同的城市治理理念和地方特色。中国企业也提出了自己的指导思想和理论，高和资本提出政企共塑的城市有机更新发展道路，提出城市有机更新的渐进更新、精细管理、注重长期运营的特点，指出政府在城市更新中应注意利益分配、平衡各利益主体的利益关系，做好顶层设计、充分发挥政府职能和政策引导。企业则需从创新中谋求利润，积极探索政府、企业、城市、公众共赢的关系，努力寻求政府、企业、投资者与资源业主、原街区居住者、社会公共、城市长远利益之间的平衡。

从城市规划角度，虽然当前的城市有机更新没有固定模式可以遵循，但评价体系的构建、产业升级与空间供给的匹配与产业空间的优化是城市更新规划必不可少的重要手段。

三　数据分析引导的城市有机更新

（一）多数据维度的城市更新评价

由于地方差异和城市治理理念观点差异，城市更新遭遇了政策瓶颈、统筹规划、制度体系等各方面的限制和制约，而科学合理的城市园区的评价体系成为城市规划中获得政府支持、引导各方积极参与、提供规划设计参考的

① 林坚、叶子君、杨红：《存量规划时代城镇低效用地再开发的思考》，《中国土地科学》2019 年第 9 期，第 1~8 页。

重要工具手段。

城市更新一度以经济指标为主要关注点。包善驹等运用 GIS 空间分析方法对居住地价、办公地价、商业地价的时空演变进行分析，得出不同时期合肥总体规划与地价空间的演变与时空互动关系，为城市空间调整提出了量化参考。[①] 随后，多维度的园区评价体系日益丰富。如佛山市顺德区提出的全周期监管策略[②]；上海松江经开区提出的以实施为导向的评价体系[③]；天津经开区提出的企业经济效力测算的评价体系[④]。《2020 中国城市更新评价指数（广东省）研究报告》从政策评价、管理评价、效能评价提出综合评价方法，揭示了城市更新过程存在的问题，并给出政策建议。

从近十年发展来看，中国的城市更新是不断摸索总结的渐进过程，并没有统一的成熟框架，从各城市建设实践中也无法总结出一套完整的体系和概要。因此，城市更新的规划质量既要考究规划机构对于城市格局、土地效益等基本面的掌握情况，又要考虑具体地理区域的交通效益、企业发展、居民就业与安居、社会结构、经济结构、环境保护、文脉特征、周边区域环境等细致问题，还要考虑如何与当地政府政策的紧密衔接与配合，与投资机构、建设机构、运营组织密切合作。对于城市规划机构，需要结合具体地域情况，在规划前制定评价体系框架；在规划中对指标内容、计算方式做细微调整；在规划后期结合建设、运营情况，对评价体系做适时修正；在规划结束时，将评价体系封存作为下一步城市规划的参考。将评价体系的版本迭代与城市更新的历史进程结合起来，从而把握城市发展进程，为城市规划做出准确的评判。从评价内容来看，评价体系的构建从两个基本面开始：一是围绕

---

① 包善驹、陆林：《合肥城市规划引导空间演进对地价时空演变的影响》，《地理学报》2015 年第 6 期，第 906~918 页。

② 蔡立玞、何继红、梁雄飞等：《存量低效工业园区改造全周期监管策略——以佛山市顺德区村级工业园升级改造实践为例》，《规划师》2021 年第 6 期，第 45~49 页。

③ 徐刚、廖胤希、冯刚等：《实施导向的用地精细化评价及分类设计导引——以上海松江经开区城市设计为例》，《城市规划》2018 年第 5 期。

④ 王亚男、韩仰君、谢水木等：《成熟产业区用地更新与优化研究——以天津市经技术开发区为例》，《城市时代，协同规划——2013 中国城市规划年会论文集（14-园区规划）》，2013。

区域产业转型，从城市功能解构与配套等角度定义相关指标体系。二是围绕城市空间划分城市空间网格，进而围绕价值、文化、宜居、交通、生态等方面提出指标。从基本面出发，伴随调研的深入和数据收集、丰富细化指标框架体系。综合指标的计算需要区域容量、容积率、功能和产权的分割流转等重要指标进行加权。评价体系的编制可参考一些城市的成功做法，以当地政府政策为主要参考，通过基础数据调研、专家论证、公共咨询委员会、村民理事会等相应机制，保证数据的准确性、提高评价指标的细致程度、提高参与各方的多元积极性。

（二）产业升级与空间供给的匹配分析

空间结构是城市规划解决的核心问题。从城市空间结构与经济效率的关联分析来看，尽管城市物理边缘可以近于无限扩张，但土地资源的约束在于：最优区位的竞争引起短缺区位空间供给不足，进而导致土地价格的居高不下。同样，有限空间内土地价格上涨会引发域内劳动力结构性短缺、劳动价格上涨，资本紧缺就会成为突出问题，这是许多城市产业升级面临的难题。摒弃跳跃发展方式、采用梯度推进快速演替的有机发展方式，实现产业结构、空间结构有效匹配，扩大短缺区位的有效供给，才能有效提高城市土地经济效益。

城市规划通常采用工业用地占比、住宅用地占比、配套设施用地的433配比原则，从大体把握区域内空间功能配比关系。对于产业升级实际规划，仍存在大量需要问题。杜宁等人指出深圳电子信息产业园区的具体问题包括：头部企业对工业房的定制要求，例如精密行业对机械震动敏感提出的要求，激光加工行业由于有特殊设备提出的层高要求；大中企业对于厂房用地的要求；中小企业对稳定低成本用房的诉求等。总结出“破碎的空间资源与优质企业诉求不匹配”“复杂产权影响企业稳定持续成长”“用地用房成本增长对中下企业带来冲击”等矛盾，这些矛盾也是各城市规划需要考虑解决的问题。①

---

① 杜宁、周俊：《转型期工业用地的“热现象”与“冷评估”——以深圳市为例》，《城乡建设》2021年第4期，第6~9页。

王玉琪以重庆为例，归纳出产业发展、产业结构、产业类型、企业区位要求、产业周期、主导产业维度的企业空间需求，得出不同维度下企业与公共服务设施工地比例、区位选择、空间需求方式、空间类型等因素的匹配关系。①

从城市规划设计实践经验来看，城市产业升级与空间供给匹配需要从以下方面着手。

一是确保收集高质量数据。从规划档案、政府机构、区内企业、网络搜集等多渠道、多方位收集数据，并借助数据清洗等工具手段、线下访谈、实地考察、实地调研等手段剔除误差，做好数据甄别。

二是从历史演进角度探索根因。从历年政府政策、规划演变、区域发展、企业发展等历史角度出发，挖掘企业发展的主客观动因、空间物理限制、周边环境互动等因素，结合政府远景、环境诉求、周边影响等，把握空间需求。

三是从产业机构、企业发展、生产经营、效益等多维角度揭示产业升级与空间配给关系。通过数据可视化手段，直观展示不同维度下的空间结构关系，为精准细致地引导企业提供帮助。

（三）产业空间重构的优化应对

产业空间重构是产业活动变化在空间结构上的折射与演进，是包括资本、劳动力在内的生产要素在空间上的再分配，是产业升级以及空间优化的重要途径。在我国，受不同产业结构的张力驱动，产业空间重构呈现明显区域差异，相应策略也体现出宏观、中观、微观层次的差别。宏观和中观层次以省、城市群为规模展开。微观层次以城市园区空间规模为主，主要应对产业空间破碎、产权空间复杂等问题，着力于协调政府、资本、业主、居民等众多利益相关者达成一致，引导地方企业良性发展，进而提升区域整体效益。

一些城市经验表明，在资源条件紧约束下，产业空间重构会通过空间聚散

---

① 王玉祺：《产业结构调整影响的城市空间结构优化研究——以重庆市主城区为例》，重庆大学硕士学位论文，2014。

的手段解决用地结构与空间布局失衡、效益低下、工业区建设水平不高、产业配套不足等问题，而产业空间碎片化发展以及背后折射的管理主体多方博弈、复杂的产权关系是需要解决的棘手问题。深圳市龙华区采取了以产业集合单位为主体进行划定，按照中心功能区、产业区配定的相应政策；分别针对产业空间现状保留、综合整治、转移淘汰、拆除重建等制定相应引导策略，对园区空间改造、优化配套设施、为高端产业预留空间提升空间效益；配置产业服务资源，围绕重大科研基础设施、重要科研机构、重大创新项目，配置相关服务设施；针对不同土地权属采用单园区升级转型、多园区共同升级改造的差异化实施途径的整体策略，理顺了产权关系，为城市转型增长提供了空间。佛山市顺德区以全周期视角对低效工业园区进行改造，建立以土地开发强度、用地效益、合规导向为内容的指标评价体系，以此为工具衡量实施事先计划、事中实施、事后监测的城市更新活动机制。采用事前准备全域低效用地台账引导基层制定计划；事中按照主题公园、产业聚集、保留提升、复垦复绿、承接转移、收储发展、改造提升、限期搬迁等划定区域，并分类制定导引措施，通过“先承后拆”的方式为企业提供腾挪空间；事后搭建村级工业园，改造监测、企业追踪机制的体系，提高村民参与热情，避免企业流失。

四　合肥站北产业园规划

（一）合肥站北产业园规划背景介绍

合肥站北产业园属于合肥新站高新区的园中园，占地面积约 10.7 平方公里，其区位如图 2 所示。

合肥站北产业园早年为合肥市长丰县的乡镇工业园，2006 年划入合肥新站高新区，由后者统一管理。由于成立时间较早，早年作为乡镇工业园，园区产业类型较为混杂，园内有机械加工、电子及通信设备制造、新型建材业、食品加工业、仓储物流、商贸服务等各类产业。2013 年，一些知名企业入驻园区，较大地提升了园区的产业能级。此后，该园区在后续的招商引资

图 2　合肥站北产业园区位

中重点围绕集成电路、新型显示等主导企业以及相关配套服务企业开展招商引资工作。经过近 20 年的发展，园区至 2020 年已基本建成一半，现状城市建设用地规模约 5.2 平方公里，约占园区总用地的 50%。但由于缺乏规划引导与控制，产业园内企业布局较为零散，多沿城市主次干道布局。剩余 5.5 平方公里的未开发空间（用于产业开发的空间约 4.3 平方公里），多零散分布于园区中部（见图 3），且由于此处骨干路网尚未完全贯通，空间破碎不完整。已建成园区中，工业用地占比 63.8%，居住用地占比 3.6%，绿地占比 10.6%。城中村、居住小区、学校都夹杂在工业企业之中，生产和生活空间混杂，且无有效防护隔离措施，存在一定安全隐患和环境隐患。

图 3　区内历年企业发展

近年来，合肥市提出产业链链长制，由市委市政府相关负责同志担任产业链“链长”，围绕产业链“延链、补链、强链”，推动产业链、供应链上下游、大中小企业协同发展；提升产业链稳定性和竞争力。合肥站北产业园的主导产业集成电路、新型显示即为合肥市 12 条重点产业链的重要组成部分。为了更好地提高园区土地使用效率，整合现有产业用地，为下一步园区路网建设提供引导，遂启动园区更新规划。此外，分散的工业用地如何在整体目标指引下统筹个性与共性、形成合力与分工？园区与城市功能怎样融合？如何活化运用政策评估企业运行状态与空间利用现状情况，制定适合各类企业的提升改造路径和增容天花板？这也是规划的三大核心议题。

（二）全周期用地评价体系

更新规划的第一步即精细化用地评价。本文在相关研究基础上，构建出立足当前、展望未来、综合考虑下一步市场可实施性的园区评价体系。从现状效能、社会效应、发展潜力 3 个角度，梳理出建设质量、亩均效益、经营状况、环境影响、用地规范、区位优势 6 大因子评价机制。通过 GIS 加权叠加分析，计量转义，形成评判方案。

规划中的评价单位为园区中的工业地籍，评价中涉及的各类基数数据来源于网络开源数据、现场调研、部门走访等形式。为精细化用地评价和配套设施建设支撑分析提供了准确的数据支撑。

（1）对园中规模以上企业 113 家企业进行基于精细化用地评价的现状分析，如图 4 和图 5 所示，对部分城市规划得出关键的结论如下。

第一，现状建筑质量方面。建筑质量好的企业有 32 个，占比约 28%；建筑质量一般的企业有 77 个，占比约 68%；建筑质量差的企业有 4 个，占比约 4%。

第二，亩均效益方面。113 家企业中有 59 家企业无税收数据，亩均税收小于 1 万/亩的企业 44 家，亩均税收 1 万~2 万/亩的企业 2 家，亩均税收 2 万~3 万/亩的企业 2 家，亩均税收 3 万~4 万/亩的企业 5 家。

第三，环境影响方面。采用了企业产业关联分析法，从企业的产业分布看，以装备制造、家具建材、仓储物流为主，这些产业的企业在 113 家企业中的占比超过 75%。新型显示和集成电路、环保科技和生产性服务业企业

图4　区内企业综合分析

比重较低，占比不足15%。

第四，用地规范方面。主要受早年乡镇工业园时期历史因素影响，大部分园区企业用地手续不完善。此外，基于调研可以看到，113家企业中约36%的企业将土地用作仓储物流，占地面积大，造成较大的土地资源浪费。

第五，生产经营方面。目前生产经营状况较好的企业在113家企业中约占26%，生产经营状况一般的企业约占38%，停产或闲置或生产经营状况

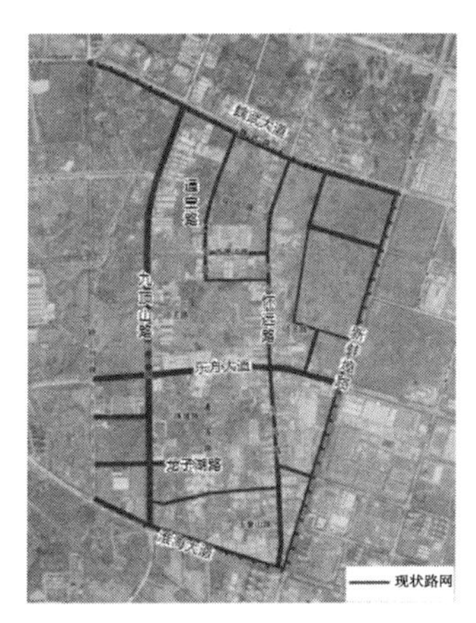

图 5　区位交通分析

较差的企业约占 36%。

第六，区位优势方面。以对区位发展较为重要的交通优势作为因子，可以看到临近城市主次干路、对外交通干道、轨道交通站点的区域占据一定优势。

（2）配套设施建设支撑分析以路网和管网作为主要内容，其内容如下。

第一，路网。如图 6 所示，园区内尚有约 30%的道路未贯通。如按照原规划路网建设，涉及拆迁的园区约有 66. 5 公顷，拆迁量较大。

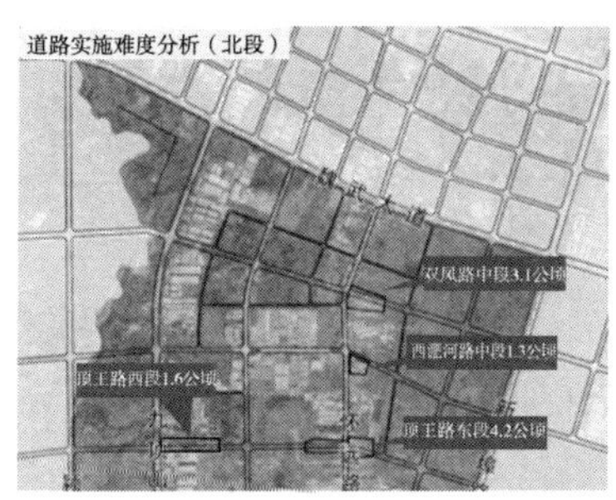

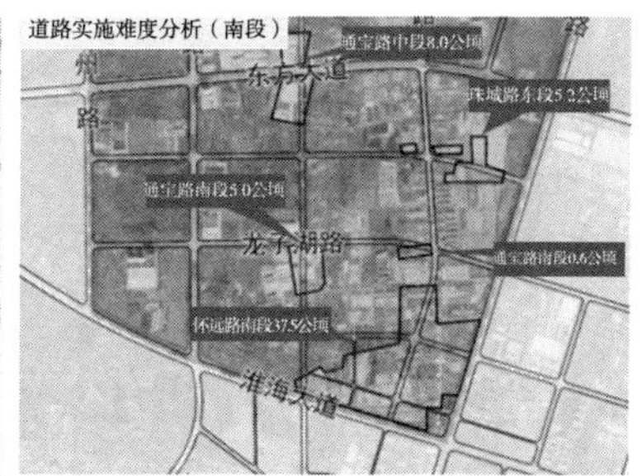

图 6　规划路网实施情况分析

第二，管网。区域内市政管网设施不齐全，约 30%区域管网设施需要改造。如贯穿园区南北的怀远路沿线路段和通宝路中段南段尚无集中排水管网设施，存在企业散排现象。区域内部分道路供电设施配套条件差，如怀远路的电线电缆尚未入地。

（三）空间需求分析

在合肥新站高新区的总体规划中，该区的产业定位为发展集成电路和新型显示产业。合肥站北产业园为合肥新站高新区的主要组成部分，其发展重点是基于产业链“延链、补链和强链”思想，围绕集成电路和新型显示两大主导产业强化配套产业发展，壮大产业集群，打造成为在合肥新站高新区乃至在合肥市有重要影响力的延链产业园。为更好地与规划定位相衔接，在用地布局方面，对平板产业的发展空间要求做出一定分析，提出“1+2”的布局谋划。“1”为产业延链，包括配套集成电路的上游材料与设备、中游代工、下游配套，以及配套新型显示的上游驱动及控制和材料、中游面板、下游配套和终端。此外，需要在园区的生产性服务业和公共服务设施方面多下功夫，包括研发设计、企业孵化、生活服务、商业服务等（见图 7）。

图 7　规划总则构成示意

结合站北新区定位，分析交通网络带来发展优势，按照设计服务、零部件/设备生产、市场服务组成的上、中、下产业生态链，提出以下几条以企业需求为导向的空间规划准则。

一是产业链上游空间匹配准则。对生活型道路、活力廊道、公共服务中心开展规划时，优先考虑研发板块、多元服务板块的布局规划，并预留适当增长空间。

二是生产企业空间匹配准则。为方便企业的市场维护返修等生产活动，在临近货运出入口区域配置或保留再生产车间空间用地。

三是物流空间匹配准则。在货运道路两侧为仓储物流设施规划用地，并设置物流厂区入口。

园区空间规划将基于上述准则开展。

（四）产业用地更新策略

基于上述分析，规划提出三大园区用地布局原则和四大更新策略。基于分类改造更新、基础设施优先、宜业生态优先规划原则，制定分类改造更新策略。在分类改造更新中，主要采用分区引导的方式，针对现状不同的企业状况和下一步的企业发展潜力提出包括现状保留、自主升级、政府收储、并购重组、用地整合等措施；基础设施打造包括路网贯通、市政补齐；宜业生态中，对园区的各级中心及配套建设分级设置，注重保护生态环境，将生态廊道与片区服务中心相结合。园区将按照以上原则和策略指导规划生命周期。

（五）建立全周期监测监管体系

规划以生命周期为视角，除了事前的调研和更新过程中的分类施策外，本次规划还提出建立企业跟踪机制。这项机制与当前国土空间规划城市体检评估实施的“一年一体检、五年一评估”的机制相结合。例如：对于政府收储类项目，在实施过程中如企业新增自行升级动力的情况予以政策鼓励；对于原规划中提出现状保留的项目，如企业效益不断下滑，可实时动态调整；对于自主升级难度较大而超两年无法升级的项目，引导市场对其并购重组。

五　结语

城市更新是个复杂持续的过程，也是促进经济、资源环境与社会需求三者之间协调发展的重要手段。通过数据支持，测算出较为客观的“成本账”。此后，在用地内涵价值精细化考量的基础上，将成本与发展设计相联动，通过规划预演，明确未来实施导向。在合肥站北产业园的规划实践中，基于多维度征集数据绘制出园区产业历史演进、现存企业类型、现存企业产出效益、企业生产经营的空间分布数据，直观展示空间配给关系。据此制定头部企业自主发展、整合低效厂房，引导占地广、亩均效益低企业转型升级，清退邻避企业、完善包括公园绿地配套，通过“工改工”提升土地效益等内容的产业升级引导，保障了园区改造有序协调进行。需要思考的是，园区更新是个长期过程，如何挖掘用地内涵价值、整合好各企业改造过程中的不同诉求仍是个任重道远的课题。

B.11
5G 创新型智慧园区发展应用探讨

——阜阳市颍泉区5G智慧园区建设

张仁勇　周　楠　张少勇*

摘　要： 随着云计算、大数据、物联网、5G移动通信、人工智能、数字孪生等技术为代表的信息化技术迅速发展，使得5G创新型智慧园区已成为新型城镇产业发展的趋势。本文以安徽省阜阳市颍泉区5G智慧园区建设为例，深入探讨在数字化技术加持下的创新型智慧园区建设的关键内涵、顶层设计、技术手段、管理模式以及创新发展。阜阳市颍泉区5G智慧园区围绕“1+1+1+N”的园区整体架构，打造智慧园区数字化平台、5G招商展示中心、智慧指挥调度中心和多个5G创新应用服务，提供以态势感知为基底的产业服务、公共服务、政务服务、企业服务。5G创新型智慧园区采用运营管理新模式，为产业发展提供新动能，为园区竞争寻找新优势，为地方政府把握产业发展制高点、带动区域经济发展提供支持和帮助。

关键词： 5G创新型智慧园区　态势感知　数字孪生

* 张仁勇，中国联合网络通信有限公司安徽省分公司智慧城市、数字政府负责人，5G产业发展联盟理事会成员，安徽大数据协会会员，主要研究方向为5G技术应用、城市大脑、智慧园区和“5G+”工业互联网应用；周楠，安徽联通政企BG高级解决方案经理，安徽联通智慧园区专家，主要致力于智慧城市领域的研究，曾参与编制创新型智慧园区地方标准；张少勇，安徽联通政企BG高级解决方案经理，信息系统项目管理师，主要致力于智慧城市领域的研究，曾参与编制安徽省创新型智慧园区地方标准。

一 背景

智慧园区融合了新一代的信息、通信技术，信息迅速采集、高速传输、高度集中、实时处理和服务供给能力，能实现园区内信息感知及时传递、整合信息处理及加强信息互动。园区发展以提升产业集聚力、增强企业竞争力、园区发展可持续为目标，[①] 为地方政府打造绿色和谐产业、构建平安园区，提供便捷的园区办公信息化以及信息互动逐渐成为智慧园区的主要功能。

园区大致可分为产业聚集型、混合型、艺术型、娱乐休闲型、地方特色型等类型，其目标、作用各不相同。[②] 其中，产业聚集型园区，即产业园区起集聚地方创新优势、带动区域经济的作用，由政府或企业为实现产业发展目标而创立，主要特点为有大面积的待开发土地，建筑物以工业厂房、政府基础设施和附属设施为主。智慧园区则围绕地方发展要求，运用数字化手段为产业聚集、引领示范、资本引入、空间配置等多个目标提供数字支撑，为政府中远期规划、服务企业发展提供技术利器。

中国各地有越来越多的城市开展智慧园区建设，形成了一批具有鲜明特色的智慧园区示范项目。比如："金融+大数据"、文创、商务协同发展的杭州望江智慧产业园；重点布局"电商+汽配"形式，让电商及汽配企业线下落地、线上经营的上海北虹桥电子商务智慧产业园；坚持引进和培育并举，开放创新综合试验区苏州工业园区。阜阳市颍泉区5G智慧园区聚焦智慧系统建设主要包括园区内部基础信息设施建设及升级、面向园区内部管理的政务服务平台、面向企业智能化服务的信息平台、面向园区公众的公共服务平台。通过智慧园区建设，在规划和建设过程中注重对不同的信息系统功能整合和资源共享，通过线上线下资源对接，消弭"信息孤岛"，实现信息的有效衔接、数据的互动与效能最大化。

---

① 谭勇：《智慧产业园区大有可为》，《经济》2017年第12期。

② 王伟年：《城市文化产业区位因素及地域组织研究》，东北师范大学博士学位论文，2007。

二　5G 创新型智慧园区建设思路及需求

（一）阜阳市颍泉区5G 智慧园区概况

安徽省阜阳市颍泉经济开发区（以下简称颍泉区）总规划面积 24.95 平方公里，现入驻项目 151 个，共有规模以上工业企业 75 家，总投资达 166.14 亿元。区内拥有“国家小微企业创业创新示范基地”“省级中小企业公共服务示范平台”“省级现代服务业集聚区示范园区”“省级农民工返乡创业示范园”等多个创新创业基地，以及无人机产业园、科技制造创新基地、仓储物流加工基地等多个高标准孵化器。

近年来，颍泉区抓住“长江三角洲区域一体化发展”和“高铁全覆盖”战略机遇，对接长三角创新资源，创新基金招商新模式，依托基金的优质项目资源不断增强园区的产业集聚能力和配套能力等特色，形成完整的产业链体系。集中力量打造智能制造产业、新材料产业、新能源产业、绿色建筑产业 4 大产业集群。颍泉区希望通过打造颍泉区 5G 智慧园区，实现聚焦产业培育、招商引资、企业服务 3 个目标，推动地方产业发展，完成形成新能源、绿色建筑、智能制造、新材料 4 个百亿级产业的区域发展目标。

（二）5G 创新型智慧园区建设原则

阜阳市颍泉区 5G 智慧园区设计从顶层设计和全局出发，突出特色，切实可行、易于扩展，以“运营信息化、服务平台化、社区移动化、数字智能化、产业生态化”作为建设愿景，坚持采取总体规划、分步实施、利旧优先、急用先建和应用迭代的导引原则，具体内容如下。

1.“五化”的发展愿景

在国家“互联网+”总体要求下，利用 5G、“云大物智移”等先进技术对本项目建设进行设计，实现运营信息化、服务平台化、社区移动化、数字智能化、产业生态化的“五化”愿景。

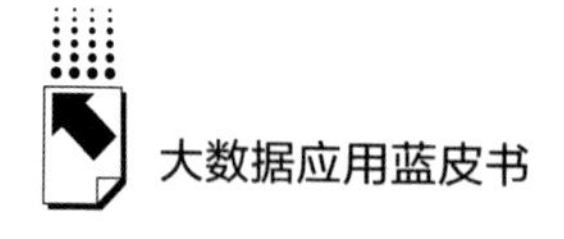

2. 总体规划设计

智慧园区是一个系统工程，内容繁杂，诉求不一。设计过程中需要综合考虑各种因素，既要全面，又要突出重点。

3. 分步实施、利旧优先

智慧园区建设工程量大、系统繁多，可以有效利用现有资源，分步实施建设，同时提高用户资金使用效率。将园区已有、在建和规划的信息化系统平台与智慧园区平台进行对接，充分挖掘利用既有的安全、环保、能源等前端感知设备，与现有的应用系统和数据整合应用，避免重复建设。

4. 急用先建、应用迭代

智慧园区建设要以需求为导向，综合判断。优先建设园区、企业急用的系统平台，优先建设智慧园区大平台，逐步配建硬件设施。

（三）5G 创新型智慧园区管理思路

阜阳市颍泉区 5G 智慧园区除了要保障传统产业园区的基本功能，更着力于通过信息化、智慧化和自动化技术，发挥智慧化系统应有的作用。5G 创新型智慧园区建设过程中需要统一规划、统筹谋划、合理布局，提升资金使用效率，进而提高园区管理水平，实现信息共建共享。为此阜阳市颍泉区 5G 智慧园区提出以下管理思路。

1. 创新运营新模式，提升园区招商承载能力

创新运营模式，提升经济开发区运行管理水平，提升科技服务水平，全面提升环境，提升产业园区承载能力，营造一流投资环境，促进开发区经济发展。

2. 创新管理新模式，推动园区管理运营智能化升级

运用数字化技术，推动园区管理运营模式变革，以基础设施智能化、运营管理高效化为目标。在园区基础设施建设上，重点加强物联感知设施建设，实现园区资源可视、状态可视。在运营管理上，为园区工程项目管理、安全管理、物业管理和招商租赁等工作提供支撑，实现园区规划、建设、运营的全生命周期可视化管理。

3. 融合“新基建”，提升数字化管理水平

统筹布局以5G网络、云计算、大数据、物联网、人工智能和工业互联网等为代表的新型基础设施建设，促进园区数字产业化和产业数字化，提升园区业务协同发展。

4. 推进智慧园区与智慧城市互动融合发展

深化“放管服”改革，推进智慧园区和智慧城市融合发展，实现园区企业“一站式”服务，简化企业群众办事流程。

5. 提升安全生产、环境、能源管理水平

围绕园区、企业全覆盖目标，依托“互联网+”，以园区监管为主，与企业信用评价相结合的综合监管闭环，提升监管水平，努力实现智慧化监管。

（四）5G 创新型智慧园区建设需求

在推进经济数字化、数字经济化的过程中，5G以大带宽、低时延、高可靠等特性为园区高质量发展提供有效助力。其中大带宽可满足视频监控、AR、VR等业务需求；低时延可满足数据实时传输和工业互联网场景等业务需求；高可靠可满足安全生产、5G现场直播等场景的可靠性要求。5G创新型智慧园区的典型应用主要包括高清视频监控、实时调度、移动在线巡检、虚拟现实应用、机器视觉。结合园区产业特点，阜阳市颍泉区5G智慧园区提出以下需求。

一是升级信息基础设施，统筹规划园区信息基础建设，建立园区资源总览图，统计分析园区企业数量、入驻区域等，将整个颍泉区的基础设施电子化并进行直观的展示。

二是打造协同政务服务平台，建设集学习、服务、互动等功能的一体化信息平台，面向颍泉区各部门、企业对内提供协同办公系统、对外提供政策服务、数据上报等多样化服务。

三是创新产业服务信息平台，运用5G、大数据等技术贴合现有产业链条，从发掘招商线索到签约落地，建设招商及项目建设系统，精准掌握园区产业集群、产业链以及项目建设情况，提升园区管理服务水平。

四是完善安全环境监测预警平台，加强物联网、AI 等技术应用，针对重点企业、重大风险源和水、气、热地下管网基础设施，建设智慧化监测预警平台，打通政府相关职能部门业务系统，实现警情、火情、生产安全事故智能预警和通达全局的调度指挥。

五是搭建企业智能化服务信息平台，建立园区企业效益评价体系，综合评价企业税收、营收、能耗、税收、研发能力等指标分类，作为企业享受政府奖补的依据；为企业提供线上线下一体化信息服务，构建多层次企业服务体系。

六是优化公共服务平台、整合业务信息系统，实现全流程协同管理、基层综合办理和网上一站式服务；打通省市县相应的公共服务系统，统一在线服务入口，构建社保、医疗、养老、健康、就业、教育等综合服务体系。

（五）5G 创新型智慧园区建设目标与内容

5G 创新型智慧园区在顶层设计阶段需要从框架设计、基础设施、园区平台、软件应用等层次的纵向、横向两个方面协作配合。

在颍泉区 5G 智慧园区建设过程中，要满足园区不同人群需求。从园区政府角度出发，拉动地方产业发展、提供良好营商环境、促进产城融合、构建区域产业生态；从园区运营角度出发，提升园区管理效率、降低日常运营成本、绿色节能；从园区企业角度出发，企业服务资源、服务质量、政府扶持政策等；从园区员工和居民视角考虑，工作环境、园区安防、生活便利是重要需求。集合人才和企业的实际需要，建设创新型智慧园区，就需要协同地方政府、运营公司、园区企业等各方力量，完成运营、管理、生产、工作、生活的智慧化，打造五位一体的智慧园区场景。

颍泉区政府对数字赋能开发区发展尤为重视，抓住创新型智慧园区的建设机遇，分阶段建立园区管理体系，为政府与企业搭建信息桥梁，加速数据融合交互，提升园区协作及管理，加强提升企业安全风险防控与应急指挥能力，实现园区资源共享。具体制定以下目标。

1. 提升智慧园区基础支撑能力

通过建设园区法人库、地理库，信用库、搭建数据治理平台，建立园区动态更新、长效运转的数据资产体系，为应用系统提供能力支持。通过搭建统一支撑平台，统筹提升公共支撑能力，实现统一用户管理、统一访问渠道、统一消息待办、统一应用管理，统一终端设备接入与管控等。

2. 优化政务管理协同效能

持续推动办公协同、电子档案等业务应用建设，进一步提升政务管理工作效率，实现政务管理电子化、移动化、协同化和高效化。

3. 推动产业创新融合发展

建立政企在线交互渠道，汇聚整合各类要素资源，基于大数据实现精准化、主动化服务，加强“政产学研用”联动，建立全方位、一体化、智能化的产业发展服务体系。全方位监测产业运行情况，盘活资源、风险防控、精准施策、科学引导、精准招商、项目监管，助推产业高质量发展。

4. 加强园区环境智能治理

围绕安检、环保、能耗管控、应急等领域业务，理清监管一本账，优化监管流程和手段，推动实现跨部门治理联动，逐步形成多元共治、协同联动的园区现代化治理体系。

（六）实现智慧园区建设目标的任务清单

1. 建立园区基础设施基座

以云架构方式实现从底层硬件计算资源、存储资源、数据库资源对智慧园区的支撑。

2. 建立园区全面感知系统

构建以物联网管理平台为核心，以 5G、NB-IoT 专线为通道，在园区企业及周边区域部署视频、环保监测、能耗监测、土壤监测、大气监测等设备，将实时数据汇聚到平台，实现数据的统一管理。

3. 建立园区大脑

将园区基础信息数据，基础库、主题库、行业库等进行数据治理，同时将开发区原有系统及数据进行整合，建立园区数据仓库，实现数字化系统按需调用及共享。

4. 建立全流程产业服务系统

将招商管理、精准招商、项目建设监管、营商服务、企业经营调度、企业亩均效益评价等环节形成全链条、闭环的服务与管理。

5. 建立天地空一体化管控系统

将安全生产、环境保护、能源管理、园区安防进行有机结合，通过数字化手段实现智能联动、及时预警、闭环处置的管理目标。

6. 建立基于5G的创新型应用

部署5G无人机、5G布控球等5G产品，实现园区全局巡逻、应急辅助的场景化作业，提高园区治理效率。

7. 建立园区指挥调度中心

实现开发区多职能部门的智能协同，辅助决策。

8. 建立5G招商展示中心

展示颍泉区的文化宣传、企业城管定位，提升颍泉区对外宣传的水平，招商引资等。

三　阜阳市颍泉区5G创新型智慧园区建设实践

5G创新型智慧园区充分运用5G SA组网技术，实现园区的独立组网，5G网络切片、移动边缘计算（MEC）框架设计的应用保证了数据安全、可靠的通信，实现人人、人物、物物高效联结，确保数据安全达到要求。将5G网络切片、移动边缘计算等技术融入园区数字化新场景，开启园区数字化转型之路。

（一）系统总体架构

阜阳市颍泉区5G智慧园区建设围绕“1+1+1+N”的园区整体架构，打造智慧园区数字化平台、5G 招商展示中心、智慧指挥调度中心和多个 5G 创新应用服务，提供以态势感知为基底的产业服务、公共服务、政务服务、企业服务。系统分为泛在感知层、网络传输层、算力存储层、数据能力层、应用服务层、展示层和用户层，以智能态势感知、公共管理服务平台等关键应用带动颍泉区的数字化全面升级，满足现在和未来一定时期的发展需要。总体设计架构如图 1 所示。

总体采用可持续拓展的系统应用架构。各类应用共享基础能力模块，实现应用间的协同共享，降低建设成本，减少维护的工作量，实现健康发展的愿景。

（二）系统部署架构

如图 2 所示，结合颍泉区现有的经济技术条件，系统建设部署在第三方云平台，便于实现与颍泉区数据资源局的数据交换共享。系统部署架构按照移动边缘计算和云部署协同设计。协同管理中心部署在私有云，主要实现对所有边缘云的智能运维，面向所有边缘云提供统一仓库和云市场，框架设施可实现软件应用不同版本的线上部署更迭。移动边缘计算节点面向园区的边缘 AI 智能分析节点，支持 AI 算法从云端向边缘设备推送，设备节点与算法可组合、可扩展，可以满足不断变化的 AI 需求。

（三）系统网络架构

园区网络基础建设以指挥中心为中心节点，通过光缆专线方式辐射至园区各企业，光纤链路采用运营商链路租用方式。室外光缆采用架空、桥架或地下管廊等方式汇聚到数据中心，构建园区一张网，架设方式适应室外恶劣环境影响，具有高可靠性。结合园区规划及实际应用环境建设园区无线网络，可实现各类智能移动终端基于 LTE/5G/Wlan/窄带等无线模式的网络通信，提供集群对讲、视频回传/分发、视频监控、终端定位、物联感知数据回传等功能。

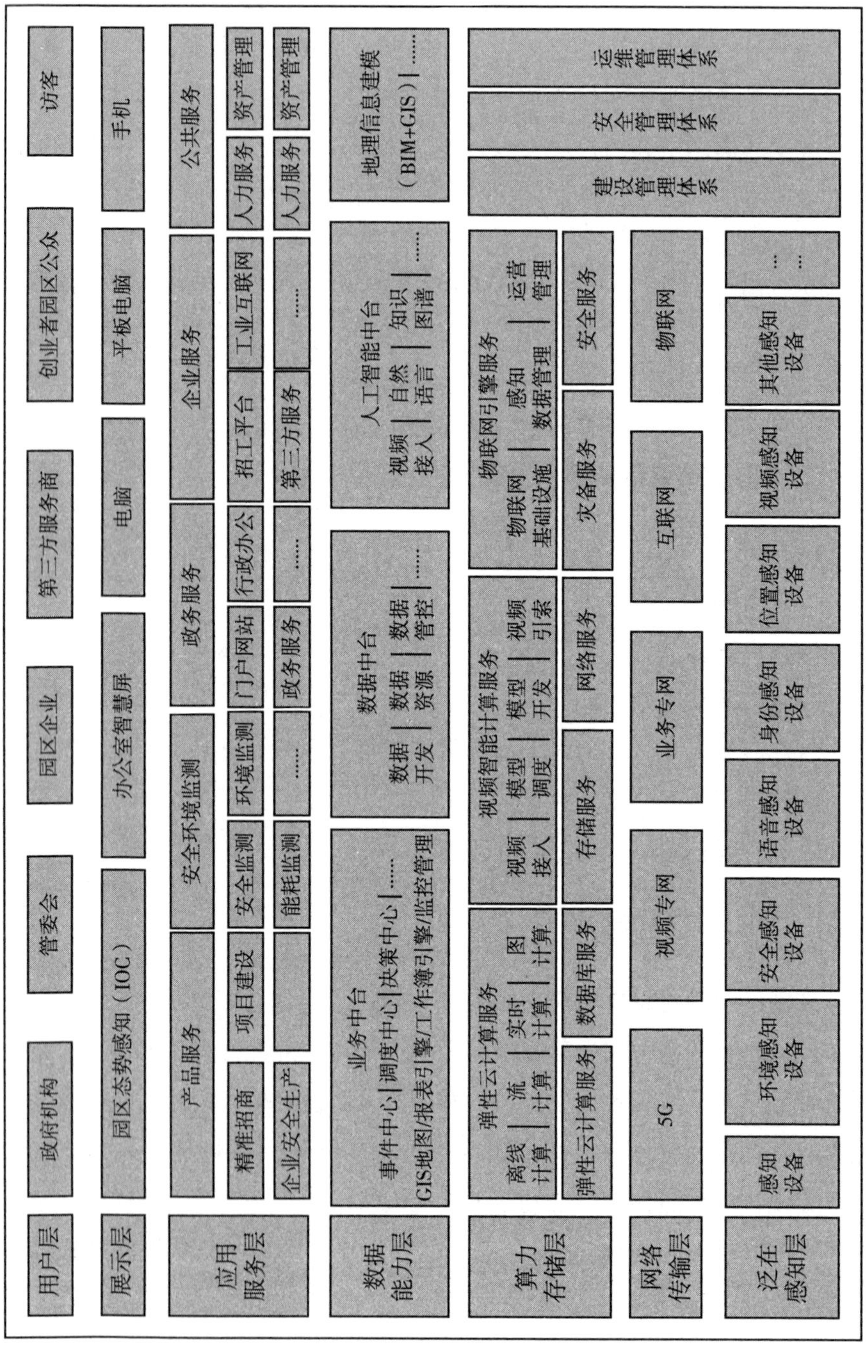

用户层：政府机构 | 管委会 | 园区企业 | 第三方服务商 | 创业者园区公众 | 访客

展示层：园区态势感知（IOC） | 办公室智慧屏 | 电脑 | 平板电脑 | 手机

应用服务层：
产品服务 | 安全环境监测 | 政务服务 | 企业服务 | 公共服务
精准招商 | 项目建设 | 安全监测 | 环境监测 | 门户网站 | 行政办公 | 招工平台 | 工业互联网 | 人力服务 | 资产管理
企业安全生产 | | 能耗监测 | ...... | 政务服务 | ...... | 第三方服务 | ...... | 人力服务 | 资产管理

数据能力层：
业务中台：事件中心|调度中心|决策中心|......；GIS地图/报表引擎/工作簿引擎/监控管理
数据中台：数据开发 | 数据资源 | 数据管控 | ......
人工智能中台：视频接入 | 自然语言 | 知识图谱 | ......
地理信息建模（BIM+GIS）| ......

算力存储层：
弹性云计算服务：离线计算 | 流计算 | 实时计算 | 图计算
视频智能计算服务：视频接入 | 模型调度 | 模型开发 | 视频引索
物联网引擎服务：物联网基础设施 | 感知数据管理 | 运营管理
弹性云计算服务 | 数据库服务 | 存储服务 | 网络服务 | 灾备服务 | 安全服务

网络传输层：5G | 视频专网 | 业务专网 | 互联网 | 物联网

泛在感知层：感知设备 | 环境感知设备 | 安全感知设备 | 语音感知设备 | 身份感知设备 | 位置感知设备 | 视频感知设备 | 其他感知设备 | ......

建设管理体系 | 安全管理体系 | 运维管理体系

图 1　系统总体架构

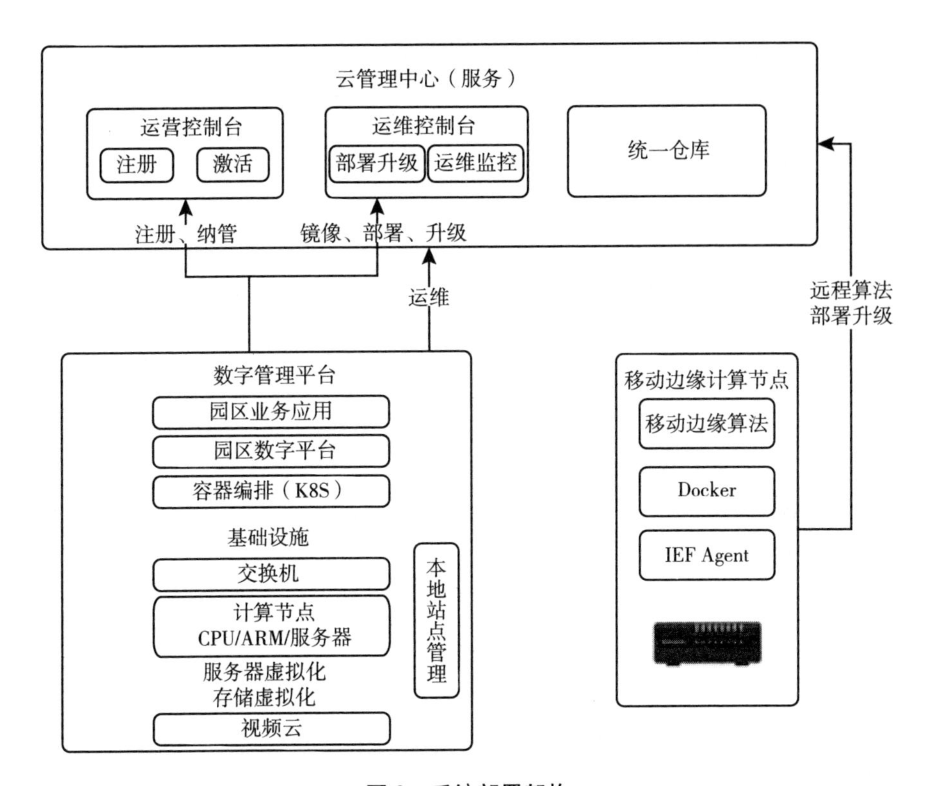

图 2　系统部署架构

（四）系统主要功能

阜阳市颍泉区 5G 智慧园区数字化系统建设范围包括 5G 智慧园区数字化平台系统、5G 智慧招商展示中心和智能指挥调度中心，建设包括 IT 基础设施、政务办公、产业服务、安环能源监测、企业智能化、公共管理、基础建设工程及相关业务系统建设等。

与传统智慧园区相比，系统建设的主要特点在于：基于智能态势感知的园区总览产业服务平台、精准招商及亩均效益分析应用、公共管理服务平台提供的智慧安全生产监测、以数据中台为核心的数据支撑平台、基于 5G 的网络基础建设及创新应用。

1. 基于智能态势感知的虚拟数字“驾驶舱”

智能态势感知具有园区总览功能，即为园区管理者提供虚拟的数字

"驾驶舱"，其结构如图 3 所示。系统以数字孪生为底座建立园区城市信息模型（CIM）时空平台，以物联网感知数据为载体，整合园区运行管理数据，实现园区物理模型与物联网实际运行数据融合的三维展示系统，让管理者直观的掌握园区实时整体运行态势。提供的综合展示、智能监测、资源调度、应急指挥、业务协同、会商决策的综合性管理运行系统是园区的"工作平台"。依托政务数据和融合系统，能够实现跨领域、跨部门、跨系统的园区事件协同处置和事件预测预警，辅助园区管理者从整体视角把控"发现事件"、"分析事件"和"处置事件"的过程，落实"高效处置一件事"的政务目标。其综合展示系统能够以可视化手段显示园区运营中不同领域的发展态势和治理成果。让管理者能够通过主体数据呈现，随时发现各领域的趋势、接收预警和观察园区运行状态。

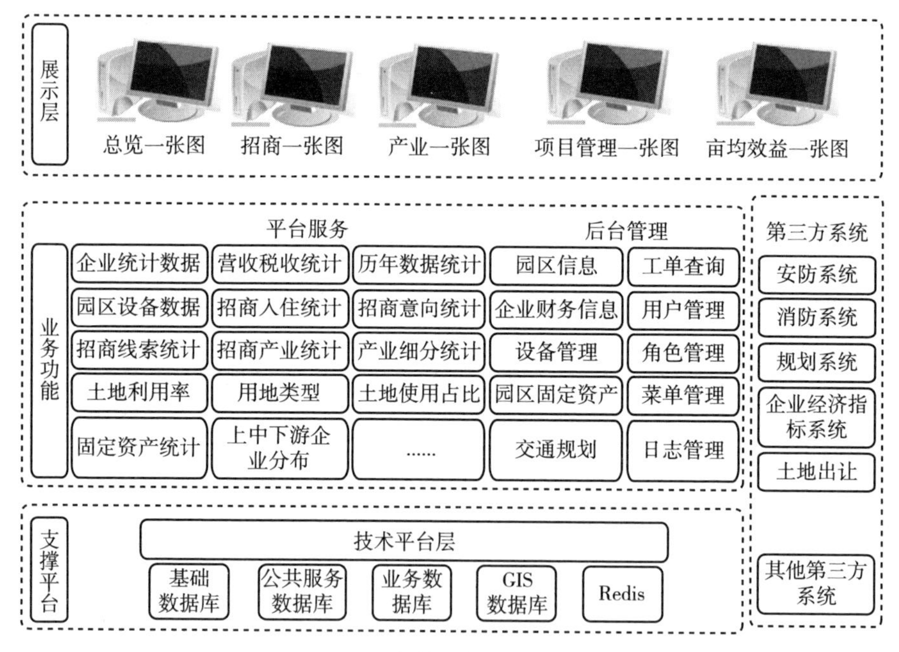

图 3　智能态势感知结构

智能态势感知基于园区三维模型，通过倾斜摄影、建筑模型、正射影像图实现真实与虚拟融合，精准定位设备分布，实时统计事件和部件、预警信息，展示园区产值、营收等情况，让园区管理者可以全方位、多维度地掌握园区整体体征和全局态势。智能态势感知整合了园区跨部门的各类管理数据，形成园区各种运行体征指标的数据汇集，实现园区产值、固定资产投资、招商引资、税收数据等主要指标的可视化呈现。

数据按园区进行归集，为园区管理提供强大的决策支持。通过对园区进行数据整合，能够进行多维度的分析，数据结合物联网技术，可即时查询，并且可依据人工智能算法进行一定程度的预测分析，为领导决策提供参考。基于智能态势感知的精准招商综合服务平台为园区实现挖掘招商线索，科学管理全流程，园区招商、运营、管理、服务协同统一。改变原始的手工登记统计方式，提高招商数据的准确性及管理效率，使数据管理更加系统、高效、智能。

2. 产业服务平台提供园区政策执行技术手段

如图 4 所示，产业服务平台通过“互联网+”、GIS、无人机等技术，实现对园区招商产业的全流程管理以及对项目建设和征迁拆迁管理的可视化应用，提供了包括精准招商数据大脑、招商全流程管理系统、招商可视化、智慧征迁拆迁管理系统和项目建设可视化等应用。

其中，精准招商数据大脑系统基于产业链信息库、企业信息库、GIS 技术和地图 API，实现了园区内新能源、新材料、智能制造、绿色建筑和生物医药 5 大主导产业链的招商企业分布图，通过对招商企业进行产业集聚度分析、产业链解构、产业链短板洞察和企业智能推荐，助力精准招商，为园区布局调整、空间腾退和新企入驻时提供布局意见；招商全流程管理系统则是根据智慧产业园区发展趋势、愿景和发展目标，制定一个完整的智慧产业园区招商管理系统应用方案，为园区的招商运营主体提供支持 Web 端和移动端的全流程项目管理支持；招商可视化系统实现 GIS 与三维建筑模型的结合，通过园区二维、三维数据组合，采用内外融合、空地一体技术手段，实现了综合招商数据底图，此基础之上的可视化展示平台可实景三维展示园区空间布局、标注企业位置和招商区域，展示相关区域建筑信息模型，从而直观推动招商政策执行；亩均效益分析系统提供了园区土地效益的综合指数模型，结合园区内企业营业收入、税收、利润、创造就业岗位、科技成果、产品专利、能耗、环保、安全生产等多维度数据，通过成熟算法，提出综合指标参数，实现对每家企业的“亩均”效益评价，作为园区对企业奖惩、奖补兑付、清退的依据，杜绝政府部门“拍脑袋”决策，实现园区企业优胜劣汰、最大限度地提高园区整体效益和竞争力，目前园区已通过效益评价体系，为多家企业提供政策奖补，通过数据对能耗、环保存在较大问题的企业进行督办和警告，其数据指标简单明了，奖惩有理有据。

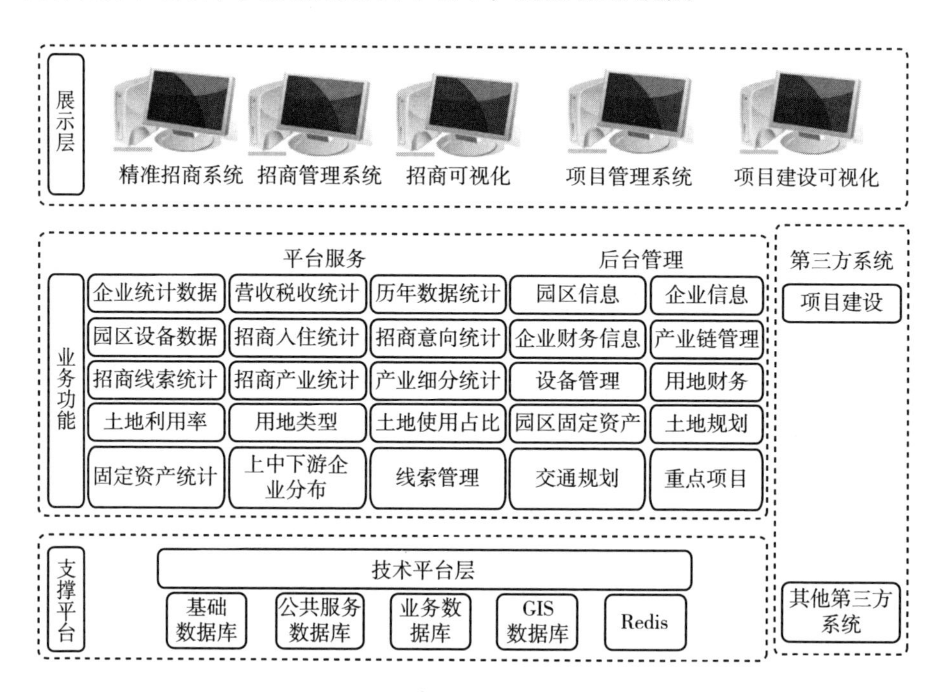

图 4　产业服务平台结构

3. 公共管理服务平台为智慧安全生产提供监测手段

公共管理平台是基于园区的厂房管理、消防管理和安防管理等公共管理应用需求而实现的智慧厂房、智慧消防和智慧安防系统应用，其功能结构如图 5 所示。

智慧厂房基于“互联网+”、GIS、无人机等技术，实现对园区标准厂房的可视化管理应用系统。通过建立并完善园区厂房基础数据库、企业基础数

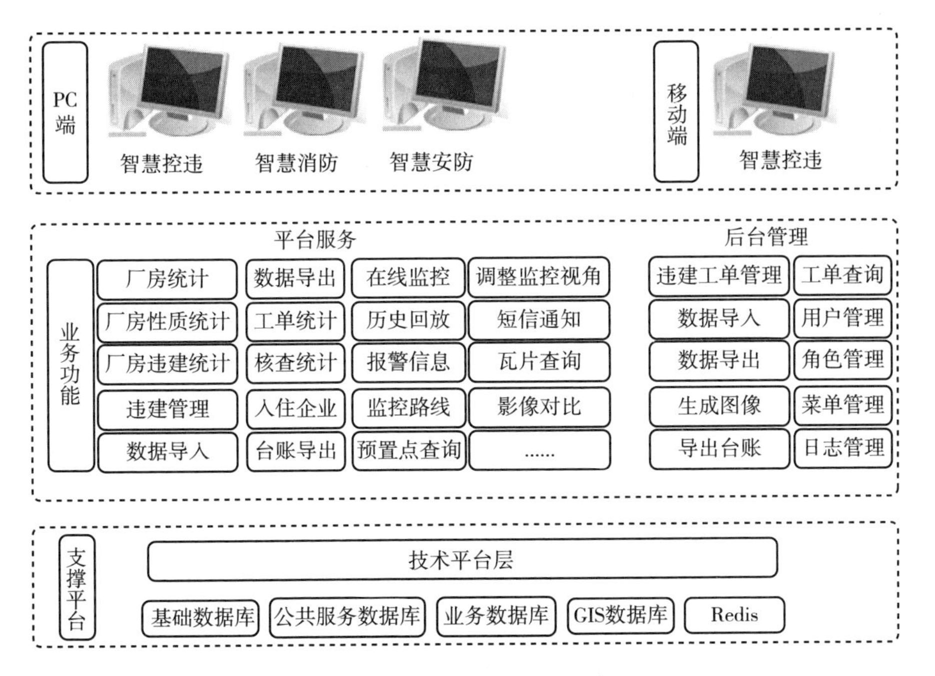

图 5　公共管理服务平台结构

据库和厂房违建工单数据库，实现对园区内企业地块信息、厂房信息、企业入驻信息等的盘点和跟踪，针对厂房违建现象建立了可溯化厂房违建处置体系，可以快速发现、及时拆除违章建筑，提高管控厂房违建的能力；智慧消防对全区域内的联网设备进行集中的数据监控、状态监控和设备管理。通过系统提供的“消防报警联动”“设备实时监测”“智能设备预警”“预警点位展示”“定期巡检维保”“数据统计分析”能力，帮助智慧园区实现消防安全“人防”“技防”“物防”于一体的应用目标；智慧安防系统在传统安防的基础上结合物联网、大数据、智能 AI 图像识别等技术，获取各区域的安防数据，并进行智能分析，具备“监控联动预警”“定时安全巡更”“智能周界巡检”“视频巡逻”“重点人车布控”等功能的管理加处理系统体系。

基于智慧厂房、智慧消防、智慧安防构建的公共管理平台可提供安全监管和应急预警功能，具体如下。第一，安全监管。通过实时定位工作人员位置和行动轨迹，结合信息化管控手段，对擅自离开岗位、不在规定工位、超员、进入未授权区域，以及未佩戴安全帽、工作服穿戴违规等提供实时报警的功能。实时检测运行温度与燃点，在线实施超限报警。可视化远程巡岗、可视化作业巡查、可视化快速巡仓，并对指定视频段进行标记和分类。第二，应急预警。对各项监测内容可通过设置污染因子等参数设置预警限值，到达限值进行预警。应急系统可按照突发事件发生的严重程度、势态和危害情况划分为特级、严重级、重要级、一般级，并分别用红色、橙色、黄色、蓝色标识相应区域。

4. 以数据中台为核心要素的支撑平台

支撑平台包括云资源平台、数据中台和统一认证管理平台 3 个内容的建设，为智慧园区各项业务提供算力与数据支撑。

一是云资源平台。建立支撑各部门业务系统运行使用的基础设施支撑，以云计算方式为基础可以满足业务系统实施及新业务部署，降低系统建设与运维难度。通过搭建私有云基础平台，推动跨部门的信息共享和业务协同，实现数据集中存放，作为后期共享交换平台的数据接口，为后续业务提供算力和存储支撑。

二是数据中台。可对数据资产进行采集、存储、打通、应用、治理的五位一体的运营体系。数据中台是一站式大数据开发与运营的工具平台，满足开发人员在各阶段的需求，提高研发团队生产效率，提升提炼数据价值的能力。数据中台的使用旨在助力组织重塑管理、业务、流程、数据。提供数据作为生产资料发挥业务价值的全生命周期的工具，为数据集成、数据安全、运维监控等全数据链条提供设施支撑。同时，能够基于业务对数据长期沉淀，提炼出行业知识库，为业主打造具有行业属性特质的数据中台。数据中台提供一套持续让组织数据用起来的机制，帮助组织全面梳理数据资产，快速响应、灵活支撑组织业务创新，通过业务的不断滋养，打造业务和数据的闭环。

三是统一认证管理平台。主要提供统一认证鉴权服务。统一认证鉴权是对人、应用等的统一管理，向上层业务系统提供统一的业务控制台，供管理维护人员和业务操作等各种维护人员使用，向下可以通过标准接口协议集成各类应用系统和身份鉴别设备。

5.5G网络建设及创新应用

智慧园区以智能化应用为主线，实现重点业务域的智能化，是智慧园区建设的重要前提，而5G/4G无线网络以及NB-IoT网络建设是感知设备数据收集和流通的网络基础。

通过5G数字化室分多点位部署（PRRU），实现超短的等待时延和高带宽能力。同时对专网无线用户实现高服务质量（QoS）保障，保障优先网络接入，具备更高安全性。

通过新建LTE和5G基站，满足对网络覆盖、容量和性能的需求，建设能覆盖阜阳市颍泉区5G智慧园区全域的5G/4G/NB-IoT无线网络。核心网侧采用了NSA方式接入5G，既能满足当下全园区4G无线网络场景的需求，同时又能根据技术发展演进，相关5G网络可演进为SA组网方式，满足智慧园区未来建设的需求。

基于5G园区搭建的无人机系统是园区物联网系统的组成部分。无人机系统包含无人机、相关的控制站、所需指令与控制数据链路以及遥感技术组件构成。利用“5G+”无人机，可定时、按需进行园区高空巡视，具备视频实时回传、定时巡检、补盲巡检、夜间红外巡检、意外事件取证、紧急事务通知（广播）等功能。同时创新应用，通过前后两次的视频航拍，视频对比，实现开发区内违章建筑即刻发现，及时处置。在发生应急事件如火灾，能够及时获取现场画面，指挥中心开展应急指挥调度。结合AI智能分析算法，“5G+”无人机可实现无人值守的飞行巡逻任务，通过预定算法实现事件自动识别，并与巡警管理系统联动，形成事件流的闭环管理。

四　系统建设效益及展望

阜阳市颍泉区5G智慧园区构建了一个智慧园区及5G创新应用系统，由园区管委会主导，数据资源分级共享。项目实施后可以帮助园区管委会提升园区的精细化服务能力，挖掘新的收入增长极，产生收益；同时可以间接地带动园区企业在信息化项目上投资。

（一）园区建设的成果

1. 推动了颍泉区的园区产业升级

采用新技术、新架构、新基建，打破“数据孤岛”，实现了可视、可控、可管的政务管理要求，推动园区向全数字、全连接、全融合发展，同时以技术赋能产业，推动园区科技创新、成果转化、产业链协同和产业升级，更好地集聚资源、推动增长、激励创新、优化分工、促进竞争。

2. 促进颍泉域数字经济产业健康发展

以数字化、智能化等方式建立安全可控可追溯的数据资源体系。解决政务服务的难点痛点，探索服务政府高效监管的创新技术手段，助力监管与服务更加精准高效，促进数字经济规范健康发展。

3. 推动高新、生态产业协同发展

随着园区向智慧化、产业化、生态化方向发展，通过新技术、新管理理念、以及园区管理系统，推动地方产业聚集、低碳环保。最终促进地方经济发展。

4. 形成智慧产业发展格局

借助 5G 创新型智慧园区的信息系统，颍泉区计划引入一批战略新型产业，通过培育逐渐形成一条龙的园区产业态势。

（二）园区建设的社会价值

该园区建设改善了颍泉区公共基础设施的现状，加快了园区信息化发展，促进了园区经济发展的同时也带动了城市的经济发展，拉动就业，提高社会效益。满足了阜阳市颍泉区工业和用户的需求，改善了城区面貌和投资环境，增加了城市经济发展的动力，改善了本地区营商环境。

该园区建设有利于城市大数据的完善，发挥产业数据价值。建立开发区各部门的数据融通体系，数据共享交换。同时接入上一级政府的城市大脑，

推动跨部门数据融合，提高城市协同治理水平和服务水平。

园区建设还能引进产业带动就业汇聚人才，智慧园区的建设将为各地区的园区建设和招商引资提供新动能，完善线上招商引资平台和渠道，带动就业，为人才的引进、流通和发展创造条件、为园区各方面发展提供充足人力资源。推动地方经济发展。

园区通过对环境生态、安全生产、能耗管理等数据的实时监测，实现了人、企业、自然生态的协同发展。伴随项目的实施，生态环境效益日益显著。在从严治理的基础上，自然资源得以再生，气候环境逐步改善，实现了“双碳”战略。

五 结语

站在“十四五”新的起点，数字化发展蓝图已经绘就，一幅全新的数字中国建设图景正在全面铺开。智慧园区作为数字中国、智慧社会的有机组成部分，在当前政策、技术、市场等因素的影响下，面临着崭新机遇与挑战。

5G 创新型智慧园区通过新技术应用提升园区治理能力和招商能力，高效协同；重新定义生产方式，提供绿色可持续发展环境，优化资源配置。基于 5G、物联网、大数据、人工智能等新技术，融合数据打通壁垒，构建园区立体空间，承载园区数据与业务，实现园区智慧化。5G 等新型基础设施赋能创新型智慧园区建设，将成为新时期推进园区高质量、可持续发展的必经之路。

B.12 城市云工业数字化转型云服务的探索与实践

谢贻富　李晓洁　田金丽*

摘　要： “十四五”是工业领域数字化转型的重要时期。本文在合肥城市云数据中心股份有限公司（以下简称“城市云公司”）集合自身数据中心业务的基础上，深入分析行业应用特点，探索工业数字化转型数字底座和云服务的发展，创新推出了工业数字化转型数字底座产品，以及面向各类工业企业客户需求的数字化转型云服务的解决方案。在新一轮产业发展的背景下，城市云的工业数字化转型服务为支撑区域数字经济的发展起到了很好的作用。

关键词： 数字化转型　云服务　数字底座　工业互联网

一　背景

（一）工业数字化转型是国家发展战略的重要环节

在新一轮科技革命和产业变革的推动下，数字经济已经成为全球各国塑

* 谢贻富，高级经济师，合肥城市云数据中心股份有限公司董事长，安徽省职业经理人协会研究中心主任，主要研究领域为数字经济、企业文化与战略、职业经理人素质等；李晓洁，电子信息工程博士，合肥城市云数据中心股份有限公司副总经理，主要研究领域为产业数字化转型、机器学习与数据挖掘；田金丽，合肥城市云数据中心股份有限公司品牌研究员，主要研究领域为工业数字化转型。

造国际竞争新优势、争取自身发展新机遇的焦点。制造业是国民经济的主体，是立国之本、兴国之器、强国之基，建设制造强国是主动应对新一轮科技革命和产业变革的重大战略选择。加快推进制造强国、质量强国建设，要推进产业基础高级化、产业链现代化，保持制造业比重基本稳定，增强制造业竞争优势，推动制造业高质量发展。①

数字化转型是借助新一代数字技术，在数字转换、数字升级的基础上构建一个全感知、全联接、全场景、全智能的数字世界，进而优化再造物理世界的业务。数字化转型对传统的管理模式、业务模式、商业模式进行创新和重塑，实现业务成功，其本质是业务转型。② 工业企业数字化转型的目的是采用系统创新的思维进行数字化实践，从而探寻工业生产方式的全局最优解，提高企业的生产力，重塑企业的竞争力。

工业数字化转型作为串联数字中国与制造强国两大战略的重要领域，将有效推动数字经济和产业经济的融合与发展。工业数字化转型有助于培育制造业创新的新动能，从而增强制造业供应链的自主可控能力，对提升我国制造业的国际竞争力也起到极其重要的作用。

（二）数字化转型是工业企业创新发展的内驱动力

数字化转型是将以互联网、大数据、5G、云计算等技术为代表的新一代信息与通信技术（ICT）作为生产要素加到企业原有的生产要素中，从而引发企业诸多领域的创新与变革。③ 新技术带来新的数字化手段，新技术叠加生产要素推动企业数字化转型。

数字化转型可以帮助工业企业缔造贯穿生产经营全链的数字中线。基于

---

① 《中华人民共和国国民经济和社会发展第十四个五年规划和 2035 年远景目标纲要（草案）》，http：//www.gov.cn/xinwen/2021－03/13/content_5592681.htm，北京，2021 年，第三篇。

② 张辉、盛威、石胜友：《世界一流企业对数据思维的认识和运用》，《网信军民融合》2020 年第 7 期，第 80 页。

③ 张辉、盛威、石胜友：《世界一流企业对数据思维的认识和运用》，《网信军民融合》2020 年第 7 期，第 80 页。

此再叠加各类业务创新类应用、管理提升类应用。从而在微观的企业个体的角度实现“提质、降本、增效”。

数字化转型可以将工业企业的数字中线从企业内延伸至产业链上下游。联合产业链上下游企业协同创新共赢，提高生产要素在产业链中的流通速率，在产业生态的角度高效整合供需资源，实现兼顾高敏捷性和灵活性的产业协同，有助于构建全链条、全流程数字化生态。

数字化转型可以帮助传统工业企业捕获新的市场机会，创新商业模式，重塑其竞争格局，让工业企业从传统的“制造”向“智造”转变。因此在国家竞争层面，数字化转型是工业企业实现核心竞争力跃升、促进产业生态重构的重要抓手；是工业企业创新发展的内需及正确选择；是增强产业链和供应链的韧性和自主可控能力的必经之路。作为在国民经济中占主体地位的工业企业，其数字化转型是充分释放经济潜力的关键，是推动质量变革、效率变革、动力变革的新动能，是顺应时代发展的必然要求，也是面对宏观市场的正确选择。

二　工业企业数字化转型的需求与痛点

当前正值中国从“制造大国”向“制造强国”迈进的重要发展阶段。工业企业数字化转型是一项系统工程，且存在诸多卡点与难点。行业壁垒、人才匮乏导致工业企业“不会转”，变革代价试错成本让工业企业“不敢转”，数字基础技术掣肘使得工业企业“不能转”。不同规模的工业企业转型道路的需求与痛点不同。

（一）中小型工业企业数字化转型的需求与痛点

中小型工业企业是中国国民经济和社会发展的生力军，也是数字化转型的重点。中小型工业企业数字化转型投入力度正不断加大，立足“降本、提质、增效”三大原则，更加侧重于软件和整体解决方案，注重产业数字化的“全面赋能”。但是，中国绝大多数中小型工业企业仍处于数字化转型探索阶段，仅对企业数字化转型有了初步的规划与实施，具体表现为在企业生产、销售、设计、服务等方面进行了业务数字化改造。因为理念、技术、管理、资本等约束推进不畅，中小企业已成为数字化转型大军中亟待“帮扶”的群体。

云计算资源不足，缺乏足够的资金投入，企业数字化建设管理基础薄弱，缺少数字化建设方法与经验，专业人才匮乏等问题制约着中小型工业企业的数字化转型进程[①]。市场亟待填补“工业企业数字化转型数字底座”（以下简称“数字底座”）的供给空白，为工业中小企业提供行业领先、业务泛化、产品标准化的工业数字化 SaaS 服务。

（二）大型工业企业数字化转型的需求与痛点

工业领域的头部企业具有体量大、业务覆盖面广等特点，并在产业链中处于“链主”的地位，尤其是大型国有企业，是中国经济社会发展的“顶梁柱”“国家队”。肩负着推动经济发展和提高社会价值的重要责任，需要在新一轮科技革命和产业变革浪潮中发挥引领作用，成为推动数字化、智能化升级的排头兵。

在国际产业经济竞争日趋激烈的背景下，中国大型工业企业必须居安思危，秉承系统创新思维，以先进的云计算、工业互联网、AI 等新型数字技术为手段，探索符合自身企业特色的数字化创新模式与路径，以保持现有的商业竞争力。但是，大型工业企业的数字化转型并非只是局部信息技术累加，而是需要设计个性化的数字化顶层规划，运用先进的技术实现从技术到产品、从战略到运营等多方面的数字化融合。再加上大型企业庞大的规模和复杂的体制，系统工程庞大，工业 AI 应用能力薄弱，专业团队经验不足，生产经营试错成本太高，更使得头部企业数字化转型的整体协同推进成为一项艰巨任务。

在当今这个数字时代，生产力主要体现为对数据等新生产资料的高效处理能力，生产资料从以资源为核心逐渐转变为以数据为核心。回顾历史，每

① 许可欣、郑常奎：《工业数据中心发展综述及展望》，《中国电信业》2021 年第 S1 期。

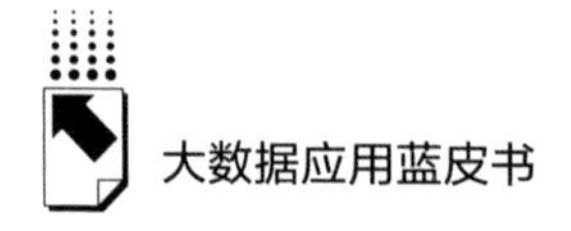

一次产业革命都催生出新一代基础设施。市场亟待深化面向工业企业的“数字底座”的支撑能力建设。

“数字底座”应拥有云计算将IT与CT资源服务化提供的特性，可为工业企业提供云资源基础设施服务；“数字底座”应完善集数据采集、数据汇聚、数据清洗、数据挖掘、数据应用、数据安全为一体的数据基础设施服务；“数字底座”应拥有为工业算力服务的支撑能力，围绕工业客户的应用场景提供工业互联网及工业AI云服务，为客户提供最优的算力等基础信息资源的分配、调度以及网络连接，实现工业企业的数字化业务重塑。

三　城市云工业数字化转型“数字底座”的探索

（一）城市云工业数字化转型“数字底座”架构设计

升级工业领域数字化服务供给已成为行业共识的市场刚需。在这个背景下，城市云公司集合自身数据中心的业务基础，深耕行业、勇于创新，推出了工业数字化转型“数字底座”服务，为大型、中小型工业企业客户提供所需的数字化转型工业云基础设施支撑，为区域数字经济的发展带来了很好社会效益和经济效益。

数据中心作为新基建的重要组成部分，应发挥“数字底座”作用，辐射诸多产业链。工业生产过程中任何一个微小的数字化转型创新背后都离不开两个关键要素：一是需要有领域知识与业务创新能力；二是需要有数字技术，诸如物联网感知技术与设备、工业数据采集与通信技术、云计算与大数据服务、机器学习模型与数据挖掘等共性技术的支撑。产业链中的供需关系背后都要遵循经济学原理，从投资、技术、人才、使用率等各个角度来看，企业都很难依靠自身的力量全部完成，于是一个对于供给侧的需求产生了。即工业企业的数字化转型需要一个专有的“数字底座”。该“数字底座”将云计算、5G、工业互联网、AI等新一代信息与通信技术封装在一个更加高效的基础设施里，并且面向工业企业提供其数字化转型所需的标准化服务。

城市云公司结合多年工业企业数字化转型云服务经验，将工业数字化转型所需的云计算、工业互联网、AI 等技术封装为城市云工业数字化转型“数字底座”。旨在成为一个工业数字化转型服务领域的标杆工程，扎根区域辐射重点产业数字化变革的新型信息基础设施，填补区域工业数字化转型服务供给的空白。

城市云公司的“数字底座”服务于工业企业数字化转型，为工业企业数智化转型提供助力，解决工业企业数字化转型痛点与服务问题，针对工业企业数字化转型中的共性痛点，提炼共性需求，研发云服务。

如图 1 所示，城市云公司的“数字底座”分为三层。分别是数据中心基础设施层、工业互联网基础设施层、工业 AI 基础设施层。可解决各类工业企业转型道路上共性的工程技术痛点。

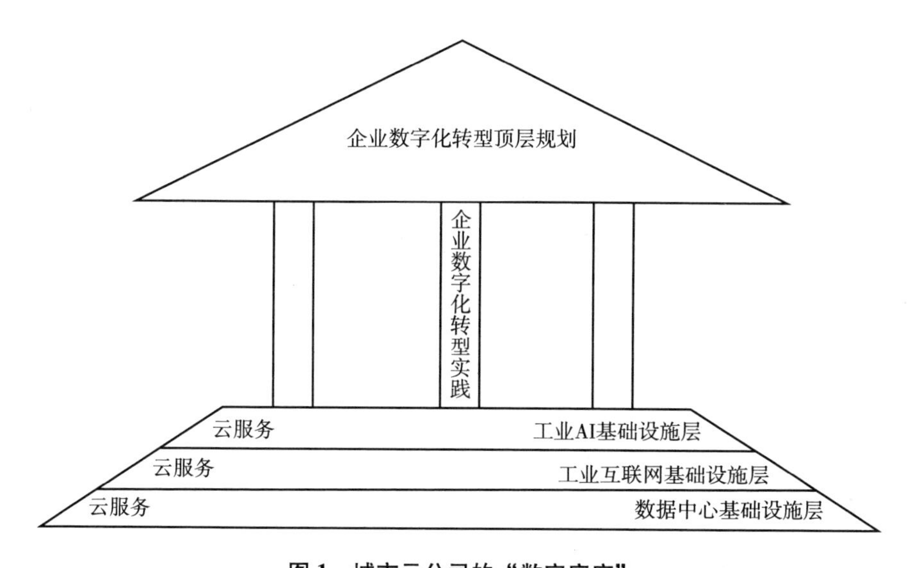

图 1　城市云公司的“数字底座”

（二）数据中心基础设施层

当前工业企业自有数据中心的基础设施硬件及服务环境都亟待改进。中国工业企业的自有机房大多始建于 20 世纪 90 年代，规模多在 300 平方米内。普遍有着设施老、扩容难、网络弱、运维难等痛点。第三方数据中心的市场需求由此产生。工业企业在基础设施环境方面非常看重敏捷弹性扩容、建设标准、网络接入、电力供应等元素。工业企业对数据中心的需求也呈现典型的离散化特征，即除了基础设施层面的共性需求之外，针对具体业务的个性服务需求也更加显著，需要第三方数据中心企业定制化和个性化的服务。①

城市云公司结合市场需求，在“数字底座”为工业企业客户量身打造数据中心基础设施层。主要建设方案分为基础设施与运营管理平台两大部分。

1. 数据中心基础设施

城市云公司的“数字底座”为工业企业客户量身打造数据中心硬件环境，符合下列标准。

（1）机房建设标准

建设标准对标国内 A 级高标准，满足工业企业客户对业务连续性、数据安全性的高要求。如建设标准达到《数据中心设计规范》（G850174-2017）A 级标准、达到国际 T3+标准。配备了双路市电、2N 架构 UPS、N+1 架构柴油发电机组、冗余架构空调系统等。

（2）机房布局标准

数据中心在设计之初提出机房布局标准，可面向客户提供整栋/整层/整模块定制，亦可支持高电压、低电压融合布局定制。实现数据中心基础设施灵活配置。

（3）电力配备标准

数据中心共设置 3 种供电电源，分别为市电电源-N、自备备用电源-E、不间断电源-U，均采用冗余架构，IDC 机柜的电力服务能力可用性达 99.99%，可支持工业级客户的电力供应定制业务。

① 许可欣、郑常奎：《工业数据中心发展综述及展望》，《中国电信业》2021 年第 S1 期，第 18 页。

（4）网络接入标准

支持多家网络运营商的裸光纤、电路和互联网专线接入。同时支持教育网、城际网及国际互联网等接入。可支撑规模型工业企业全国型业务以及出海业务。

（5）公有云计算资源池

配备 3000 个机柜的第三方资源，可为工业企业客户提供弹性扩容服务。

（6）智能监控管理

数据中心配备城市云公司拥有自主知识产权的基础设施监控平台，能够针对数据中心的供电系统、UPS、变压器、空调、温度、湿度、水浸、视频、烟火、消防、门禁和空调等开展 7×24 小时的实时监控。

2. 数据中心运营管理平台

目前，传统的工业数据中心建设成本高，运营管理成本高，承载数据中心运行的网络复杂，业务连续性欠缺保障，数据中心需要应对监视、控制、管理和优化的实时性挑战。为保障数据中心、运维管理工作稳定和安全运行，亟须一种高效的数据中心运营管理解决方案帮助工业企业缓解基础设施管理、运维、运营的压力。

在这种市场需求背景下，城市云公司整合力量研发了城市云数据中心智慧运营服务平台。该平台是城市云公司依托数据运营团队十余年的行业经验，基于云计算、大数据、数据孪生、虚拟交互、流程引擎等技术自主研发的智慧运营服务平台，提供“云管+运维”一站式解决方案，助力客户实现 IT 服务的标准化、可视化、流程化、移动化和精细化管理。

城市云数据中心智慧运营服务平台由 4 个子软件系统构成。分别是基础设施智能监控管理系统、IT 智能运维监控管理系统、数据中心一体化智能运维管理平台、智慧运营服务平台。

城市云基础设施智能监控管理系统的建设融合了大数据、3D 仿真、虚拟交换、流程引擎等技术。其功能架构如图 2 所示，该系统能帮助客户解决数据中心基础设施的数据采集问题，打通数据中心基础设施的动力监测、环境监测、安防监测环节。在应用管理端架设监控类业务、管理类业务、巡检类业务、预警类业务。该系统也围绕数据中心的领域知识，以打造数据中心运营的标准化、自动化、智能化、可视化管理为产品理念，以帮助客户提升数据中心的能效水平、能源监测效率和运营管理效率为产品价值定位，达到风险可控预警、科学决策的目的，确保数据中心绿色节能、安全可靠地运营。

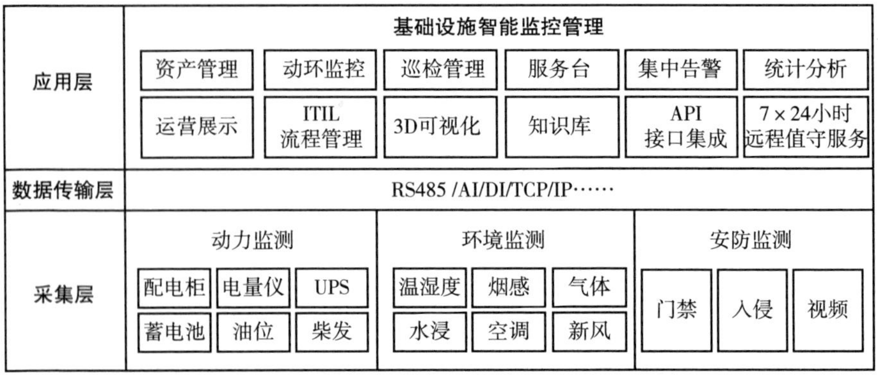

应用层
基础设施智能监控管理
资产管理 | 动环监控 | 巡检管理 | 服务台 | 集中告警 | 统计分析
运营展示 | ITIL 流程管理 | 3D可视化 | 知识库 | API 接口集成 | 7×24小时远程值守服务

数据传输层
RS485 /AI/DI/TCP/IP……

采集层
动力监测：配电柜 | 电量仪 | UPS | 蓄电池 | 油位 | 柴发
环境监测：温湿度 | 烟感 | 气体 | 水浸 | 空调 | 新风
安防监测：门禁 | 入侵 | 视频

图 2　城市云基础设施智能监控管理系统功能架构

城市云 IT 智能运维监控管理系统的功能架构如图 3 所示。该系统在采集层帮助企业打通 IT 数据，便于后续对 IT 资产进行处理、分析和管控。在应用层构建智能监控、智能预警、智能巡检、智能运维类业务。该系统的产品理念是以 IT 资产为基础，以业务应用为核心，以 ITIL 为实践，通过对客户的 IT 资产进行数字化处理实现 IT 资源的智能监控、智能预警、智能巡检、智能运维等业务，最终帮助 IT 人员实现数据中心 IT 系统的集中管控及故障快速定位，提升数据中心 IT 系统的高效统一运维。

城市云数据中心一体化智能运维管理平台的功能架构如图 4 所示。系统将数据中心基础设计与 IT 基础架构统一接入一体化平台，应用层围绕打造一体化“监管控”的运营理念架设业务应用。该平台有利于在满足客户基本运维业务的基础上提升数据中心运维业务的标准化、自动化、智能化、可视化水平，从而协助客户提升数据中心的精细化管理水平。

城市云智慧运营服务平台是新一代数字化智慧运营服务平台，其功能架

	城市云IT智能运维监控管理系统			
应用层	资产管理	配置管理	IT监控	巡检管理
	业务流程管理	服务台	集中告警	统计分析
	运营展示	ITIL流程管理	运维审计	日志审计
	3D可视化	知识库	API接口集成	7×24小时远程值守服务
数据处理层	Data Exchange Proxy Server (DEP)			
采集层	网络监控	服务器监控	存储监控	
	虚拟机监控	数据库监控	应用程序监控	
	多云监控	IP监控	服务监控	

图 3　城市云 IT 智能运维监控管理系统功能架构

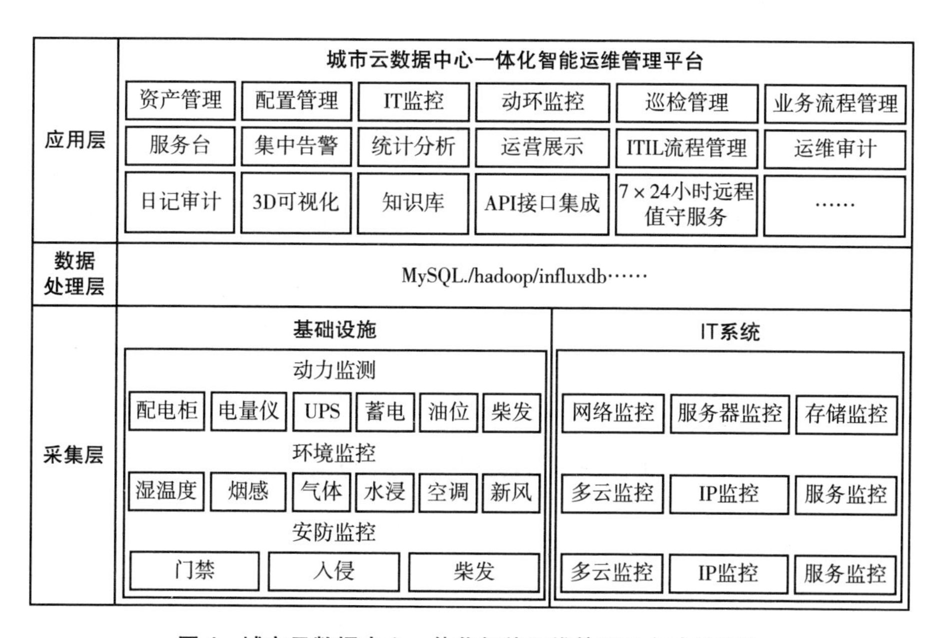

图 4　城市云数据中心一体化智能运维管理平台功能架构

构如图 5 所示。平台以“服务中心”为枢纽，集“运行维护”“流程管理”“云管”“运营决策”4 大功能模块为一体。其产品理念从打造“监、管、控、服”多位一体的数字化视角，提升数据中心的智能运营能力和精细化运营管理水平。该平台可为客户的 IT 人员赋能，协助其支撑管理企业的信息化业务，保障企业的数据安全和业务连续性，为企业的数字化转型打好 IT 业务基础。

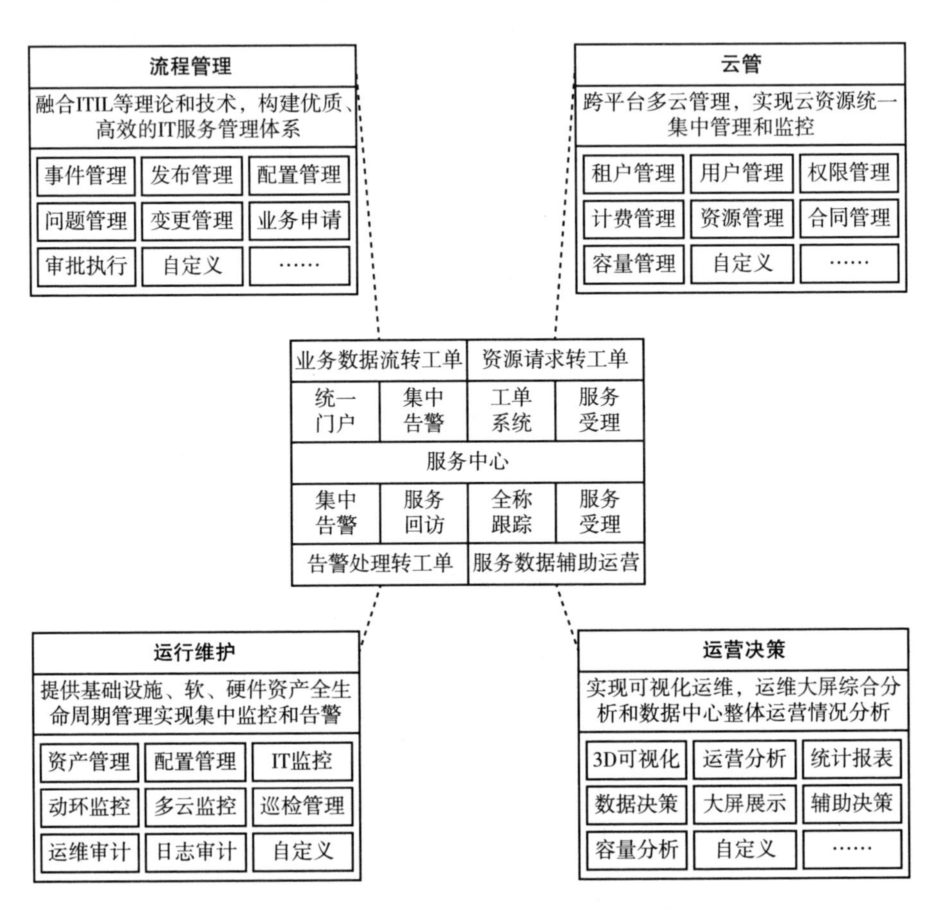

图 5　城市云智慧运营服务平台功能架构

（三）工业互联网基础设施层

工业互联网是新一代信息技术与传统产业融合发展的技术牵引，逐渐成为中国制造业转型升级的内生动力。工业互联网将工业实体、信息系统、业务流程和人员连接起来，通过数据分析，优化决策，推动生产和运营的智能化，创造新的经济效益和社会价值。

城市云公司在实际工程实践中总结和提炼出4种应用场景。场景一，面向企业运营的管理决策优化，如供应链管理优化、生产管控一体化、企业智能决策等。场景二，面向产品全生命周期的管理与服务优化，如产品溯源、产品设计反馈优化、产品远程预测性维护等。场景三，面向工业现场的生产过程优化，如协同制造、制造能力交易、个性化定制、产融结合等。[①] 场景四，面向社会化生产资源优化的配置与协同，如制造工业优化、生产流程优化、质量优化、设备运行优化、能耗优化、人员绩效考核优化等。

在四大类业务场景中，工业企业面临两大主要困难。第一，工业企业面临设备互联难问题。工业企业需要通过大量运用感知器、控制器、人工智能等软硬件系统和先进技术将人、机器物理和虚拟世界连接起来，构成一个智能的网络。只有设备成功互联，企业方可采用智能化和信息化技术，从海量数据中提取有价值的信息，进而用于优化生产流程、完善服务体系、实现设备协同最优，有效促进企业生产智能化和产业绿色化发展。第二，工业企业需要建立并打通应用的信息孤岛，即实现应用互联。通过采集工业企业的生产、采购、过程等异构数据，打通企业应用互联，实时感知、监测、预警、控制企业生产情况；通过打造行业级工业生产模型库，并对模型进行智能训练，降低企业能耗、物耗，提高企业生产效率、提升质量，进而实现生产操作、生产管理、生产决策3个层面的不断优化。

为了解决以上技术难题，城市云公司综合运用物联网、云计算、大数据、人工智能、数字孪生等技术打造并推出了专业化工业互联网云平台——祯欣互联网云平台（见图6）。

祯欣互联网云平台致力于帮助工业企业提升数字化水平以及提升效益、降低成本，达到数据驱动业务的目标。工业互联网平台架构兼具数据采集、数据传输、数据存储、数据清洗、数据加工、数据应用、数据服务等多种功能。

祯欣互联网云平台的数据采集向工业生产的人、物、流程、系统4大要

① 朱辉杰：《中国工业互联网应用试点示范项目地图（二）》，《智能制造》2020年第3期。

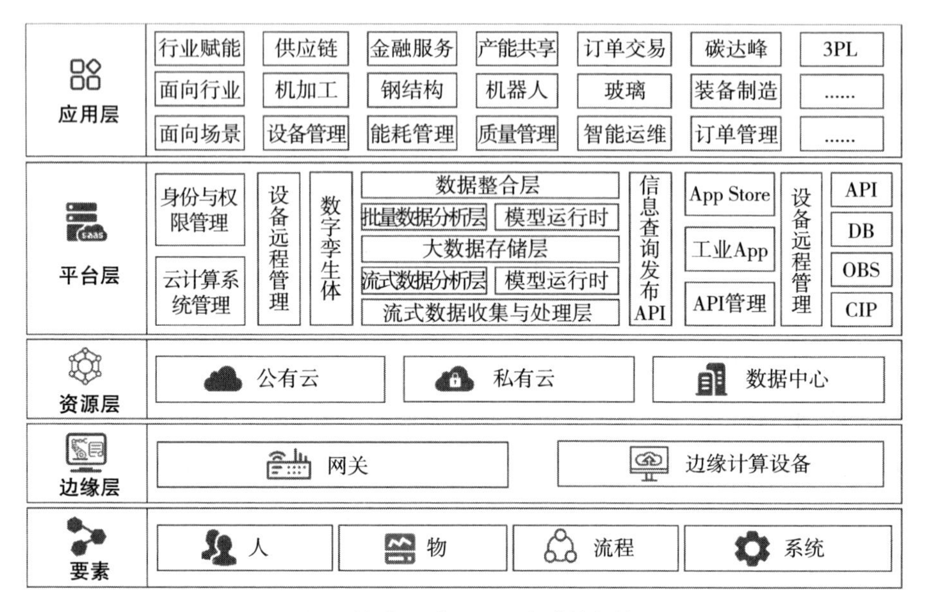

图 6　祯欣互联网云平台功能架构

素进行全维度采集，有助于帮助企业打造面向工业全业务流程的数据基础平台。祯欣互联网云平台的边缘层可以帮助工业客户打通设备与平台的数据通道，实现协议适配及设备接入。公司研发的工业综合网关设备如图 7 所示，可以支持 MQTT、Http/Https 等工业数据传输协议，支持 4 路低频 DI、2 路高频 DI、2 路 DO 输出等多种通信接口，支持多种 PLC、DCS 设备的协议解析。除了协议兼容度高之外，该网关产品还支持局域网远程操作、无线专网传输、支持本地数据存储、断点续传、断网保护等功能，可以应对复杂工业现场的数据采集。

资源层统筹服务器资源，提供平台基础、网络通信基础。平台层是祯欣互联网云平台的核心系统，集成了身份与权限管理、云计算系统管理、数字孪生体等功能模块，提供数据整合、存储、模型运行等基础处理层，同时提供定制化 App 的微服务框架、API 管理等功能。

应用层提供了丰富的业务应用，除了常规的数据展示软件、操作监控软件等定制化应用系统之外，还有面向工业企业的专业应用。包括质量管理、

图 7　IIG1000 工业综合网关

图片来源：祯欣互联官网，http：//www. zxinternet. com/。

能耗管理、工艺与过程的优化、计划与排产的优化、业务绩效在线监控和预测等。

客户通过建设企业级工业互联网平台，可以实现对设备数据的全量采集及业务应用的完善。实现“人”“物”“流程”“系统”的全局数字化。打造面向工业全业务流程的数据基础平台，实现实时采集、离线采集、存储、加工、清洗、查询、展示数据，赋能业务应用场景，助力企业构建扎实的数据根基，实现工业企业数字化、智能化，通过工业大数据平台技术赋能企业，为企业提效降本。①

① 李鑫、王建珍：《大数据技术在能源互联网中的应用与实践》，《山西电子技术》2021 年第 6 期，第 58 页。

（四）工业AI基础设施层

以往的工业化与信息化的融合为工业领域打下了数字化基础，提升了工业企业的管理效率。工业企业的核心业务是其生产过程。工业生产过程的改进优化是工业企业数字化转型的价值深水区，也是创新攻坚难点。

工业企业进行工业生产过程技改创新时往往遵循核心工艺的机理原理，依托领域专家的知识经验，经过小批次实验后正式推广。其完整过程有着技术门槛高、试错成本高、验证周期长等共性痛点。

城市云公司结合多年为工业企业做数字化转型服务的工程经验，研发了流程工业生产过程优化智能算法服务平台（算法服务平台），系统架构如图8所示。该平台的服务对象是流程工业型企业。流程工业（Process Industry），是指基于通过物理和/或化学变化进行生产的行业。典型的流程工业包括石油、焦炭、水泥、玻璃、冶金、化工、塑料等行业。流程工业的生产过程是连续性的，有着相对封闭、不能中断的特点。流程工业的生产过程是企业价值的核心区，也是技改的重点难点。该算法服务平台是为工业企业客户开展面向工业现场的生产过程优化技改预研工作的一个人工智能服务平台。该平台旨在服务有工业革新、生产优化诉求的流程工业型企业，以SaaS化方式为其提供生产优化的预研服务。

平台为流程工业客户提供平台基础服务与行业AI应用服务。其一，平台基础服务为客户提供当下工业生产在未来一段时间内的预测服务，为当下工业生产提供可自由定义改进目标以及约束条件的智能诊断服务（系统自动）。即平台可围绕客户的改进目的为客户预测当下工业生产的差距，提供智能诊断服务。其二，行业AI应用为客户的改进工业生产预研工作提供一个客户端AI应用系统。通用功能是通过SaaS的形式对外提供服务，支持供客户基于云端训练好的AI模型来进行仿真训练，也支持面向客户的行业乃至业务场景定制成“AI+业务管理软件”。

在服务方式上，可以面向客户开展AI算法类SaaS服务，也可以支持面向客户的私有化部署。算法服务结果支持报告输出、API接口输出两种

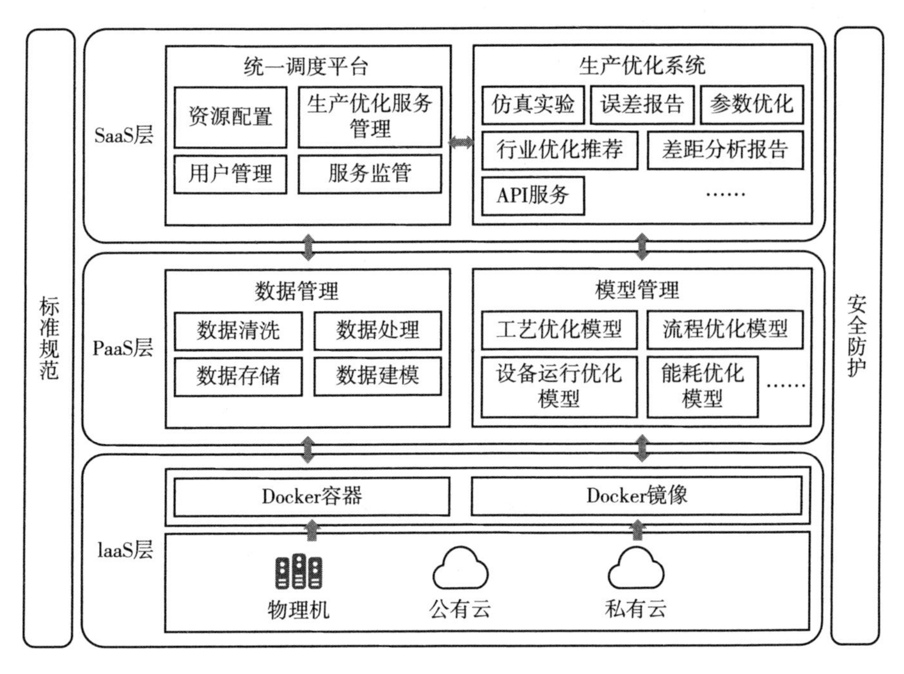

图 8　工业生产过程优化智能算法服务平台系统架构

形式。可以单独作为“AI+工业”项目交付，也可以被行业解决方案集成。

四　城市云工业数字化转型云服务实践

（一）定制数据中心与托管服务

工业新兴技术业务对资源环境的要求在提高。用户可以根据自己的设计要求、安全管理等级、运维监控标准与流程向城市云提出定制需求，使用效果与自建数据中心没有任何区别。对于有使用 5G、AI 等新兴技术业务的大型互联网用户，其业务场景对数据中心电力、安全、运维的要求是传统数据中心无法满足的，必须通过定制数据中心来支撑新兴技术和新兴业务。

定制数据中心服务是指城市云公司根据大型数据中心客户复杂多样化的

应用部署需求，提供规划、设计、建设及运营管理数据中心全生命周期服务，为客户提供高度安全、可靠和容错的数据中心环境，可以保证安全存放服务器和相关 IT 设备。托管服务是为客户提供多种增值服务，涵盖数据中心 IT 价值链的每一环。服务内容包括业务连续性和灾难恢复解决方案、网络管理服务、数据存储服务、系统安全服务、操作系统服务、数据库服务和服务器中间件服务。定制数据中心服务的优势也较为明显。

1. 建设迅速、敏捷交付

与完全自建数据中心动辄需要两年甚至更长的周期相比，定制数据中心服务在现有数据中心模块的基础上设计、建设，大大缩短了建设周期。

2. 成本节约、省钱省心

城市云公司在设计与工程管理、批量设备采购折扣、共享电力系统等方面都具有独特优势，可以帮助客户有效地控制工程建设成本。定制数据中心是大企业客户的“私有数据中心”，一般说来，一个数据中心客户的电力需求越大，采用定制数据中心服务的成本优势就会越明显。

3. 个性化定制

对于有使用 5G、AI 等新兴技术业务的大型互联网用户，其业务场景对数据中心电力、安全、运维的要求是传统数据中心无法满足的，新兴技术业务使用户可以根据自己的设计要求、安全管理等级、运维监控标准与流程向城市云提出定制需求，使用效果与自建数据中心没有任何区别。

例如，某汽车品牌已在城市云公司定制数据中心部署其 ADAS 自动驾驶超算平台、NOMI 车载语音超算平台业务。城市云公司根据该汽车品牌复杂多样化的应用部署需求定制了数据中心空间及服务，量身打造了 12kW 机柜，为该汽车品牌的业务保驾护航。

（二）工业互联网 SaaS 云服务及实践

SaaS 是一种软件即服务（Software as a Service）的模式。近年来，SaaS 在中小规模企业中非常受欢迎。SaaS 最大的优势是更简单的计算需求和环境。许多中小企业愿意把关键业务应用迁移到 SaaS 模式中来，减少先期投入成本、缩短许可证（license）的办理周期、快速易于部署。SaaS 的另一优势是可以按需选择服务、按需支付费用。此外 SaaS 还有拓展性强、适用性高，可以降低企业的运营费用的优势。

将工业互联网业务 SaaS 化的过程就是一种服务标准化的过程。城市云工业互联网 SaaS 云服务封装了数据采集服务与网关运维服务、应用服务、算法模型服务等。平台具备多租户管理模式，可以管理众多 SaaS 租户服务。在某玻璃企业的数字化转型项目中，企业借助城市云工业互联网 SaaS 云服务实现了玻璃总生产效率提高 25%以上、问题处理效率提升 40%以上、窑炉燃气单耗降低 3%以上、电机用电降低 8%以上、人力资源投入节约 18%以上，每年节省成本超亿元。

五　未来云服务发展展望

5G 时代工业新应用场景下工业云安全面临着新的挑战，工业云连接工业生产、管理、运营的全系统生命周期，生产、销售过程当中的数据存储于工业云当中，巩固工业云安全堡垒成为工业云安全工作中的重中之重。未来，城市云公司将融合人工智能、云计算、5G、区块链等技术，提供更安全的计算环境和更专业的管理服务能力，构建多技术融合的工业云安全防护体系。

城市云公司也将结合工业数字场景创新，进一步升级工业云服务，丰富工业云服务供给。第一，在业务功能上，扩大工业云应用场景的覆盖面，向产品全生命周期的管理与服务优化、企业运营的管理决策优化、社会化生产资源优化配置与协同等方向迈进[①]；第二，在智能水平上，融合新技术体系，向深度学习迈进，丰富工业 AI 应用，完善工业生产质量优化、配比优化、能耗优化、设备运行优化等全生产过程优化；第三，在交付方式上，进

① 江小娟：《基于产品全生命周期信息的工程机械回收定价及处理决策研究》，中国矿业大学博士学位论文，2019，第 18 页。

行云化创新，模板共享、资源复用，实现高效便捷一站式交付模式。

未来，城市云将继续实施为工业企业提供数据中心服务战略，将数据中心打造为驱动区域产业数字化转型的平台，为工业行业数字化转型赋能，培育工业数字化转型的生态环境，联合服务链的上下游协同商业模式创新，发展诸如驻地云、专属云等新业务，做好保障工业企业数据生命价值的“数字底座”服务支撑。

B.13
创新数字普惠金融
——去中心化供应链融资分析

金端峰　赵飞飞*

摘　要： 随着普惠金融的大力推进和金融科技的快速发展，普惠金融数字化、数字金融场景化、场景金融链上化的趋势越发明显，发展在区块链等前沿技术支撑下的产业链和供应链金融成为业界共识。传统供应链金融由于对核心企业过度依赖，存在确权难、授信难、对接难和推广难等障碍。宁博数字技术有限公司（以下简称“宁博数字”）在数字普惠金融领域提出利用中国“金税工程”全面推广企业涉税数据能合规、全面采集的便利，依靠企业真实、完整的交易数据以及机器学习建模技术，通过核心企业虚拟化、融资客户图谱化、支用额度动态化等主要手段减少融资过程中对核心企业的依赖，实现供应链融资的标准化、线上化、智能化、普惠化和规模化。去中心化供应链融资能够在应收账款池融资和质押融资、商业票据质押融资和贴现、商业保理和反向保理等场景下，建立经营周期测算、客户准入模型、企业成长模型、信贷履约模型、信用评分模型、授信额度模型、支用额度模型和贷后预警模型等模型体系，打造拓客、申贷、尽调、风控全流程线上化的去中心化供应链融资平台。本文介绍的业务模式在某家股份制银行已经进行了规模化推广应用，风控水平和融资效

* 金端峰，现任宁博数字技术有限公司董事长，教授级高级工程师，硕士生导师，享受国务院特殊津贴，取得职务发明专利20多项和多项重大技术成果，入选国家“百千万”人才、国防科技工业“511人才工程”；赵飞飞，国家管理咨询师，联合国训练研究所GPST咨询师，宁博数字技术有限公司董事。

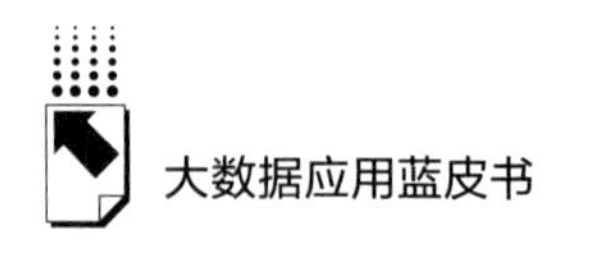

果达到预期。

关键词： 数字普惠金融　供应链融资　去中心化供应链融资

一　供应链金融概述

中国金融政策不断向着服务实体经济、服务中小企业倾斜，这就要求金融行业要在金融服务模式和手段上不断创新，从而贯彻和落实国家的普惠金融政策。首先，以大数据和人工智能等前沿技术为支撑的金融科技日渐成为金融机构管控融资风险、提升金融服务的质量和效率的有力工具，金融科技加持普惠金融构成的数字普惠金融成为发展普惠金融服务的共识。[①] 其次，数字普惠金融的场景化和集群化趋势也日益明显，场景化数字普惠金融能促进金融科技的专业化和提高其针对性，从而提升金融科技的有效性。因此，最有代表性的场景金融，即产业链金融和供应链金融就成为数字普惠金融的重要发展方向。一些金融从业人员甚至认为：脱离了两链的金融服务已经没有发展前景。[②]

目前，国内外关于中小企业供应链融资的研究主要集中在传统供应链融资的形式上，无论是供应链金融“1+N”（全链条供应链融资）模式，还是“1+M+N”（新型多核心供应链融资）等模式，都依赖于核心企业的确权和回款资金管控、资产的分发和证券化来转嫁和缓释融资风险。其本质还是“当铺思维”的一种体现，离银行业凭借“信用+风控”能力的价值取向甚远。国内一些供应链融资头部企业虽然在使用区块链等科技手段，但仍然没有脱离传统供应链融资的框架，业务开展举步维艰（见图1）。

① 2016年，二十国集团（G20）峰会发布由普惠金融全球合作伙伴（Global Partnership for Financial Inclusion，GPFI）制定的《G20数字普惠金融高级原则》。

② 《黄奇帆最新演讲：任何企业都要避免5个陷阱》，百家号，https：//baijiahao.baidu.com/s？id=1651140055172251199。

通过供应链金融去中心化来方便银行对中小企业的贷款供给，这与传统范式有明显的差别。随着近年来国内供应链金融的相关政策与规划的不断出台，及商业银行在金融行业整体供过于求的大背景下的拓客需求，要想改变金融供给端存在基础设施落后、流程老化、产品创新不足、金融资源配置不平衡等问题，金融机构还需要在业务范围、客户源、产品设计上进行创新，相信去中心化供应链融资将会成为数字普惠金融的下一个风口。

传统供应链融资碰到哪些难点？去中心化供应链融资的方案又能如何消除这些难点呢？以较典型的传统供应链金融中的应收账款融资的操作流程为例，可以清晰地看到核心企业的主观能动性对整个供应链金融体系的制约。

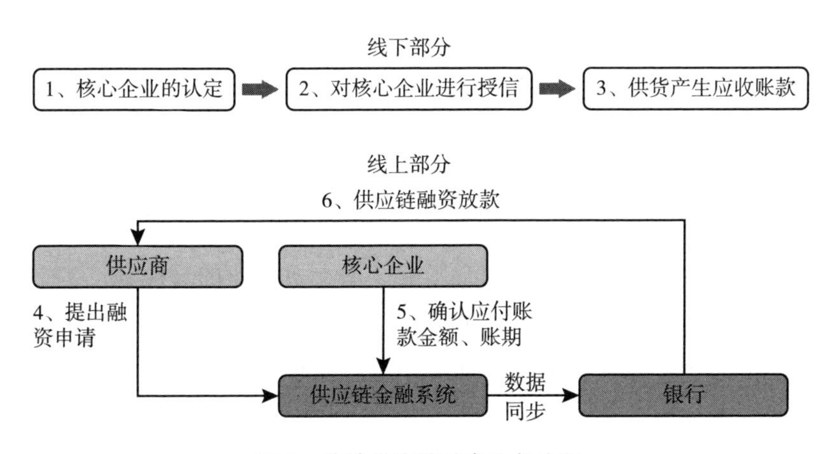

图1　传统供应链融资业务流程

结合上述对传统供应链融资业务模式的分析、业务流程图以及在实际运作中观察了解到的现象，本文认为传统供应链融资模式存在关键的制约节点——核心企业的主观能动性，这带来以下几个难点。

（一）授信难

核心企业占用授信是传统供应链金融的一大难点。中小企业想要利用与核心企业之间的真实交易关系来取得融资支持时，商业银行一般会要求捆绑核心企业的信用，以此来评估围绕核心企业进行交易的上下游企业的还款能力。这就使得该业务模式需要建立在核心企业已获得商业银行授信的基础上，并且要占用一定的核心企业授信额度，这就对核心企业的利益造成了直接损失，即预期可支配的额度减少。更何况在一般情况下由于核心企业上下游交易对手的数量非常多，如若纷纷要求加入该供应链融资业务来占用核心企业的授信额度，则核心企业的信用额度在特定情况下容易很快消耗到不足，从而带来流动性风险。即便考虑到对可选交易对手的公平对待原则，核心企业对于该供应链融资业务的支持动力也会不足。

（二）确权难

确权难一方面体现在核心企业确权有风险考虑，传统供应链中在没有金融机构参与的情况下，上下游的中小企业与核心企业的贸易往来不管是采用应付还是采用赊销的方式，依靠的都是信用。这种信用即是商业信用，商业信用虽然也是信用，也要按期履行。但在实际经营过程中，由于经营周期等各种因素影响，这个商业信用的期限具有很大弹性，可能有时核心企业现金流的流入不及预期会影响其上下游企业的现金流。这种情况下，其上下游的中小企业出于长期合作的考虑会给予容忍和理解，比如宽限或以其他形式代偿，也就说商业信用不是刚性兑付的。但是银行贷款的还款期限和额度是相对刚性的，也就是说核心企业参与供应链金融就相当于把相对弹性的商业信用变成了相对刚性的金融信用，而金融信用的刚性替代商业信用的弹性给供应链的不确定性带来的伤害特别大，自然就给核心企业带来新的风险考虑。

另一方面，在实际操作中要求核心企业确权往往存在内部协同障碍，尤其是核心企业内部协同的难度和代价非常高，这也是核心企业不愿意参与供应链金融的一大原因。核心企业一般规模大、关联公司和部门多、内部管理关系复杂，是一个内部利益结构错综复杂的综合体，众多分支机构、部门、决策关键人有不同的考核指标和利益取向，企业内部在相互协同上存在矛盾的现象十分普遍。比如在预付款融资上银行要求核心企业提供差额回购，这就对很多核心企业的支持决策有压力。供应链金融本身对核心企业的直接益处非常小，多数情况并不足以支持和覆盖相关联的决策环节和执行环节的协同成本和实施代价。

（三）对接难

传统供应链融资需要融资系统对接核心企业的 ERP、CRM 系统，以获取作为融资企业的供应商和客户名单及交易额度和频度信息，核心企业的这些系统一般都是委托专业厂商或信息化部门进行定制开发和实施，对接工作有一定的开发成本和时间。由于原有的信息化系统往往由不同的公司开发，技术标准和相关要求不同，目标也各不相同，需要充分测试以解决出现的冲突或不兼容问题。

数据即资产如今逐渐成为共识，核心企业对对外提供重要数据均有十分严格的内容限定和保密规定，而核心企业参与供应链金融需要自行主动向银行对接上报核心交易数据。例如上下游企业的名单、产品、价格、物流、结算方式，这些信息在一定程度上都属于核心企业的核心商业秘密，数据对接存在较大的数据资产流失和商业泄密的双重风险。

（四）推广难

推广面临的问题有以下 3 个。

1. 传统供应链金融的核心企业准入门槛高，因为供应链的回款和银行贷款的还款都依赖于核心企业的回款。所以在传统供应链金融模式下，银行对核心企业制定了非常高的门槛，这样筛选下来的白名单企业就不多，而其中愿意配合银行做供应链金融业务的就更少了。

2. 商务考虑上，核心企业做任何商业决策首先考虑的都是自身利益。在传统的交易关系中，核心企业正是凭借其占优势的谈判地位，通过赊销等方式对供应链中的中小企业形成对方的应收款项或预付款项。如果没有这个前提条件，那么将不存在中小企业的应收预付款项，传统模式下的供应链融资也就不存在了。所以核心企业参与供应链融资要考虑这能给自身带来多大的直接价值，而供应链融资的直接受益对象又是原本就存在赊销预付关系的上下游的中小企业，那么核心企业往往就会要求其上下游的中小企业付出一定的商业对价来换取对其信用保证的支持。这就是说，向核心企业推广供应链金融业务时，核心企业往往会通过商务谈判的方式换取对价。比如价格折扣、账期延长，而这样造成的直接结果往往是虽然中小企业可能能够通过让核心企业参与供应链金融获得融资支持便利，但考虑到中小企业谈判地位较为弱势，最后的综合商业代价也未必划算，从而使得传统模式下核心企业参与银行主导的供应链金融的商业模式及其可持续性存疑。

3. 从其工作流程可以看出，传统供应链金融存在不可替代、且工作量占比很大的线下推广工作，需要融资服务商一户一户地与核心企业商谈合作意愿和工作计划，因此很难适应互联网时代批量推广的要求。

二 供应链金融的去中心化

（一）供应链金融去中心化的关键

基于上述分析，商业银行开展供应链金融业务去中心化的关键指向在于去除对特定核心企业的深度依赖，具体原因有以下几点。

1. 不依赖核心企业提供数据

融资风险的主要来源是信息不对称，尤其是真实贸易关系的核验。因此传统供应链金融不得不“中心化”，借助核心企业等信任中介来佐证贸易关系真实性的关键，如果银行能够通过有效的技术手段合法合规地取得真实可信的交易数据，验证贸易的真实性和详细交易行为，在此基础上去挖掘企业的真实经营状况，即可降低信息不对称的程度，同时数据更加客观、全面，数据取得效率更高。

2. 不依赖核心企业信用保障

传统供应链融资深度依赖核心企业的信用防线，往往忽略融资客户自身的信用评估，这种信用保障在融资实践中并没有看上去那么可靠。更为有效的风控措施是通过科学的信用模型来量化信用风险，要有可靠的信用准入、授信额度、经营成长、资金支用、风控预警等模型，这些模型除了将供应链信用传导机制的风险评估作为重要因素外，也要深度剖析融资企业自身的经营风险和信用状况，从而更为全面、准确地进行融资风险管控。

3. 不依赖核心企业线下获客

在传统的供应链融资业务模式下，银行要想拓展供应链上下游的中小企业作为贷款客户，需要先开发核心企业作为客户，再在核心企业的牵线搭桥下找到其上下游的中小企业。离开了核心企业，银行就找不到核心企业的供应商和经销商，所以供应链融资要去中心化，就要利用额外数据来反推上下游企业与核心企业的真实交易行为和交易量。

4. 不依赖核心企业的单线链条

传统供应链分析依赖从某个核心企业的供应链向上追溯、向下延伸建立供应链的线状链条，由于融资企业交易份额往往只是特定核心企业的一部分，需要通过核心企业虚拟化等方法突破这种局限性，将线状供应链形态扩展到层次化的网状供应链形态，从而全息化映射融资企业的供应链信息。

（二）去中心化供应链融资的实现条件

1. 去中心化供应链融资的数据基础

去中心化供应链融资是基于数据驱动的融资，金融大数据的地位和作用显而易见。一般认为大数据有 4V 特征：体量（Volume）、价值（Value）、多样（Variety）、时效（Velocity）。[①] 金融行业应用的大数据除此之外还应具有以下特征：可获得（Available）、可核实（Verifiable）、可持续（Persistent），具有这样特征的数据才符合入参建模的条件，发挥信用风险管控的作用。

得益于中国税务制度的规范化和信息化，能够最大限度地客观反映企业

① 〔英〕维克托·迈尔-舍恩伯格、肯尼斯·库克耶：《大数据时代：生活、工作与思维的大变革》，盛杨燕、周海译，浙江人民出版社，2012，第 17 页。

经营过程和经营成果的交易数据，能够通过合规有效的方式取得以发票和纳税数据为代表的涉税数据来全面、高效地表述。

发票数据的应用方式如下：发票购销单位投射企业供应链信息；发票商品类别反映企业经营特性；发票金额税额印证企业销售收入和采购成本；销项与进项发票汇总差额代表企业盈利能力；对发票的深度分析能够佐证交易“四流”，即信息流、商流、资金流、物流这4个贸易背景信息。

此外，汇集一定量企业的公共数据也是非常必要的。以宁博数字研究的公共数据为例，范围涵盖31000万个工商经营主体，其中包含持续经营的5700万家企业，尤其是产生96%以上营收的3500万个销售额在增值税起征点以上的纳税户，在系统中点击“上户企业”可以通过发票数据客观、高效地分析企业经营状况和信用风险。公共数据包含市场监管、信用记录、涉诉信息、无形资产、舆情分析等多重维度。

2. 去中心化供应链融资的技术基础

去中心化供应链融资的主要技术基础是供应链融资“三谱三链”。“三谱”是以待分析企业为中心对企业进行关联关系的图谱分析，具体组成如下。

- 投资关联谱。通过分析3.1亿工商经营主体的全量股权结构，向上穿透分析实际控制，向下递进分析投资受益关系。
- 高管关联谱。依据法定代表人交叉任职的情况分析企业间的“直系”关联关系，依据董事、监事和高级管理人员交叉任职的情况分析企业间的“旁系”关联关系。
- 交易关联谱。通过采购和销售的供应链关系，特别是通过进项和销项发票的核心供应商和核心客户分析建立交易关联关系。

供应链融资是区块链或类区块链技术的主要应用方向，传统应用方向主要集中在资产管理上，宁博数字将其扩展成“三链”，从而发挥了更大的作用。“三链”的组成和含义如下：一是资产流转链，涵盖债权资产确认和数字化、资产流转分发（证券化）和资产结算（见图2）；二是信用传导链，通过企业关联关系进行关联信用的环状分析和量化评估，同时通过交易关系进行定向信用追踪，并且通过产业和行业景气建立信用传导关系（见图3）；

三是风险防控链，通过应收账款登记查询和商事凭证与发票的智能绑定，做到发票全生命周期监控，进行贸易背景的验真和重复融资识别（见图4）。

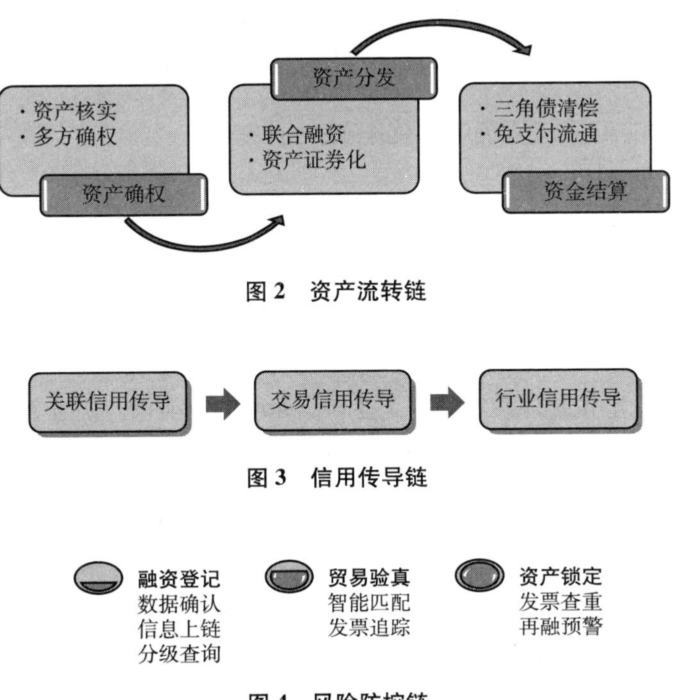

图2　资产流转链

图3　信用传导链

图4　风险防控链

3. 去中心化供应链融资的建模技术

大数据建模分析是金融科技的主要手段，飞速发展的大数据和人工智能技术为数据建模赋予了灵魂和活力。较好的去中心化供应链融资建模技术思路是以客观、动态的企业经营过程数据为依据，以海量数据样本为特点，以回归分析为主要模式，以机器学习、联邦计算为建模的主要手段，以量化评价和中短期预测为依归建立高质量风控模型。主要技术有以下几种。

第一，分区建模技术。将建模样本按照企业所属行业、企业所在区域和企业规模三个维度进行自动分块，每个区块内如果有足够的样本则建立相应子模型。这些子模型的训练通过机器学习自动完成，从而解决制造业与流通业一个样，发达地区与发展中地区无差别，大、中、小微不区分，大家共用一个模型造成模型准确度不够的问题。

第二，动态优化技术。按照建模时长和样本更新的百分比，通过机器学习实现定期和不定期的模型自动训练更新，从而让模型与时俱进，适应新时期企业的特点，并利用样本更新和扩大持续优化模型。

（三）供应链融资去中心化的三大组合工具

既然要去除对核心企业的深度依赖、实现供应链融资的风控机制，就需要由授权交易数据驱动的去中心供应链融资平台承载以下三大组合工具，从而成为实现供应链金融去中心化的主要手段。

1. 核心企业虚拟化

核心企业虚拟化体现在核心企业认定标准的规则化、认定方式的动态化和选定企业的集合化。首先，核心企业认定的标准要求客观、一致，避免传统人工认定的主观性和随意性，从而突出供应链融资平台的专业性和特色。其次，核心企业的认定过程是按既定的标准透过融资平台动态智能判别，从而保障了规则的有效性和认定的自动化水平。不同于传统方式需要相对固化的核心企业范围，通过动态认定产生的合格核心企业是一个符合既定规则的动态集合（见表1）。

由于去中心化供应链融资模式并不必须建立与核心企业的直接联系，核心企业的作用自动体现在融资平台的风控流程中，虚拟化核心企业得以实行。同时，核心企业虚拟化带来在可控条件下的资产范围指数级扩张，规则下的动态化认定方式又能防止主观因素和时间因素带来的额外风险。

表1　某城商行跨行业应收账款质押融资核心企业认定规则

类型	对象		规则
圈定	白名单企业		本方银行内已经授信的核心企业
筛选	性质	种类	
	大型国企	央企	一级，控股二级，绝对控股三级
		省企	一级，控股二级
	事业单位	医疗	三甲医院开办5年以上，连续两年盈利

续表

类型	对象		规则
筛选	事业单位	教育	开设本科教育以上高校
		其他	行方清单
	金融机构	持牌	银保监会颁发资质的合法机构
	上市公司	规模大	市值>500 亿，非 ST
		绩效好	营收超 10 亿，利润超 5000 万
	优质企业	评级高	评级公司授予主体信用评级 AAA 企业
		排名前	中国 500 强排名企业及分支机构
		排头兵	工信部及其他权威机构公布的一级行业排名前 100 名企业
		纳税多	地市级税务局公布的纳税大户前 10 名 省级税务部门公布的纳税大户前 50 名
判别	信用极优		在全国 3000 多万增值税起征点以上企业中，信用分分位数在 10%以上

2. 融资客户图谱化

传统供应链融资的融资客户名单由核心企业信息系统提供，而去中心化供应链融资依据基于进项和销项发票的交易数据构建供应链拓扑关系，形成多级供应链图谱，通过交易链条穿透，可以进行合格的供应链融资客户准入。

如表 2 所示，在许多垂直供应链融资应用场景中，一级供应商和经销商经营规模较大，融资途径较广，供应链信用融资的额度和成本不能令其满意。而穿透到二级、三级供销商往往才是供应链融资的目标客户，这些客户信息就很难透过对接核心企业的信息系统获取，通过交易关系建立大数据图谱才是可行的方案。

表 2　某医疗贷合格供应商准入规则

种类	项目	标准
交易关系	供应商	指定医院一级供应商
交易频度	持续性	有 18 个月以上的交易历史
	活跃性	近 6 个月内交易次数达标
	趋向性	月交易次数下降率达标

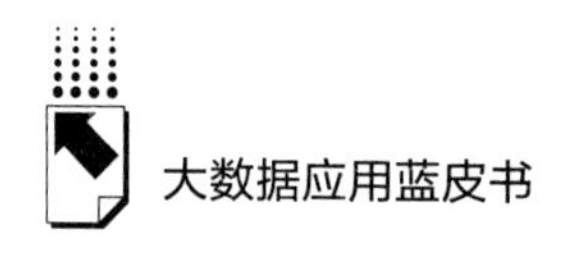

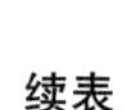
续表

种类	项目	标准
交易额度	额度门槛	总交易额度达标 近6个月交易额度达标
	额度占比	与指定医院交易额与自身总销售额之比达标

以某金融机构设计的大型商超供应商融资产品为例，按传统供应链融资方式选定两家愿意合作的全国性商超企业，由商超企业提供各门店的供应商名单和交易额度。首先，商超企业提供的门店数量只有通过股权分析得出的实际结果的几分之一，各门店供应商的数据更会大打折扣，这样会大大限缩合格融资客户的基数。其次，通过线下抽查发现，商超企业提供的交易额度也只有这些供应商给大型商场供货量的一小部分，以此作为授信依据显然将无法满足企业的融资需求，既减小了资产规模，也可能因此丢失客户。通过全面采集融资客户交易数据，依据交易频度和额度来做准入评估就能解决这个问题。

3. 支用额度动态化

去中心化供应链融资本质上是基于供应链信用传导机制下的信用融资，金融机构信用贷款的通常做法是依据融资客户的还款能力确定授信额度，通过测算信用风险确定贷款利率，客户用款采用授信额度范围内随借随还的方式。

这种方式的优点是客户用款期非常灵活，可以降低客户的融资成本。其缺点是没有考虑客户的动态用款需求，也很难控制客户的资金用途，在供应链融资场景下，很有可能在生产周期的某个阶段客户的授信额度大于用款需求，这样造成贷款资金没有用在生产经营上而带来融资风险，这是另一种意义上的授信周期和生产周期的错配与过度授信。

采购成本分析：依据动态交易数据可以进行采购成本分析和销售预测，测算客户在当前时期的原材料采购资金需求，通过资金周转率、采购预测、行业购销比反算确定企业当前供应链用款需求的动态计算，从而建立动态的支用额度模型，从而通过授信额度模型和支用额度模型对用户的放款进行双重控制，从不同的角度管控融资风险（见图5）。

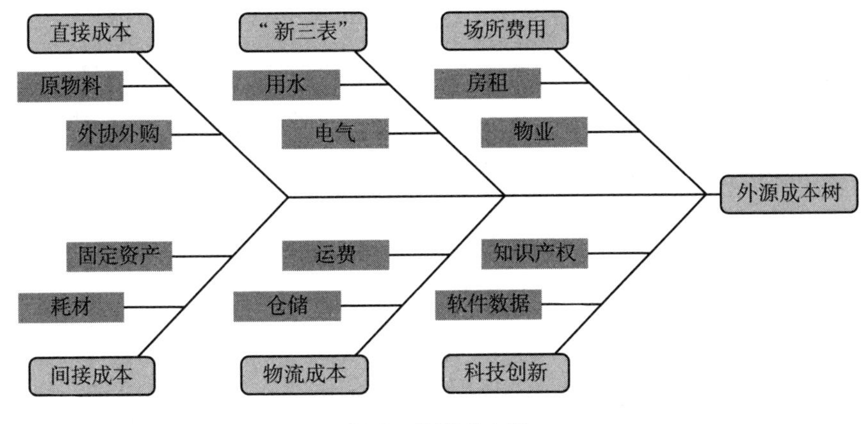

图5　外源成本树

（四）去中心化供应链融资的5大优势

相较于传统供应链融资，去中心化供应链融资具有以下5大优势。

1. 标准化

去中心化供应链融资既不需要对接核心企业的ERP系统，也不需要对接上下游中小企业的ERP系统，因此信息化的开发工作量小。不需要考虑因企业而异的数据接口与数据标准，标准化程度高，便于快速推广业务。

2. 线上化

去中心化供应链融资依据真实交易数据可以实现线上获客、线上开户、线上申贷、线上授权、线上尽调、线上审贷、线上收款、线上支用、线上还款的全线上化操作流程，降低金融机构的运营成本，并为客户提供便利。

3. 智能化

可充分利用前沿技术引领的金融科技，极大提升供应链融资的技术含金量，从而提升整体风控水平。

4. 普惠化

去中心化供应链融资不依赖核心企业和第三方仓储物流企业，可以帮助上下游中小企业减少核心企业等第三方有形和无形的压榨，为中小企业降低成本，为商业银行提高效益。

5. 规模化

通过核心企业虚拟化和融资客户图谱化，供应链融资的客户基数显著提升，可以向更多行业和不同层级的供应链企业延伸，帮助商业银行快速扩大供应链融资的市场空间和业务规模。

三　去中心化供应链融资的实现

（一）基础风控模型

整体风控利用大数据技术对企业经营数据、行业积累数据、监管公开信息进行汇集分析，所建构的模型覆盖授信准入查验、经营周期求解、还款能力测算、还款意愿评估等业务全周期（见图 6）。

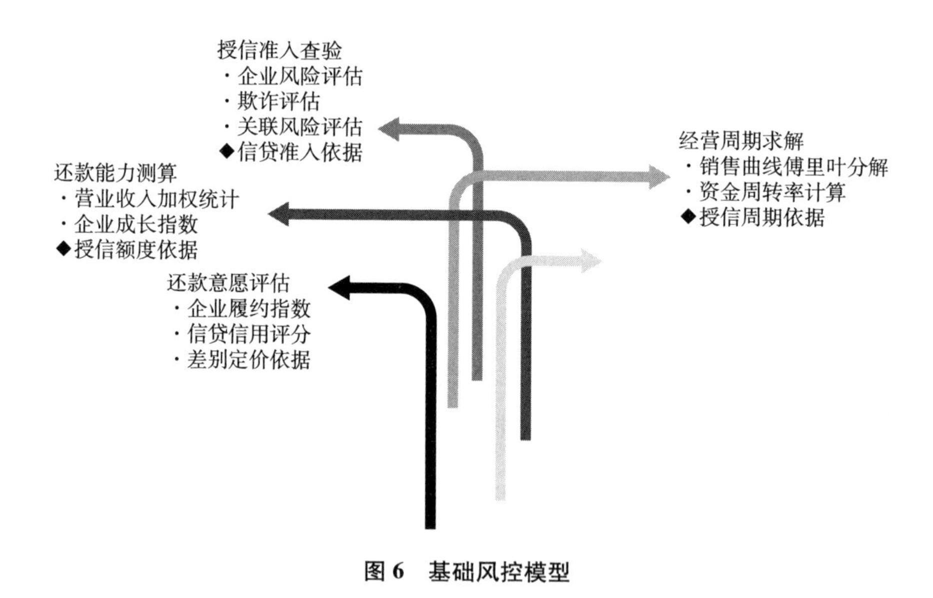

图 6　基础风控模型

1. 准入模型

准入模型包括经营风险、个人负面、企业资质评价、关联方风险分析、监管违规风险。同时配备企业反欺诈和个人反欺诈策略，用于身份认证、黑灰名单库验证、申请主体及关联方不良记录验证、多头申请和共债情况验证、疑似欺诈行为检测。

2. 信贷信用评分模型

信贷信用评分模型是借款用户的信用主体评分，从还款能力和还款意愿两个角度去确定。还款能力依据企业成长指数（准确预测企业中短期成长的回归模型）计算，还款意愿依据企业履约指数（全面评估企业未来守信度的回归模型）计算。模型具体内容参见图 7。

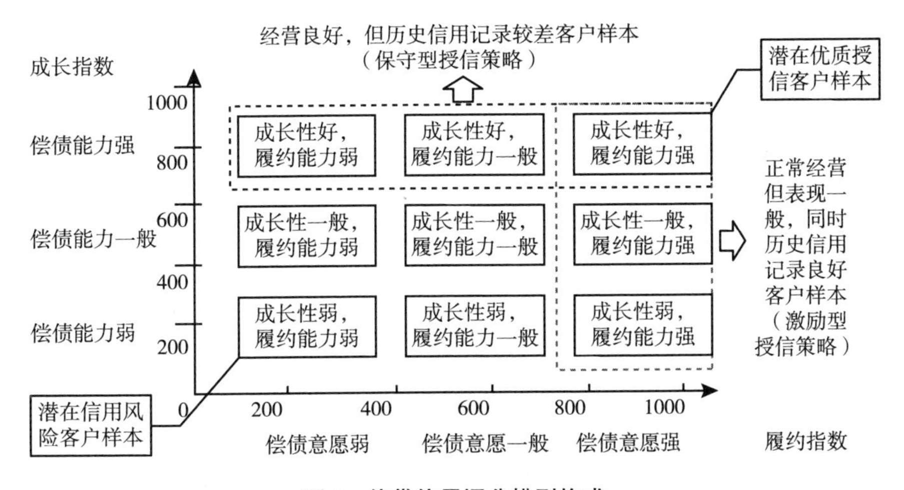

图 7　信贷信用评分模型构成

3. 履约模型

履约模型用于评估企业未来违约的可能性，通过分析企业历史履约情况，从企业自身特质、销售状况、下游客户情况、开票行为等信息评估企业未来违约的可能性，能反映企业信用风险程度。

4. 成长模型

成长模型用于预测企业未来应税销售收入的增长情况，从企业自身特质、经营状况、客户情况、开票行为等维度综合估计企业未来的销售业绩，反映企业的成长性。成长模型通过百万级企业样本训练，用高达 0.7 以上的 KS 值来标定的区分度，极为准确地客观反映企业的生存能力。

5. 贷后监控预警

大数据、全线上的动态监控和实时预警系统可智能设定各指标项的分级预警阈值，实时监控计算企业各指标项变动，一旦有企业触发预警阈值，系统自动实时向服务机构推送包含触发阈值的企业名单及相关指标项内容的预警报告。

6. 信用报表

如图 8 所示，凭借对企业经营数据的独到理解，企业信用报表可以深刻揭示和量化企业的经营状况。

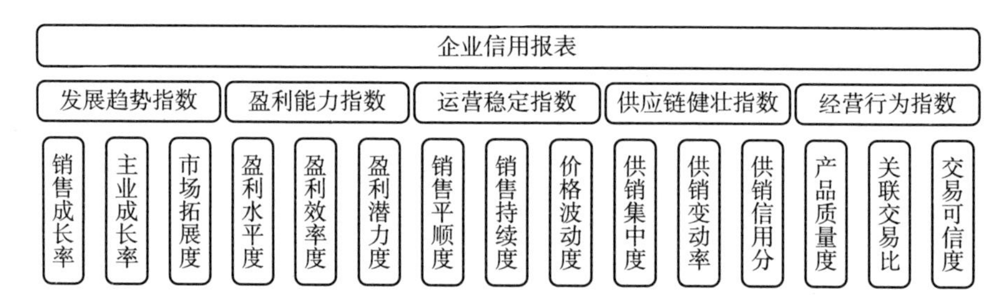

图 8　企业信用报表

7. 企业动态画像

结合全量历史数据、当前持续数据和将来预测数据，进行四维时空分析，洞察企业经纬（见图 9）。

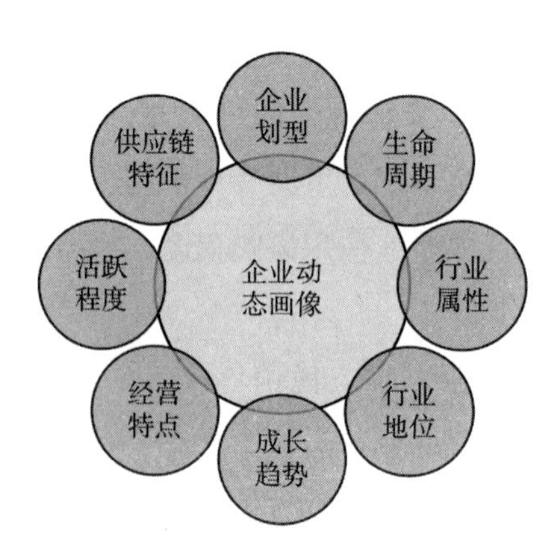

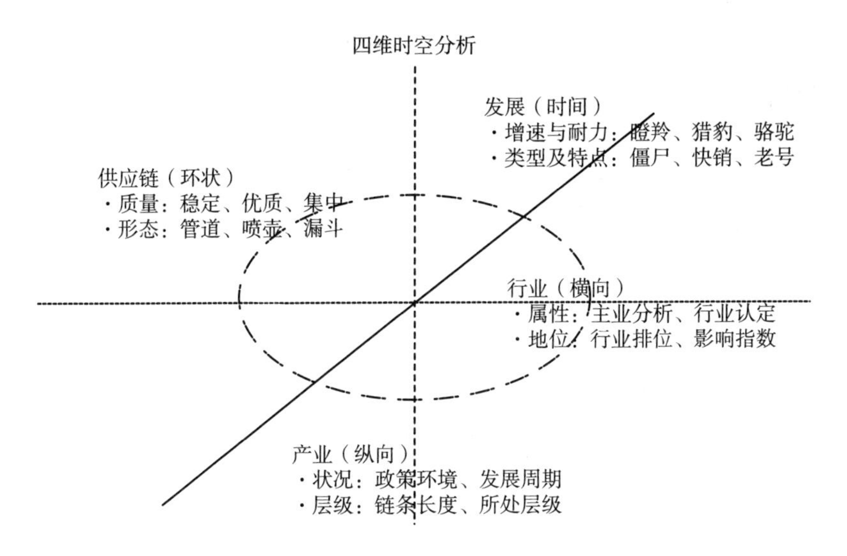

图9　企业动态画像

（二）主要业务模式（见表3）

表3　去中心化供应链融资业务模式

类别	项目	特点
银行信贷业务模式	应收账款池融资	对小额高频的交易，建立应收账款池，以此综合测算授信额度和支用额度。
	应收账款质押融资	对大额应收账款，设计回款资金保障机制。
票据融资业务模式	票据贴现	通过票据与发票的智能绑定和对应发票的全生命周期监控，实现贸易背景验真和“四流合一”验证。
	票据质押	
商业保理业务模式	正向保理	保理公司主要服务于供应链下游客户。
	反向保理	保理公司主要服务于中小企业供应商。

1. 银行信贷业务模式

银行信贷业务模式主要包括应收账款池融资和应收账款质押融资。

应收账款池融资是去中心化供应链融资的最佳实践，应收账款池是一个在一定时间窗口内已开发票销售收入的单向队列，是用款需求和还款能力的量化指标（见图 10）。实现应收账款认定的通用化、自动化和动态化，基于池建立支用模型，从而驱动供应链融资进入隐形化和线上化。

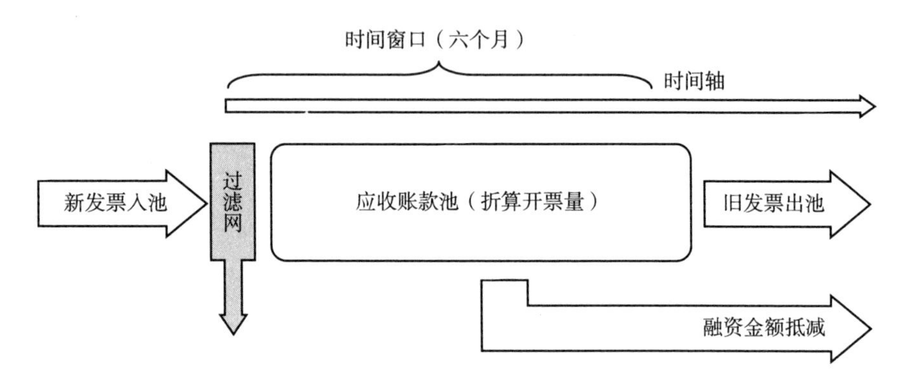

图 10　应收账款池融资发票池

应收账款池融资业务的关键是建立支用模型，支用模型计算依据如下（见图 11）。

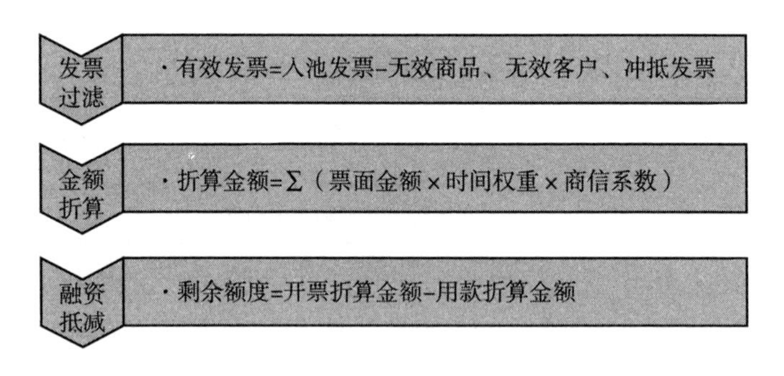

图 11　应收账款池融资支用模型

与当前互联网银行和一些股份制银行推广的发票贷相比，应收账款池融资保持了可以全线上展业、获客渠道广泛、用户体验好和人力成本低等优点，又具有客户基础更好、双重模型更科学、展业更有层次性等新特性。应收账款池融资支持的利率可以介于传统供应链融资与线上小额信贷之间，最大单笔授信额度可比发票贷放大，单笔用款超过一定额度可采用受托支付等利益。

得益于《物权法》的相关规定和央行建立的应收账款质押登记公示系统，动产质押成为一种融资形式。但登记机构不承担对登记内容进行实质性审查的责任，登记内容的真实性、合法性和准确性由登记当事人负责，登记内容也仅限于质权人、出质人身份识别信息和质押财产描述等信息，去中心化供应链融资推出了增强型应收账款质押融资模式（见图 12）。其业务模式包含以下几个环节。

- 开设融资专户，进行共管约定，必要时重签供货合同，保障回款资金受控；
- 融资客户授权采集全量的采购、销售数据；
- 按交易类型合格、交易额度达标和受控款方式受控的原则确定应收账款；
- 通过还款能力确定授信额度实现放贷。

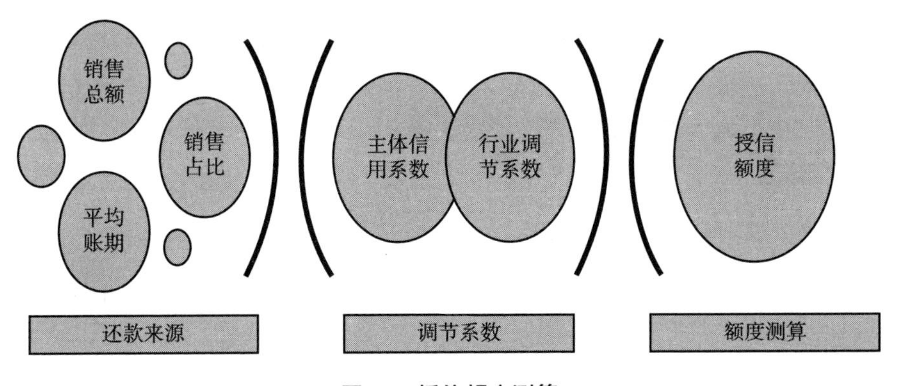

图 12　授信额度测算

贷后风控管理是去中心化供应链融资的重头戏，其主要内容有：

- 受托支付支持。通过融资客户的采购历史记录确定受托支付方选择范围，融资客户选择受托支付方一定要符合与其交易频度和额度的标准，避免受托支付成为摆设；
- 资金流向监控。提取分析融资客户与交易对象的全量交易信息，汇总结算账户金额，监控资金流向，防止资金共管账户形同虚设；

- 虚假、重复融资预警。通过发票智能绑定和生命周期监控，识别和监控虚假和重复融资。

2. 票据融资业务模式

如图 13 所示，票据信用通过主体信用评价、贸易背景验真、供应链信用传导和背书转让过程核查这 4 种维度进行评价。

图 13　票据融资信用评估

其中最为关键的是贸易背景验真，没有贸易背景的票据即为纯融资型票据，其风险就是敞口的。贸易背景验真通过如图 14 所示的方式完成。

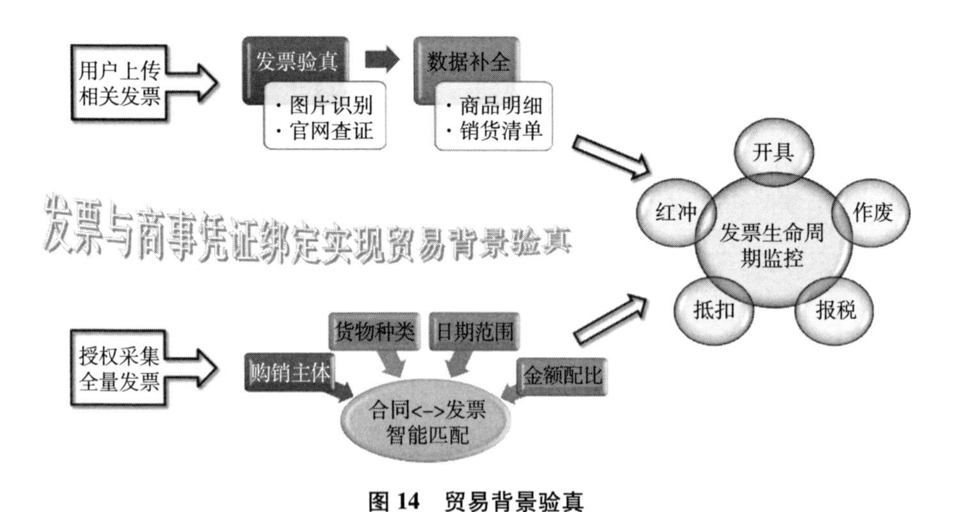

图 14　贸易背景验真

3. 商业保理业务模式

商业保理业务模式与银行信贷模式的区别是融资服务商的类型不同、融资的商业模式不同，但主要的融资标的还是应收账款，同样可以去中心化。商业保理业务模式可类比银行信贷模式，本文不做专门介绍。

（三）融资平台建设及应用

如上所述，供应链融资在去中心化之后，整个拓客、申贷、尽调、风控全周期流程全线上化才得以可能，从而形成营销、风控、银行3个系统三位一体的业务架构（见图15）。

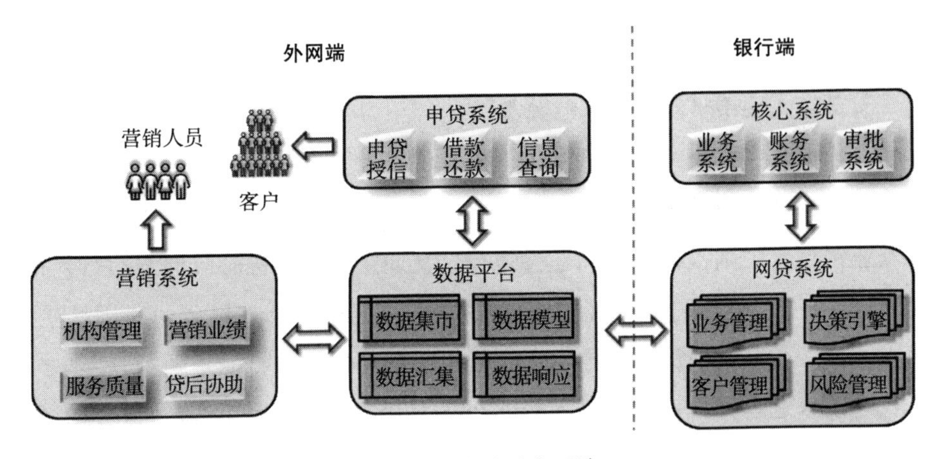

图15　供应链融资系统

1. 银行应收账款池融资

某银行由城商行改制为股份制银行后，将数字普惠金融作为发展的创新业务，银行领导指派信贷工厂作为主责部门，与金融科技公司共同开发了名为“某贷”的应收账款池融资产品，并进行了批量推广，风控效果令人满意。其开创意义和示范作用都是弥足珍贵的，为不断完善、改进从而推出成熟去中心化供应链金融产品提供很好的借鉴。

2. 某行业供应商融资服务平台

该行业供应链融资有巨大的需求，由于核心企业多为大型国企，确权难等原因造成传统供应链融资难以开展，这是一块待开发之地，去中心化供应链融资正好是解决问题的一副良药。目前正在建设供应链融资平台，具有产业协同、信用评估和投融服务 3 大功能。该行业供应链融资特点如下。

- 市场大：该行业是在国民经济中占比极大的重点行业，经认证的供应商企业数量有数十万之多。
- 企业优：供应商与核心企业大都形成稳定的供货关系，合同回款情况较正常，企业经营状况普遍较好。
- 信用好：供应商经过严格的准入评估、企业和产品认证、信用评价、履约行为考核，信贷风险较小。
- 推广易：供应商与行业有较强的定向行和黏性，平台汇集融资客户资源较为容易。

3. 数字人民币驱动的供应链融资

在前期数字人民币试点的基础上，尽快推动扩大数字人民币的发放和使用是央行的既定政策，也是七大数字人民币发行银行（中国工商银行、中国农业银行、中国银行、中国建设银行、交通银行、中国邮政储蓄银行、招商银行）的重要任务。通过企业贷款的刚需来拓展数字人民币的应用场景，值得一试，数字人民币具有的以下特征也能够促进供应链融资顺利开展。

- 法人远程开户：企业法人能够在线上开设数字人民币钱包账户发放贷款，从而支撑供应链融资申贷、签约、开户、用款和还款等环节全线上化。
- 数币智能合约：可以限定数字钱包对外支付的账户名单，既可起到传统供应链融资受托支付的作用，又可避免贷款发放账户与贷款人不一致的问题。
- 贷款流向监控：利用数字人民币可追溯资金流向的特点保障贷款资金用途合法合规，规避风险，促进供应链融资健康发展。

四　总结

通过以上的理论分析、研究设计和对落地方案的陈述，可以清晰地看到，供应链金融的去中心化为银行拓客和中小企业融资带来了更大的机会，授信难、确权难、对接难、推广难将成为历史。去中心化的供应链金融为银行拓客拓宽了业务场景，且去中心化供应链金融的风控效果优秀、金融业务制约少、业务效率更高、推广更加容易。由此可见，供应链金融的去中心化势在必得。只有让供应链金融的业务设计摆脱核心企业配合度的制约，才能够释放整个供应链金融的市场，让更多的各行各业供应链上下游的中小企业都享受到金融服务的普惠性。

探 究 篇

Analysis

B.14
“双碳”数字化监测服务平台及应用解决方案

张建忠　王　嵩*

摘　要： 加快构建碳排放智能监测和动态核算体系是“双碳”工作起步阶段的重要基础工作。建设“双碳”数字化监测服务平台有利于提升各级政府和相关主体的碳排放管理能力。本文提出了“双碳”数字化监测服务平台开发设计过程中有关平台系统架构、平台系统功能设计、灾备设计、可视化设计、数据库设计、服务能力设计等环节的一整套方案。开发建设过程中还需要加强多方协同、突出应用场景需求、确保平台安全可靠、强化与已有数字政府平台融合等开发建设策略。

* 张建忠，万泽时代（北京）科技有限公司总经理。主要负责基于大数据、人工智能、物联网和区块链等数字技术的“双碳”数智相关平台的开发和运营，包括政府和园区的碳账户智能管理平台、企业碳资产智能管理平台、企业碳足迹全生命周期管理平台等；王嵩，万泽时代（北京）科技有限公司资深架构师，负责企业级软件的IT架构设计、开发与运营，推动“双碳”管理理念与数字化技术的融合。

关键词：　“双碳”　碳账户　碳排放　数字化监测服务平台

一　“双碳”数字化监测服务发展背景

实现碳达峰、碳中和是当前和今后一个时期中国实施的重大战略之一。2021 年 10 月，中共中央、国务院先后出台《关于完整准确全面贯彻新发展理念做好碳达峰、碳中和工作的意见》（以下简称《意见》）和《2030 年前碳达峰行动方案》（以下简称《方案》）等纲领性文件，明确碳达峰、碳中和的“1+N”政策框架。《意见》是覆盖碳达峰、碳中和两个阶段的宏观设计，在“双碳”政策体系中发挥引领作用，是“1+N”中的“1”。《方案》是“N”中为首的政策文件，有关部门和企业单位将根据《方案》部署制定各自领域以及具体行业的碳达峰实施方案，是碳达峰阶段的总体部署，在目标、原则、方向等方面与《意见》保持有机衔接的同时，更加聚焦 2030 年碳达峰目标，更加细化、实化、具体化（见图 1）。

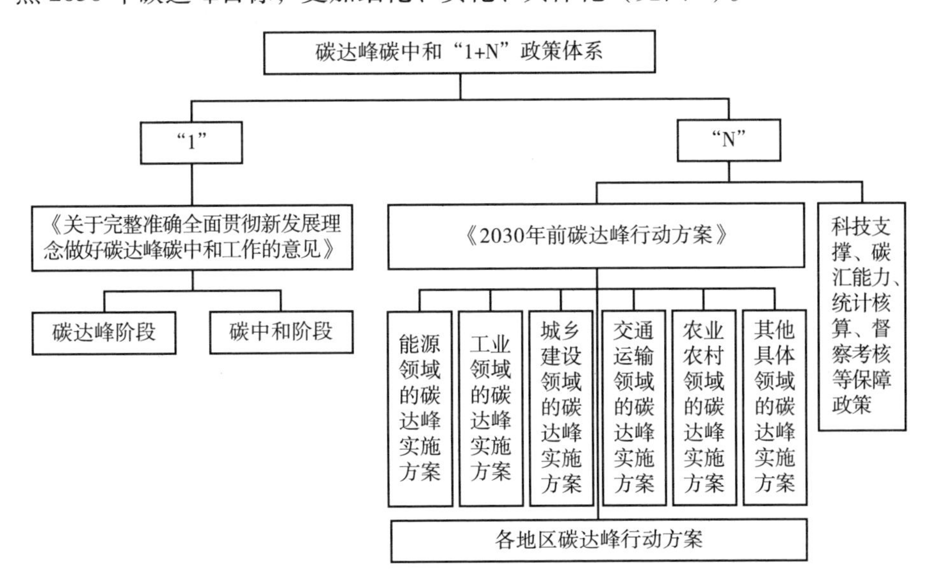

图 1　碳达峰、碳中和“1+N”政策体系

实现“双碳”目标需要建立5大支柱体系：一是需要建立好的制度和政策，形成有效的激励体系；二是需要建立比较完善的碳交易市场机制，以价格机制引导各类主体的行为；三是建设完善的碳排放相关基础设施和标准体系，主要是涉及碳排放的监测、报告和核查体系；四是鼓励低碳技术创新的政策和机制；五是大力发展绿色金融。从五大支柱体系来看，当前面临的一项基础性难题就是碳排放监测统计体系不健全，导致碳排放底数不清，减排任务分解、评估考核和指标分配缺乏科学依据。由于获取数据成本高、难度大，碳排放底数不清。目前碳排放核算仅覆盖能源和工业部门，缺乏微观主体，尤其是规模以下的工业企业、服务业企业以及家庭的碳排放底数。而微观主体碳排放底数缺失导致界定不清碳排放责任，就难以层层落实微观主体的减排责任。碳排放管理缺乏一体化的数字化核算和管理平台，碳排放监测管理、考核评比、科学决策缺乏有效的工具和手段，碳排放管理缺乏有效抓手。

针对碳排放监测统计难题，国家层面已提出明确要求。2021年8月，国家碳达峰、碳中和工作领导小组办公室联合多个部门成立碳排放统计核算工作组。2022年6月，国务院正式印发的《国务院关于加强数字政府建设的指导意见》（国发〔2022〕14号）明确要求：“加快构建碳排放智能监测和动态核算体系，推动形成集约节约、循环高效、普惠共享的绿色低碳发展新格局，服务保障碳达峰、碳中和目标顺利实现。”①

要实现碳达峰、碳中和目标要依靠技术变革，更需要提升管理能力。建设“双碳”数字化监测服务平台，利用数字化技术提升碳排放管理能力，形成健全的碳排放核算、监测和统计体系，有利于摸清碳排放底数，进而有利于科学分解减排任务、客观评估考核工作进展，才能科学高效地制定减排方案，全面助力“双碳”目标的实现。

---

① 《国务院关于加强数字政府建设的指导意见》（国发〔2022〕14号），中华人民共和国中央人民政府网站，http：//www.gov.cn/zhengce/content/2022-06/23/content_ 5697299.htm。

二　“双碳”数字化监测服务平台的目标

“双碳”数字化监测平台是利用数字技术和算法赋能管理部门建立的各个主体的碳排放账户，可全面提高碳排放核算统计、排放任务分配和评估考核、减排规划方案制定的能力，显著提升管理部门的管理水平和决策的科学性。“双碳”数字化监测服务平台的建设目标有以下几点。

- 建立碳排放管理云平台，高效、低成本获取和管理微观主体全品类能源大数据、碳排放相关数据。
- 基于国际通行的碳排放核算方法，自动核算微观主体的碳排放量，摸清各类主体的碳排放底数。
- 建立微观主体碳账户，完整准确记录各个主体的碳排放量、碳排放配额、自愿减排数量、家庭低碳行为等，有效落实分解微观主体的碳排放责任。
- 利用“双碳”监测服务平台动态监测各区域、各行业、各园区、各微观主体的碳排放量，考核评估减排工作成效，科学制定碳减排规划，分析挖掘减排潜力，预测减排趋势。

三　“双碳”数字化监测服务平台建设方案

该平台业务架构设计以深刻理解碳达峰、碳中和国家战略目标与内涵为基础，遵从碳达峰、碳中和行动方案和规划蓝图，以业务需求为导向，以新技术为引领，以智慧应用为方略，构建“双碳”数字化监测服务平台。

（一）平台系统架构

1. 业务架构

“双碳”数字化监测服务平台的业务主要包括碳足迹展示、碳排放监测、碳减排分析、数据可视化、数据应用 5 块内容。系统业务架构如图 2 所示。

（1）碳足迹展示

主要包括能源结构分析、能流分析、碳流分析、碳足迹对比分析。

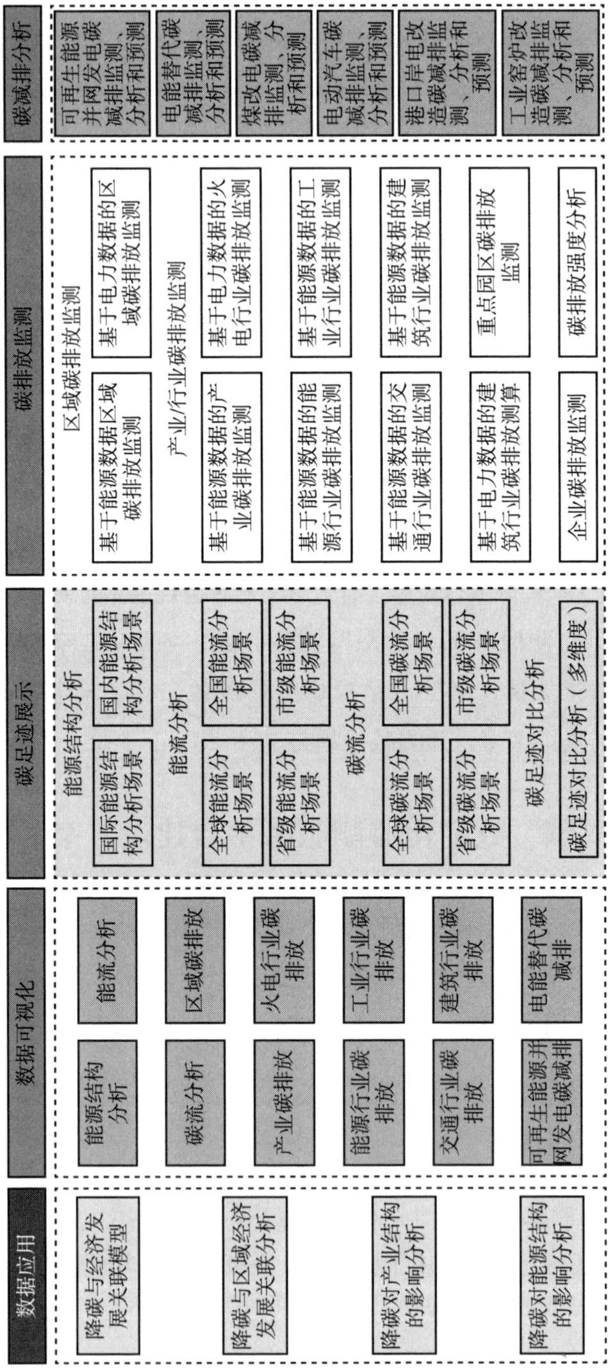

图2 “双碳”数字化监测服务平台系统业务架构

（2）碳排放监测

主要包括基于电力数据的区域碳排放监测、基于能源数据的产业碳排放监测、基于电力数据的火电行业碳排放监测、基于能源数据的能源行业碳排放监测、基于能源数据的工业行业碳排放监测、基于能源数据的交通行业碳排放监测、基于能源数据的建筑行业碳排放监测、基于电力数据的建筑行业碳排放测算、重点园区碳排放监测、企业碳排放监测、碳排放强度分析。

（3）碳减排分析

主要包括可再生能源并网发电碳减排，电能替代碳减排监测、分析和预测，煤改电碳减排监测、分析和预测，电动汽车减排监测、分析和预测，港口岸电改造减排监测、分析和预测，工业窑炉改造碳减排监测分析和预测。

（4）数据可视化

主要包括能源结构分析大屏端展示、能流分析大屏端展示、碳流分析大屏端展示、区域碳排放大屏端展示、产业碳排放大屏端展示、火电行业碳排放大屏端展示、能源行业碳排放大屏端展示、工业行业碳排放大屏端展示。

（5）数据应用

主要包括降碳与经济发展关联模型、降碳与区域经济发展关联分析、降碳对产业结构的影响分析、降碳对能源结构的影响分析。

2. 应用架构

如图 3 所示，平台系统应用架构主要分为 4 层：数据采集层、数据平台层、应用支撑层、应用分析层。

（1）数据采集层

数据来源主要包括数据中台、能源大数据中心、联合国统计数据库、欧盟统计数据库、中国统计年鉴、中国能源统计年鉴、中国环境统计年鉴、地方统计年鉴、政府统计年鉴、其他行业统计信息等。

（2）数据平台层

将各种底层数据进行数据汇聚、数据加工、数据存储计算。

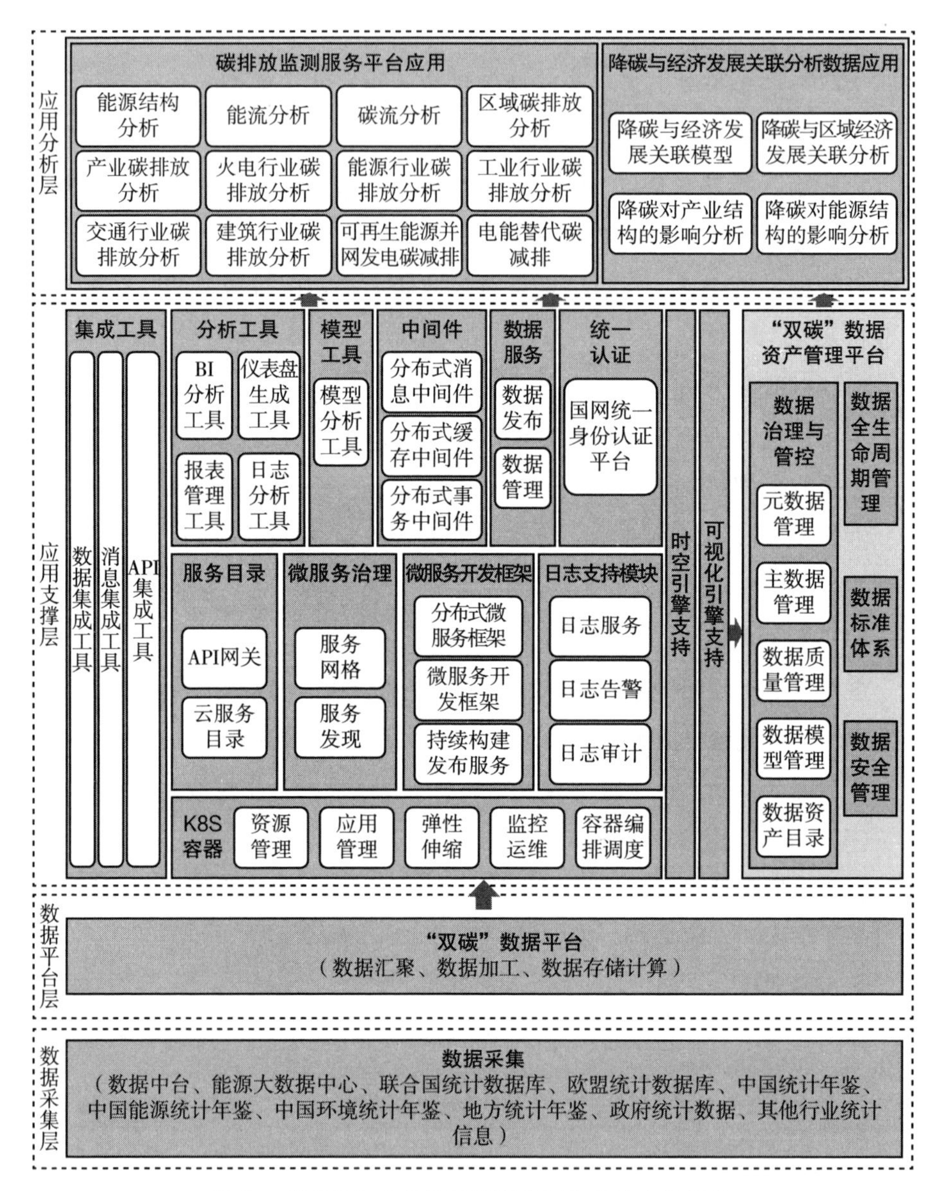

图 3 “双碳”数字化监测服务平台系统应用架构

（3）应用支撑层

主要包括各种应用工具，如集成工具、分析工具、模型工具、中间件等。

（4）应用分析层

主要进行碳排放监测服务的分析展示和降碳与经济发展关联数据分析。

3. 技术架构

如图 4 所示，“双碳”数字化监测服务平台技术架构采用分层架构设计。包括数据采集层、数据平台层、数据支撑层、应用支撑层和应用展示层。

（1）数据采集层

数据来源主要包括数据中台、能源大数据中心、互联网其他数据。互联网数据如联合国统计数据库、欧盟统计数据库、中国统计年鉴、中国能源统计年鉴、中国环境统计年鉴、地方统计年鉴、政府统计年鉴、其他行业统计信息等。

（2）数据平台层

采用大数据平台进行“双碳”数据平台建设。包括结构化数据和非结构化数据的统一管理。

（3）数据支撑层

包括碳排放监测基础数据库、区域碳排放监测数据、产业行业碳排放监测数据、碳排放分析数据及数据治理支持的相关技术支撑。

（4）应用支撑层

包括容器管理、集成工具、分析工具、模型工具、数据服务、身份认证、服务目录、微服务治理、微服务开发框架、日志支持、时空引擎、可视化引擎等模块。

（5）应用展示层

可视化展示和门户网站。

4. 数据架构

如图 5 所示，“双碳”数字化监测服务平台系统数据架构主要分为 4 层，分别为数据源、数据汇聚、数据资源、数据服务。

（1）数据源

包括数据中台、能源大数据中心、联合国统计数据库、欧盟统计数据库、政府统计数据、中国统计年鉴、中国能源统计年鉴、中国环境统计年鉴、地方统计年鉴、政府统计年鉴、其他行业统计信息等。

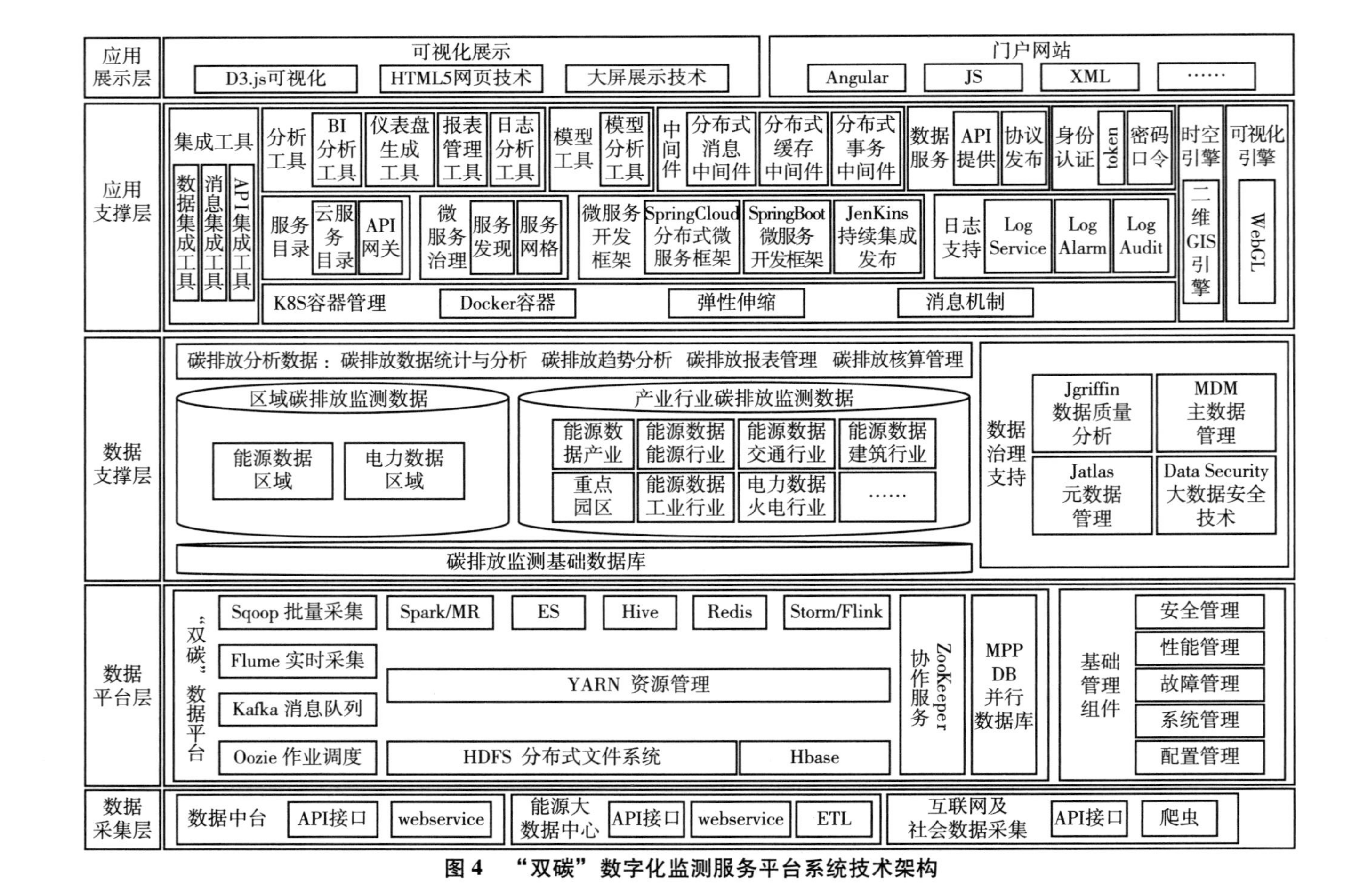

图4 “双碳”数字化监测服务平台系统技术架构

（2）数据汇聚

包括数据汇聚、数据存储、数据计算、数据治理、数据管理等。

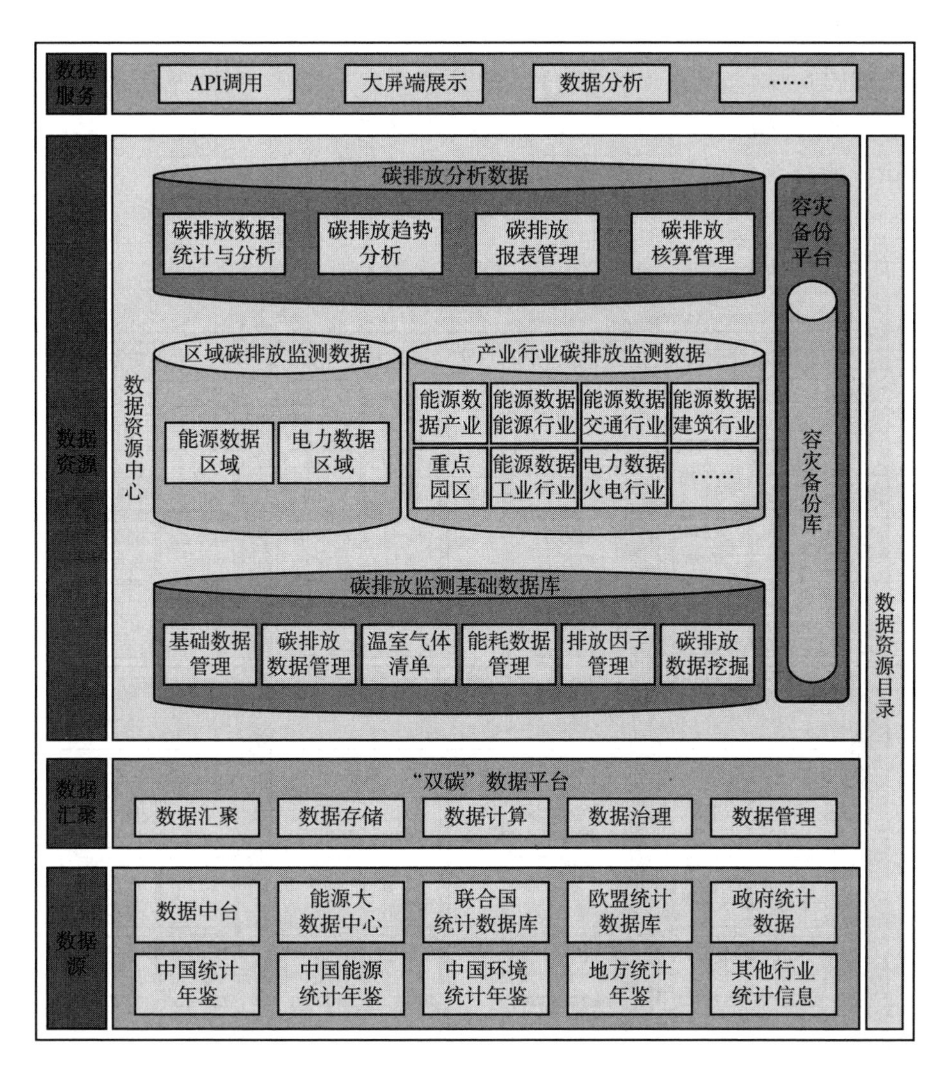

图5 “双碳”数字化监测服务平台系统数据架构

（3）数据资源

包括碳排放监测基础数据库、区域碳排放监测数据、产业行业碳排放监测数据、碳排放分析数据。

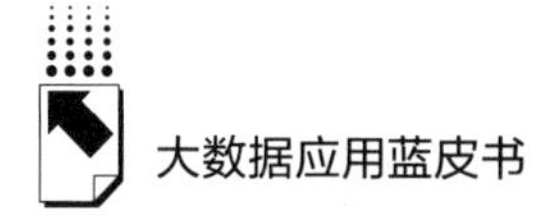

（4）数据服务

包括 API 调用、大屏端展示、数据分析等。

5. 安全架构

如图 6 所示，“双碳”数字化监测服务平台系统安全架构基于大数据相关业务的运营需求、安全风险防范需求、国家符合性需要、符合性需求，从应用、数据、主机、网络等方面进行全面安全防护设计。

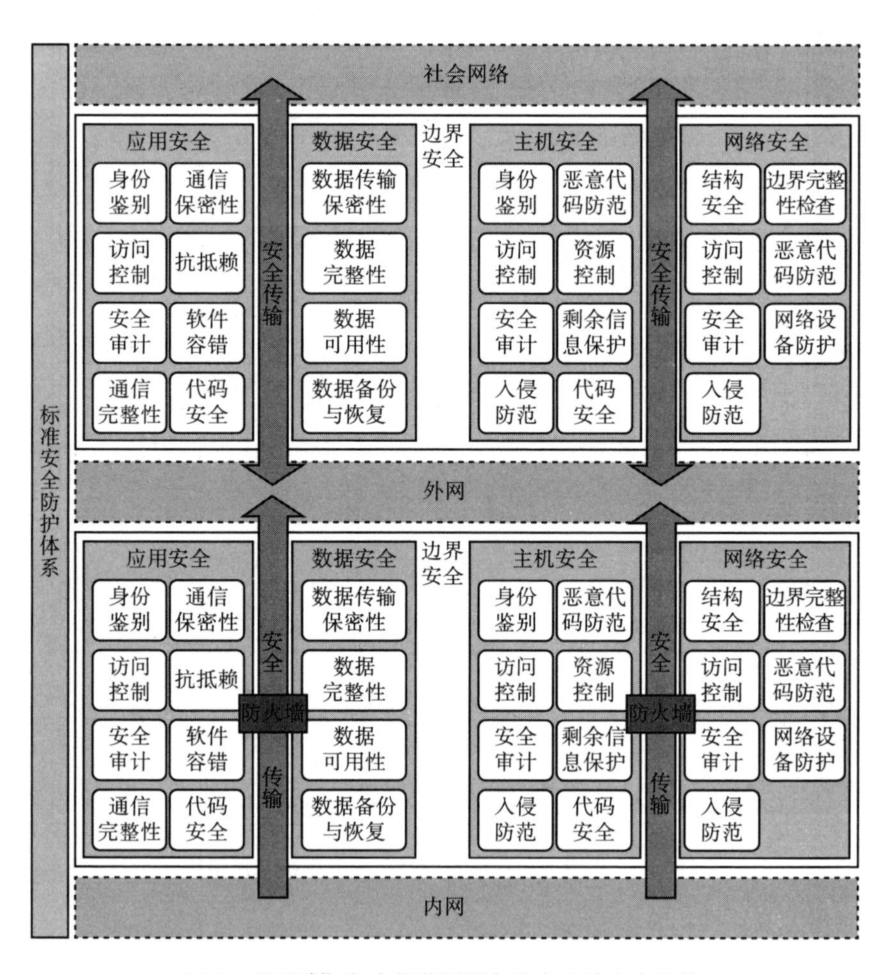

图 6 “双碳”数字化监测服务平台系统安全架构

（二）平台系统功能设计

1. 数据层

数据层可以使各个与“双碳”相关的数据实现互联互通，将“双碳”数据进行整合，为应用层提供数据支持。

（1）数据源支持

平台支持各种主流关系型数据库，如 Oracle、DB2、Sybase、SQL Server、MySql、金仓、达梦等。平台也支持各类主流文件类型接口，Excel、TXT 通过文件自动上载服务以及文件解析服务可直接完成上载文件的交换，同时根据目标节点需求完成从文件格式（支持 Excel 和 XML 格式文件）转换为多种数据库格式的工作。平台支持主流的协议接口，如 HTTP、RESTful、Web Service 等，用于外部调用。对于非 Web 服务类型的接口，平台提供 TXT 文本、数据库表交换、XML 文件交换等接口技术，实现应用系统与共享交换平台的异构系统数据集成。

（2）数据 ETL 服务

通过作业集成服务来设计在各个数据源之间的数据抽取、数据转换和数据装载过程，整个数据集成过程被记录在作业文件中，作业文件作为数据交换与集成的过程导出，从而进行执行。作业集成服务作为一个可视化的数据调试模块，可通过该功能进行调试和性能分析，利用作业集成服务提供的组件进行数据的抽取、转换和装载等数据集成和交换过程。数据抽取是从数据源中抽取数据的过程，实际情况中，数据源较多采用的是关系数据库或者结构化数据文件。数据转换是将数据从一种表现形式转化成另一种表现形式的过程，就是对数据的合并、清理和整合，可以让来自不同数据源的数据在语义和格式上达成一致。数据装载指的是将转换好的数据保存到数据库中。一般情况下，数据装载应该在系统完成更新之后进行。数据如果来自多个操作系统，则应该保证在系统同步时移动数据。

（3）作业管理

作业管理模块提供了平台作业文件管理和部署等功能，用户可通过该功能管理和维护作业文件，并可维护作业的全生命周期。该模块可实现作业创建、作业修改、作业删除、作业冻结、作业激活、作业导出、作业文件上传部署等功能。作业流管理是指用户可根据已经创建好的多个作业完成作业流的编排配置，并可配置和选择作业的执行先后顺序，系统的作业执行引擎可自动解析作业流并且按照作业流执行作业，并能够支持作业流的创建、修改、删除。作业状态维护是指对作业的运行过程和运行状态进行维护管理，用户可激活或冻结作业完成对作业状态和行为的控制。已被冻结的作业不能够被调度，同时用户可激活已冻结的作业而重新使用该作业。作业部署是指通过作业部署功能对作业集成服务设计完成的作业文件进行部署，用户可选择相应的作业文件模型完成作业部署。并且可对已部署成功的作业进行下载、删除等管理行为。

（4）调度管理

调度管理模块提供了数据集成服务系统调度任务的管理和维护等功能。用户可以配置调度执行计划，按照计划执行作业。调度创建成功后开始启动调度，作业按照该调度执行。用户可通过该功能管理和维护调度任务，并可维护调度任务的生命周期，该模块包括调度创建、调度修改、调度删除、开启调度、暂停调度等操作。调度监控功能模块是对平台中每个调度进行监控，展现包括该调度的调度名称、作业名称、作业服务器名称、计划名称、计划开始时间、计划结束时间、调度状态，可查看该调度的执行详情和调度日志。其中调度执行详情包含数据复制、读取、写入、更新、输入、输出、错误等信息记录情况。调度生命周期监控主要对平台中的调度状态进行监控。其中调度状态包括：调度完成、调度暂停、调度中和调度失败。并且提供调度的详细日志记录，可查询日志查看调度的执行状况。

（5）运行监控

监控数据共享交换平台的传输链路、服务状态、交换日志、交换消息等信息。监控各交换前置（桥接）服务、交换传输模块的运行状态及系统异常情况等。交换链路监控是动态标识出各分中心等节点和大数据中心端之间的数据交换链路状态，标识符用不同的颜色表示链路的连通性，点击图标可以显示相关该节点的基本情况介绍。服务监控是指实现消息在传递过程中实现对消息的监听工作，监听消息的成功/失败、消息请求时间、服务请求消耗时间、服务请求内容等详细信息，通过柱状图、曲线图、饼图等形式从不同维度展示监控结果信息，做到直观展示监控信息。数据交换量监控指监控各节点至中心端节点的数据交换量和节点之间的数据交换量。统计日数据量、月数据量和年数据量，可查询任意时间段的数据交换量。

（6）统计分析

交换统计分析是对平台中一天、一月或者一年内的交换数据进行直观的统计和展示，按照数据的属性、来源等进行分类统计对比，分析数据交换共享的分布和趋势，并通过丰富的可视化手段展现出来。包括以下功能点：1. 交换节点统计，数据交换节点情况，接入节点传输正常、不正常时间统计等；2. 交换数据量统计，各节点数据交换情况，包括各节点的交换数据量、申请数据量等；3. 交换排名统计，数据交换排名包括一段时间内各市局的交换数据量（发送/申请）排名、累积交换数据量（发送/申请）排名。

（7）模型算法管理

模型算法管理是指具备运用大数据手段分析建模的能力。能够结合实际情况，按照客户的要求对数据进行脱敏、清洗、加工、建模、监控，保证数据使用安全、准确和有效。最终保障实现碳排放监测及降碳与经济发展关联分析等需求。

2. 应用层

如图 7 所示，应用层可以将整合的“双碳”数据以数据服务的方式进行全域共享，这部分主要通过数据共享服务来实现。

（1）数据发布与订阅

首先在数据源数据库服务器上发布需要同步的数据，然后在目标数据库服务器上对上述发布进行订阅。可以发布一张表的部分数据，也可以发布整张表。

（2）数据资源服务目录管理

资源编目是指对已经数字化资源的特征进行分析、选择、表述，再根据标

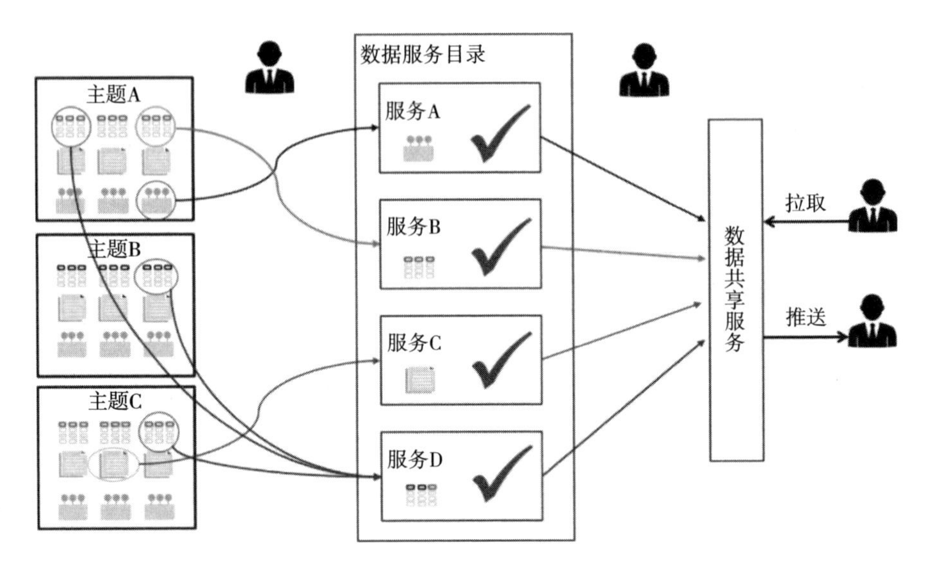

图 7　“双碳”数字化监测服务平台系统功能–应用层

图片来源：《数字时代大数据平台应用架构》。

准将其按照一定的结构组成目录的过程，目的是能够便捷、高效、准确地检索资源。用户可通过资源编目模块对关系型数据库、文件存储、大数据平台、分析计算引擎、接口编目这 5 种类型的资源信息进行管理、维护，主要操作包括新增关系型数据库、新增文件存储、新增大数据平台、新增接口编目、新增分析计算引擎、修改、删除、查看、编制、搜索、重置。目录管理是用户将已经建好的资源信息实现发布的模块，包括提交、审核、发布、驳回、已发布步骤。

支持 HDFS 分布式文件存储、S3 分布式云存储，在资源信息/文件类型中选择文件存储方式，根据文件存储配置管理文件链接方式，信息编辑查看文件目录信息。

资源编目完美支持 Hadoop 分布式系统，在资源信息/大数据类型中选择大数据类型 Hive 数据仓库，根据大数据库类型配置相应的数据连接，信息编辑查看内容，并进行字段权限管理。

资源编目大数据支持 HBase 分布式的、面向列的开源数据库，在资源信息/大数据类型中选择大数据类型，根据大数据库类型配置相应的数据连接，信息编辑查看表列表并进行列族管理。

用户可查看资源信息状态，并将资源信息提交给上一级进行审核。

目录发布是通过审核且待发布的资源信息。用户在已发布列表中查看通过审核并已发布成功的资源信息，用户可以订阅已发布的资源信息。

（3）数据服务目录订阅

资源信息发布成功后，用户可以订阅查看。目录订阅是管理用户订阅资源信息的模块，主要分为目录订阅、目录审核、被驳回目录。

提交分为数据订阅和数据申请，数据订阅即将数据更新情况按时推送给数据需求方，数据申请即一次性提供数据资源。提交订阅时须填写订阅时间、需要数据类型、数据范围，写明理由并提交相关上级部门审批。提交申请时需填写需要数据类型、数据范围，写明理由并提交相关上级部门审批。在“我的申请栏”处可看到数据申请人提交的申请列表，点击可查看审批进度以及是否通过审批，申请未通过可以查看未通过的原因，并再次提交。申请通过后可以查看申请的数据资源。在“我的申请栏”还可看到数据申请人提交的订阅列表，可查看审批进度以及是否通过审批，未通过可以查看并再次提交。对订阅通过的数据可以点击查看定期更新的数据资源。

（4）资源目录梳理

目录梳理是管理对资源信息的梳理、需求的功能模块。包括资源信息、应用系统信息、需求信息 3 个模块。

（5）资源信息管理

用户在新增资源信息前可以将资源信息梳理出来，通过编目将资源信息转到日录编制中，资源信息就是用户梳理资源信息的模块。主要操作有编目、查看、新增、编辑、删除、搜索、重置等。

（三）灾备设计

1. 备份设计

（1）备份技术

使用备份软件定时对数据进行备份保护，保障数据安全。通过完全备

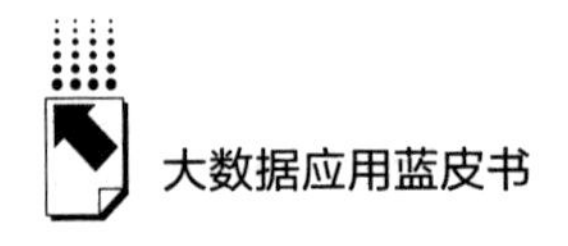

份、增量备份等手段定时将数据备份到外置介质进行存储，在必要时可以将指定时间点数据恢复到生产数据库。

（2）备份策略

为了业务系统使用的连续性和高可用性，数据备份选在凌晨进行，每天凌晨2：00进行一次数据全备份，每间隔8小时进行一次增量备份。可以根据业务场景和需求灵活定制备份策略。

2. 容灾设计

（1）灾备网络

建立异地数据灾备系统，可以基于客户原有的灾备体系，将“双碳”管理平台作为业务系统之一纳入灾备统一管理，同时必须考虑数据传输的带宽及延时等因素。

（2）灾容技术

按对系统的保护程度，容灾实现方式主要分为以下几种。

一是数据级容灾。建立异地容灾中心，做数据的远程备份，在灾难发生之后要确保原有的数据不会丢失或者遭到破坏。数据级容灾的恢复时间比较长，但是它的费用比其他容灾级别低，而且构建实施相对简单。

二是应用级容灾。在数据级容灾的基础之上，在备份站点构建一套相同的应用系统，通过同步或异步复制技术保证关键应用在允许的时间范围内恢复运行，尽可能减少灾难带来的损失，确保业务的连续性。

三是业务级容灾。除了必要的IT相关技术，全业务的灾备还要求具备全部的基础设施。大灾难发生后，业务级容灾能确保不仅恢复数据，更能提供相应的基础设施保证业务快速恢复正常运行。

（四）可视化设计

1. PC端可视化

为满足移动感知层的统一，PC端按要求统一的UI规范来开发。避免出现风格不统一的情况，例如页面布局、配色、字体大小、界面尺寸、图标尺寸等不统一。

2. 大屏端可视化

大屏端可视化也要按照统一 UI 规范开发，例如页面布局、配色、字体大小、界面尺寸、图标尺寸等（见图 8）。

（五）数据库设计

1. 库表设计

（1）设计需求与特点

根据系统架构中的组件划分，针对每个组件处理的业务进行组件单元的数据库设计，不同组件对应的数据库表之间的关联应尽可能减少，确保组件对应的表之间的独立性，为系统或表结构的重构提供可能性；采用领域模型驱动的方式和自顶向下的思路进行数据库设计，首先分析系统业务，根据职责定义对象，根据建立的领域模型进行数据库表的映射。

- 融合数据架构设计：数据架构采用结构化和非结构化融合数据架构设计，以满足不同业务需要。引入 NOSQL 数据库技术建立融合数据库结构存储半结构化、非结构化数据。
- 分库设计：本信息化项目存在结构化数据，随着时间和业务的发展，表中的数据量会越来越大。数据操作和数据库增加、删除、修改、查询等操作的开销也会随之越来越大。鉴于未来业务的发展需求，将原来的单一数据库划分为多个数据库。数据库划分后，数据耦合度降低，数据库系统的负荷也被分散，便于系统的维护和扩展。
- 分区分表设计：在数据库设计阶段，充分考虑业务数据量及业务增长量。应对该表进行分区，同时应用模块应根据分区字段设计 SQL 的检索条件。分区表是把原本存储于一个表空间（物理文件上）的数据分块存储到多个表空间（物理文件上）上，从而降低单个表空间（物理文件上）的记录数，提高数据库操作的执行效率，需按数据规模和使用场景等维度进行分析并设计分区方案。

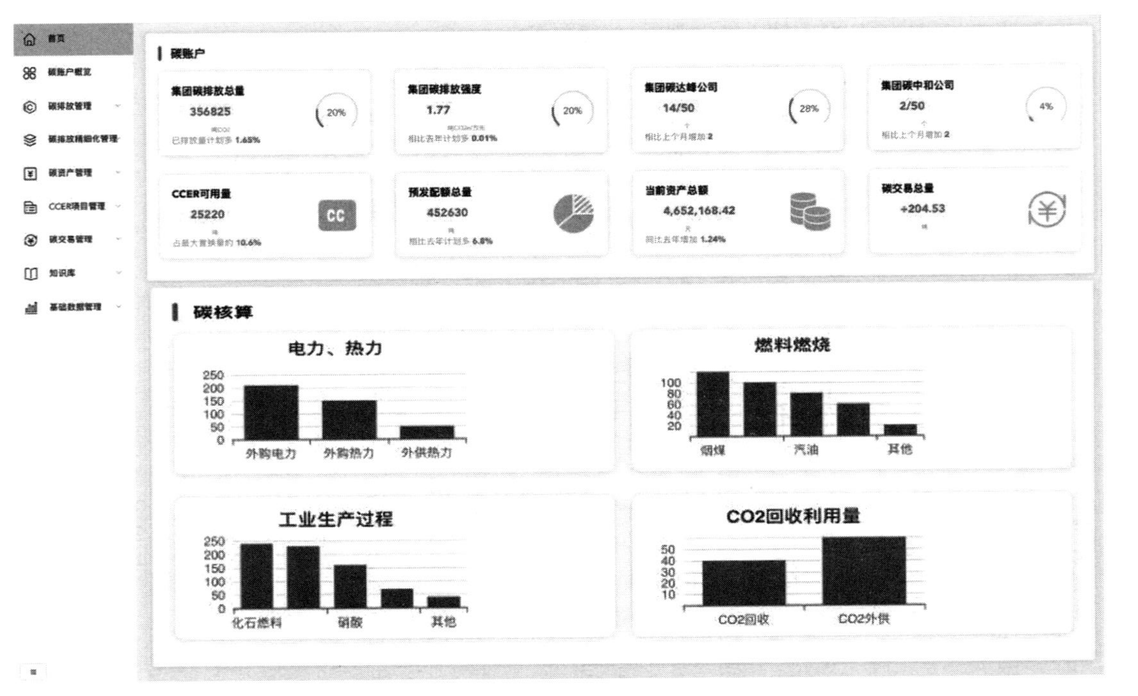

图 8　大屏端可视化示意图

图片来源：《万泽时代 SmartCAMP 碳资产管理产品图》。

- 非结构化数据管理强化：系统涉及非结构化数据，在新系统设计中基于大数据管理平台统一管理非结构化数据，通过细化文件系统提高文件处理性能的水平，采用 NOSQL 数据库技术细化非结构化数据管理并提高管理水平和处理性能的水平。搭建分布式文件系统，统一管理外网投标文件、资质业绩文件等海量外网非结构化数据。
- 规范运维管理：数据运维管理是系统持续稳定、高效、可靠运行的保障，为提高数据运维管理水平需设计相应的数据运维管理规范。

（2）设计内容结构

数据架构部分的 6 层设计工作如表 1 所示。

表 1　数据架构部分的设计工作内容

架构级别	DCMP 架构名称	建模技术	对应 CU-EA 模型
L1/L2	DC-CIM 主题域	概念数据模型	数据主题视图
L3	DC-CIM 概念模型	概念数据模型	概念数据模型视图
L4	概念数据模型	UML2 类模型	概念数据模型视图
L5	逻辑数据模型	UML2 类模型	逻辑数据模型视图
L4/L5	数据字典	数据字典	数据字典
L6	物理数据模型	ER 模型	物理数据模型视图

其中 L1/L2 和 L3 完全遵从 DC-CIM 规范，是数据架构设计的基础，又是数据架构设计遵从的规范。数据设计内容主要有两部分组成。

- 数据模型部分：主要以概念模型设计、逻辑模型设计、物理模型设计以及数据字典编制和模型的管理规范为主要结构进行全面充分的设计。以业务分析和 DCMP 模型分析为基础，并遵照 DC-CIM 规范开展模型设计工作。首先开始逻辑模型设计，并通过逻辑模型设计提炼出业务字典和数据中英文的命名规范，完成逻辑模型设计后就开展物理模型设计，在物理模型设计过程中补充数据字典中标准数据的类型定义和数据取值范围定义。
- 数据部署架构：在逻辑模型和物理模型设计的基础上完成数据部署架

构设计，交付数据部署架构设计文档，数据部署架构设计包括结构化数据部署架构和非结构化部署架构两部分。

（3）设计成果结构

数据架构设计的具体设计成果结果如表2所示。

表2　数据架构设计

设计内容	成果结构	成果形式
逻辑模型	•“双碳”数字化监测服务平台逻辑模型和物理模型 •逻辑模型部分	模型
物理模型	•“双碳”数字化监测服务平台逻辑模型和物理模型 •物理模型部分	模型
数据部署架构	•“双碳”数字化监测服务平台数据库架构设计	文档
	•“双碳”数字化监测服务平台非结构化数据管理方案	文档

2. 数据管理

（1）数据生命周期管理

数据生命周期管理是一种基于策略的方法，用于管理信息系统的数据在整个生命周期内的流动：从创建到初始存储，最后被删除。它对数据管理而言是一种信息技术战略和理念，而不仅仅是一个产品或方案。信息化建设中最关键的是数据，数据代表着信息，它可以构成企业的核心竞争力。

（2）数据质量管理

数据质量通常被界定为一个整理信息的过程，是一个组织的数据的准确性的反映，好的数据质量意味着一个组织的数据是准确的、完整的、一致的、及时的、独立和有效的。数据的质量越好，就越能清晰地反映一个组织不同系统、不同部门和不同业务线的精确的完整状况。高质量的数据应该有如下特性：一是完整性，完整性指的是数据信息是否存在缺失的情况；二是准确性，准确性是指数据记录的信息是否存在异常或错误；三是一致性，源系统之间同一数据是否一致；四是逻辑合理性，主要从业务逻辑的角度判断数据是否正确；五是时效性，经营决策依据的数据应该是及时、准确、全面、有意义地反映当前的运营情况。

（3）数据源管理

管理好数据源是维护关键数据正确性的一种手段，能够保障数据只能通过一个系统进行修改。从数据维护看可以分为数据拥有者和数据维护者两种管理类型。

数据拥有者是数据正确性的唯一保障，主要由数据拥有者来修改数据，或授权给数据使用者来修改数据。数据使用者能够使用数据，但是不能主动修改数据，只能给数据拥有者发送请求，数据拥有者给予授权后才能进行修改。

（4）数据集成管理

将不同的数据源将数据组合起来需要各种集成技术的支持，以便访问和解释不同的接口、结构和数据类型。企业需要提供统一的数据集成平台，帮助企业访问、转换和集成各种各样系统中的数据，并将这些信息传递到 MDM 或 DW 中。数据集成平台可提供企业所需的主要功能，使其能访问、集成、迁移和合并主数据，从而降低复杂性、确保一致性，并推动业务发展。

数据获取是数据集成的首要步骤，数据集成同时也完成数据对外提供的功能。数据获取通常通过两个过程来实现：

- 面向初始数据的获取方式建议采用标准化格式文件的方式提供，获取后直接进行数据的导入，应允许访问各种结构化、非结构化和半结构化数据格式（包括 Excel、Word、PDF 等格式的文件）。
- 面向增量数据的获取方式通常有两种：实时模式和定时模式。

（5）数据交换管理

数据交换指的是在多个数据终端之间为任意两个终端设备建立数据通信、临时互连通路的过程。数据交换是先整合数据，然后分发数据，可以确保交换数据的质量。其中的技术包括事件系统的触发器机制、实时同步或异步事件。

在实际环境中，数据交换的实现方式可以有以下几种：交易方式、批处理方式、订阅方式、发布方式、数据直连方式等。以上这些实现方式可以采用 Web Service 组件接口实现，也可以采用批量的文件传送的机制来实现，同样可以借助 ESB 类集成组件来完成相关工作。

（6）数据存储管理

备份和归档对数据存储来说是关键问题。本平台数据采用软件加存储阵列的方式，数据不仅保存在大容量磁盘阵列中，同时备份到系统配置的磁带库中。

（7）数据安全设计

数据安全设计可以考虑用区块链方式，建立零信任关系，保证数据安全可靠。

（六）服务能力设计

面向政府部门的服务能力设计主要包括汇集煤、油、气、电等能源消费以及用电量情况，通过计算转化为碳排放相关指标及监测数据，分析能源投入产出信息，指导各省合理消费，为政府部门开展碳排放监督、评价等相关业务提供数据支撑。

面向企业园区的服务能力设计主要采用可视化图形为企业用户、政府部门展示园区碳排放量、园区碳减排量、园区能耗量、园区参与国家核证自愿减排量（CCER）的情况、园区参与绿证交易情况、园区新能源发电情况、园区绿电使用情况等数据指标。同时展示企业参与碳减排的情况和不同园区的碳减排排名，可切换查看不同园区监测情况。

面向社会用户的服务能力设计主要是以可视化图形展示社会用户碳排放量、碳减排量、区能耗量、参与 CCER 情况、绿证交易情况、新能源发电情况、绿电消费情况等数据指标。

四　“双碳”数字化监测服务平台建设策略

“双碳”是一场长期而深刻的社会变革，在起步阶段，亟须建立完善的基础设施。在加快建设“双碳”数字化监测服务平台过程中，需要做好以下几方面工作。

第一，加强多方协同。建设“双碳”数字化监测服务平台，核心是碳排放核算方法，关键是相关主体碳排放数据的高效收集，平台系统架构、功能设计等则决定了平台系统是否使用友好。“双碳”数字化监测服务平台建设涉及政府、企业、居民3个主体，高效开展服务平台建设需要相关政府主管部门高度重视，加强部门间的协调协同保障力度。

第二，突出应用场景需求。建设“双碳”数字化监测服务平台，“用”是关键，“用”需要以明确场景为前提，这就需要以解决相关部门、企业等主体的痛点为根本，根据不同主体的业务场景需求，分模块设计不同的应用场景，不断优化设计方案。

第三，确保平台安全可靠性。“双碳”数字化监测服务平台建设的关键点在于最大限度地保障应用安全、可靠和稳定运行。同时，在确保应用安全、可靠和稳定运行的前提下，尽量使架构简洁，为企业节约成本。

第四，强化与已有数字政府平台的融合。许多地方政府已经建立了比较成熟的数字政府平台，并将很多业务内容做了集成。建设“双碳”数字化监测服务平台可根据各地实际，既可以采取单独建立平台的方式，也可以采取仅在已有数字政府平台系统中新增“双碳”模块的方式。在平台设计规划和开发建设过程中尽可能做到平台系统间开发标准、接口等要素统一，便于平台间的打通和后续集成。

Abstract

Since the 18th National Congress of the CPC, the Party Central Committee with Comrade Xi Jinping has attached great importance to the development of the digital economy and has elevated it to a national strategy. General Secretary Xi Jinping emphasized that the digital economy is becoming a key force in reorganizing global factor resources, reshaping the global economic structure, and changing the global competition pattern. We must stand at the height of coordinating the overall strategy of the great rejuvenation of the Chinese nation and the great changes unseen in the world in a century, promote the deep integration of digital technology and the real economy, enable the transformation and upgrading of traditional industries, and give birth to new industries, new formats and new models, and continuously make our country's digital economy stronger and better.

The 2022 Government Work Report proposes to promote the development of the digital economy, strengthen the overall layout of the construction of digital China, and improve the governance of the digital economy.

The *Blue Book on Big Data Application* is jointly organized and compiled by the Big Data Committee of China Management Science Society, the Industrial Internet Research Group of Development Research Center of the State Council (DRC) and Shanghai Neo-Cloud Data Technology Co., Ltd. It is the first blue book on big data application in China. The blue book aims to describe the status of big data application in relevant industries, fields, and typical scenarios, analyze the existing problems in the current big data application and the factors restricting its development, and make a study and judgment on its development trend according to the actual situation of the current big data application.

The editorial department of the *Blue Book of Big Data Application* believes that the application of big data in the context of the digital economy presents an interdependent and interactive relationship: Big data is the priority and true force for driving the innovation and development of the digital economy; and the digital economy is an all-round reflection of the value of big data.

Our country continues to promote the big data strategy, and continuously deepen and implement policies around the digital economy, digital transformation, data element market, and the layout of national integrated big data centers. The "14th Five-Year Plan" highlights the key role of data in the digital economy, attaches importance to the construction of infrastructure related to big data, and strengthens the construction of market rules for data elements.

The 2022 volume of *Blue Book on Big Data Application* carries out research and analysis on the application of big data with the themes of data center, digital government, digital village and digital double carbon, and finds that the development of big data in the context of digital economy faces many challenges, such as: data element market has not yet been formed; the core technology of big data is lacking; the development of the digital economy is not standardized, and digital governance is hindered; there is a digital divide between different industries...

In response to the above challenges, the editorial department of the *Blue Book on Big Data Application* put forward the following suggestions: accelerate the cultivation of the data element market; accelerate the research and development and application of key technologies of big data; improve the digital economy governance system; narrow the digital divide and promote the balanced development of the digital economy; promote the deep integration of digital technology and the real economy, so as to accelerate the digital transformation of industries.

Keywords: Digital Economy; Data Elements; Deep Integration; Digital Economy Governance

Contents

I General Report

Abstract: As a key production factor of the digital economy, big data has given birth to the development of the digital economy. This report analyzes the internal relationship between big data and the digital economy; summarizes the development status of the big data field, including the continuous deepening and implementation of policies, the further improvement of laws and regulations, the continuous expansion of industrial development and the scale of the technology system, etc. ; The achievements in the field of data application, such as the establishment of data centers, digital government, promotion of digital villages, digital double carbon and other projects; put forward the challenges faced by the development of big data in the context of the digital economy, such as the market for data elements has not yet formed, the core technology of big data is controlled by people, digital Unbalanced economic development, etc. ; and summed up countermeasures and suggestions such as accelerating the cultivation of the data element market, accelerating the research and development and application of key technologies of big data, and promoting the balanced development of the digital economy.

Keywords: Digital Economy; Big Data; Data Center; Digital Government; Digital Rural Areas; Digital Double Carbon

Ⅱ Hot Topics

B.2 Development Stage and Prospect of Ecological Environment Big Data Construction

Chang Miao, Yang Liang, Li Zehao and Xu Chongqi / 025

Abstract: Since the 13th Five-Year Plan period, intensive reform and innovation achieved in environmental informationization at all levels of government and accelerated the ecological and environmental big data construction as a key component which help to resolve long-standing issues like ' scattered, chaotic, useless' of environmental data and operation system, and failure in supporting senior requirement in environmental management and decision-making. This paper systematically clarified and analyzed the policy orientation, definition, data classification, and compilation of standards in China's ecological and environmental big-data development. It also reviewed the development stage, construction framework and relevant advanced cases. The 14th Five-Year Plan period will be a new stage for the ecological and environmental big-data construction including higher requirements of the modernization of environmental governance capacity and system. The construction of intelligent and efficient ecological and environmental big data system will contribute to the transforming and overall change of China's ecological environment protection. This paper provided an outlook for the development trend in technology development, supply industry and the contribution of ecological environment big data construction.

Keywords: Big Data of Ecological Environment; Modernization of Environment Governance; Construction Framework; Local Application Cases; Development of Supply Industries

Abstract: This paper firstly sorts out the development history of the public opinion big data industry in the past 15 years, analyzes the social background of its emergence, and the endogenous driving force for the development of the industry. Secondly, through the research methods of querying the domestic public opinion enterprise directory, drawing regional distribution map and industrial economic analysis, combined with the business model of regional leading enterprises and the evolution of the industry development pattern, we furtheranalyze the positive effect of the public opinion big data industry on China's digital economy and people's livelihood. Finally, by analyzing the problems existing in the development of the industry and combined with work experience, we give the suggestions and future trend forecasts.

Keywords: Public Opinion Big Data; Enterprises Management; Industry Innovation; Industry Cooperation; Policy

Abstract: This paper systematically describes the problems and challenges of 5G private network and its application, and points out the main reasons why 5G private network fails to achieve large-scale application in the industry. The goal of 5G private network is to build a flexible, scalable, reliable, secure and intelligent network. Therefore, it is proposed that the key to build 5G private network lies in the ability to build basic network elements in the whole network process, including network slicing, network reliability, connection flow, security and edge computing service capabilities. The 5G private network with the above capabilities can achieve any form of flexible networking, and can provide a unified standardized interface to meet the upper application services through the capability platform. Finally, the exploratory applications and prospects of some typical scenarios of 5G private network are given.

Keywords: 5G Private Network; Network Slicing; MEC

Abstract: Product lifecycle management is gradually becoming the kernel of digital transformation for industry enterprises. Based on PDM function and BOM as the digital foundation, PLM builds an internal collaboration relationship within the enterprise, maintains the supply and demand chain ecological relationship of industry enterprises from the perspective of products, and PLM, as the dependence pillar of the digital thread, connects different digital twins and realizes the digital chain composed by product innovation chain, the enterprise value chain and the asset chain of the enterprises. The importance of the PLM is increasingly recognized by enterprises, the PLM industry market is in a continuous growth, in this environment, China's PLM industry is facing both opportunities and challenges, industry enterprises also need to improve the PLM maturity steadily. With the full promotion of China's manufacturing progress, China's PLM industry will lead to vigorous development.

Keywords: PLM; BOM; Digital Twin; Digital Thread

Ⅲ Cases

B.6 Practical Application of "Traffic Super Brain" in Hefei

Tan Chang, Xu Junzhu, Chen Kangping and Tang Junfeng / 118

Abstract: Since the release of the "Hefei Traffic Super Brain Project" at the 2018 China (Hefei) Big Data Industry Development Summit and the "Hefei Night" Digital Economy Award Ceremony, Hefei has continued to promote the construction of "Traffic Super Brain" and the integration and application of cross-departmental resources in order to improve the level of refinement of traffic governance and the accuracy of traffic services to a new level. "Traffic Super Brain" combined with the characteristics of traffic business, built a big data platform, including 12 sub platforms, and built a data and algorithm system for traffic practical business to dig deeply into the potential value of data. From the practice in the city of Hefei, the "Traffic Super Brain" has achieved remarkable results in practical application, which has brought a new look to the development of the traffic field of Hefei.

Keywords: Traffic Super Brain; Big Data Platform; Data and Algorithm System

B.7 Research on Integral Digital Government Construction Elements

—A Case Study of Practice and Exploration of AOGA-"All-in-one Online Government of Anhui" in Anhui Province

Gong Wei, Gan Meng / 137

Abstract: In recent years, the continuous development of information technology has not only changed People's daily life, but also promoted the digital transformation of government. Taking AOGA as the key work, Anhui province implements the spirit of General Secretary Xi Jinping's speech, starts from six elements of service entrance, application resources, capability components, business application, multiple ecology and evaluation mechanism, and explores the implementation path of building a holistic and service-oriented digital government.

Keywords: Digital Government; Low Code; Capability Components; Accurate Evaluation

Abstract: With the development of emerging technologies such as big data technology, the integration of publishing and technology has become an important path for knowledge services in the new era. Taking the Readers' Big Data Application Platform of APGTIME as the starting point, this paper analyses the effectiveness and problems of big data application of publishing enterprises, and explores how publishing enterprises can use big data technology to build a new knowledge service model. The study found that through the application of readers' big data, the online knowledge service model based on paper books has achieved initial results, the service value chain of publishing enterprises has been extended, and the new media marketing matrix of publishing enterprises has been initially established, but it also leads to problems and risks in the accuracy of big data, data indicator systems, and the digital copyright protection of publishing enterprises. Finally, in view of the advantages and disadvantages of the reader's big data platform, this paper puts forward thoughts on the future development of publishing big data from the aspects of accurate digital content services, industry data standard construction, enterprise organisational structure optimisation, and digital copyright protection based on blockchain technology.

Keywords: Publishing Big Data; Knowledge Services; Publishing Integration Development

Abstract: Xuancheng, Anhui is an important hub city in Jianghuai areas with outstanding regional, resource, and transportation advantages. As a member of the Yangtze River Delta city cluster, Xuancheng is also one of the core cities of the G60 science innovation corridor. In recent years, Xuancheng has implemented the major strategic deployment of "Building powerful networks, Digital China, and a Smart Society" by the CPC Central Committee and the State Council, as well as the work deployment of "Digital Jianghuai" by the provincial Party Committee and the provincial government. The city has vigorously promoted the construction of "Digital Xuancheng", which laid a solid foundation for the process of digital transformation and regional integration. In 2021, the data resources bureau cooperated with technology enterprises to construct the "Smart Xuancheng City Brain", among which the big-data based application of "Strategy Cockpit" built five branch cockpits in terms of economic development and people's wellbeing. The application aims at "an entire view through one screen, a comprehensive administration through single network" and constructs a data-driven strategy cockpit that is monitored, precautionary, analytical, and maneuverable. The application successfully assists municipal leaders to realize comprehensive and timely control of urban operation management, improves the foresight of urban operation risk warning, and improves the scientific decision-making level of government management. Xuancheng's "Strategy Cockpit" is a practical case of big data assisted decision-making, which fully embodies the application of big data in full convergence, orderly governance, safety, openness, and deep mining. It has a guiding significance for assisting government decision-making, optimizing business environment, promoting urban operation and management, cultivating, and developing digital economy.

Keywords: Big Data; Artificial Intelligence; Aid Decision Making; Intelligent Warning; Strategy Cockpit

Abstract: With the practical needs of industrial land transformation and upgrading in many old parks, in order to ensure that the planned urban renewal strategy can effectively locate in space, digital transformation and urban renewal are integrated with each other to become the innovative force for sustainable urban development. The application of data means provides quantitative means and tools for urban index evaluation, industrial space matching and guidance criteria. Organic urban renewal under digital guidance proposes urban development target scenarios for the renewal region, which has become a development method and path including urban digital transformation. This paper takes the Zhanbei Industrial Park project of Hefei Xinzhan High-tech Zone as a case, uses the big data analysis of the park, and selects the evaluation index system of land use from the aspects of economic performance and social performance. The transformation and upgrading strategy is proposed based on the life-cycle perspective, supported by the digital analysis of the current situation of the enterprise, and the multi-dimensional planning needs are superimposed.

Keywords: Urban Planning; Sustainable Urban Renewal; Organic Urban Renewal

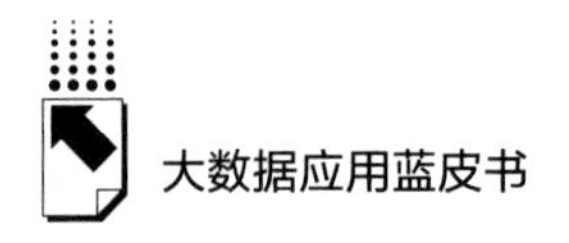

B.11 Discussion on the Development and Application of 5G Innovative Smart Parks

—Construction of 5G Smart Park in Yingquan, Fuyang

Abstract: With the rapid development of information technology represented by cloud computing, big data, IoT, 5G mobile communication, artificial intelligence and digital twin technology, innovative intelligent industrial park has become the trend of the development of new urban industries. Taking Yingquan 5G smart park construction in Fuyang City, Anhui Province as an example, this paper deeply discusses the key connotation, top-level design, technical means, management mode and innovative development of innovative smart park construction under the support of digital technology. The construction of Yingquan 5G Smart Park in Fuyang focuses on the overall structure of "1+1+1+N" to build a digital platform of smart park, 5G investment exhibition center, smart command and dispatch center and multiple 5G innovative application services, providing industrial services, public services, government services and enterprise services based on situational awareness. This 5G smart industrial parks adopts a new mode of operation and management to provide new driving forces for industrial development, find new advantages for competition with other parks , and provide support and help for local governments to grasp the commanding heights of industrial development and drive regional economic development.

Keywords: 5G Smart Parks; Situational Awareness; Digital Twins

B.12 Exploration and Practice of Industrial Digital Transformation Cloud Service of CCDC

Abstract: The "14th Five-Year Plan" is an important period of digital transformation in the industrial field. This article describes the experience of Hefei City Cloud Data Center Co. , Ltd. (CCDC) . Based on its own IDC business, CCDC deeply analyzes the the characteristics of the industry application, exploration of the digitalization of industrial transformation, andproviding solutions and cloud services for industrial digital transformation customers. Under the background of the new round of industrial revolution, CCDC's industrial digital transformation services play a good role in supporting the development of the regional digital economy.

Keywords: Digital Transformation; Cloud Service; Digital Base; Industrial Internet

Abstract: With the vigorous promotion of inclusive finance and the rapid development of fintech, the trend of digitization of inclusive finance, scenario-oriented digital finance and on-chain scenario finance has become more and more obvious. The development of industrial chain and supply chain finance supported by cutting-edge technologies such as blockchain has become the consensus of the industry. Due to the excessive dependence on core enterprises, traditional supply chain finance has difficulties in right confirmation, credit granting, docking and promotion. According to the theory initiated by Ningbo Digital Technology Co. , Ltd. (hereinafter referred to as Ningbo Digital) in the digital inclusive financial sector, which is based on China's "Golden Tax Project", a comprehensive promotion to all enterprises that fords to compliance and a full trading data acquisition of convenience has been underway. With the enterprises'true and complete transaction data and machine learning modeling technology, and through the core enterprise virtualization, the mainmeans such as financing customer mapping and dynamic spending quota can reduce the dependence of financing process on core enterprises, so to realize the standardization, online, intelligent, universal and large-scale of supply chain financing. Decentralized supply chain financing can be established in accounts receivable pool financing and impawn financing, commercial paper pledge financing and discount, commercial factoring and reverse factoring and other scenarios. By establishing model systems such as business cycle measurement, customer access model, enterprise growth model, credit performance model, credit scoring model, credit line of credit model, spending line of credit model and post-loan early warning model, a de-core supply chain financing platform with the whole process of customer expansion, loan application, due diligence and risk control is built. The business model introduced in this paper has been promoted and applied on a scale in a joint-stock bank, and the risk control level and financing effect have reached the expectation.

Keywords: Digital Inclusive Finance; Supply Chain Finance; Decentralized Supply Chain Finance

Ⅳ Analysis

B.14 Double Carbon Digital Monitoring Service Platform and Application Solutions *Zhang Jianzhong, Wang Song* / 272

Abstract: Accelerating the establishment of an intelligent monitoring and dynamic accounting system for carbon emissions is an important foundation work in the initial stage of the dual carbon work. The construction of a dual carbon digital monitoring service platform is conducive to significantly improve the carbon emission management capacity of governments at all levels and related entities. In this paper, a complete set of schemes, such as platform system architecture, platform system function design, disaster recovery design, visual design, database design and service capability design, are proposed during the development and design of the dual-carbon digital monitoring service platform. In the process of development and construction, it is necessary to strengthen multi-party collaboration, highlight the requirements of application scenarios, ensure the security and reliability of the platform, and strengthen the integration with the existing digital government platform.

Keywords: Double Carbon; Carbon Account; Carbon Emission; Digital Monitoring Service Platform

皮书

智库成果出版与传播平台

皮书定义

皮书是对中国与世界发展状况和热点问题进行年度监测，以专业的角度、专家的视野和实证研究方法，针对某一领域或区域现状与发展态势展开分析和预测，具备前沿性、原创性、实证性、连续性、时效性等特点的公开出版物，由一系列权威研究报告组成。

皮书作者

皮书系列报告作者以国内外一流研究机构、知名高校等重点智库的研究人员为主，多为相关领域一流专家学者，他们的观点代表了当下学界对中国与世界的现实和未来最高水平的解读与分析。截至 2021 年底，皮书研创机构逾千家，报告作者累计超过 10 万人。

皮书荣誉

皮书作为中国社会科学院基础理论研究与应用对策研究融合发展的代表性成果，不仅是哲学社会科学工作者服务中国特色社会主义现代化建设的重要成果，更是助力中国特色新型智库建设、构建中国特色哲学社会科学“三大体系”的重要平台。皮书系列先后被列入“十二五”“十三五”“十四五”时期国家重点出版物出版专项规划项目；2013~2022 年，重点皮书列入中国社会科学院国家哲学社会科学创新工程项目。

皮书网

（网址：www.pishu.cn）

发布皮书研创资讯，传播皮书精彩内容
引领皮书出版潮流，打造皮书服务平台

栏目设置

◆ 关于皮书

何谓皮书、皮书分类、皮书大事记、
皮书荣誉、皮书出版第一人、皮书编辑部

◆ 最新资讯

通知公告、新闻动态、媒体聚焦、
网站专题、视频直播、下载专区

◆ 皮书研创

皮书规范、皮书选题、皮书出版、
皮书研究、研创团队

◆ 皮书评奖评价

指标体系、皮书评价、皮书评奖

◆ 皮书研究院理事会

理事会章程、理事单位、个人理事、高级研究员、理事会秘书处、入会指南

所获荣誉

◆ 2008 年、2011 年、2014 年，皮书网均在全国新闻出版业网站荣誉评选中获得“最具商业价值网站”称号；

◆ 2012 年，获得“出版业网站百强”称号。

网库合一

2014年，皮书网与皮书数据库端口合一，实现资源共享，搭建智库成果融合创新平台。

皮书网

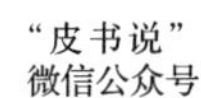

“皮书说”
微信公众号

皮书微博

中国社会发展数据库（下设12个专题子库）

紧扣人口、政治、外交、法律、教育、医疗卫生、资源环境等12个社会发展领域的前沿和热点，全面整合专业著作、智库报告、学术资讯、调研数据等类型资源，帮助用户追踪中国社会发展动态、研究社会发展战略与政策、了解社会热点问题、分析社会发展趋势。

中国经济发展数据库（下设12专题子库）

内容涵盖宏观经济、产业经济、工业经济、农业经济、财政金融、房地产经济、城市经济、商业贸易等12个重点经济领域，为把握经济运行态势、洞察经济发展规律、研判经济发展趋势、进行经济调控决策提供参考和依据。

中国行业发展数据库（下设17个专题子库）

以中国国民经济行业分类为依据，覆盖金融业、旅游业、交通运输业、能源矿产业、制造业等100多个行业，跟踪分析国民经济相关行业市场运行状况和政策导向，汇集行业发展前沿资讯，为投资、从业及各种经济决策提供理论支撑和实践指导。

中国区域发展数据库（下设4个专题子库）

对中国特定区域内的经济、社会、文化等领域现状与发展情况进行深度分析和预测，涉及省级行政区、城市群、城市、农村等不同维度，研究层级至县及县以下行政区，为学者研究地方经济社会宏观态势、经验模式、发展案例提供支撑，为地方政府决策提供参考。

中国文化传媒数据库（下设18个专题子库）

内容覆盖文化产业、新闻传播、电影娱乐、文学艺术、群众文化、图书情报等18个重点研究领域，聚焦文化传媒领域发展前沿、热点话题、行业实践，服务用户的教学科研、文化投资、企业规划等需要。

世界经济与国际关系数据库（下设6个专题子库）

整合世界经济、国际政治、世界文化与科技、全球性问题、国际组织与国际法、区域研究6大领域研究成果，对世界经济形势、国际形势进行连续性深度分析，对年度热点问题进行专题解读，为研判全球发展趋势提供事实和数据支持。

法律声明